1週間集中講義シリーズ

偏差値を30から70に上げる数学 UP

細野真宏の
微分が本当によくわかる本

小学館

『数学が本当によくわかるシリーズ』の刊行にあたって

僕はよく生徒から
「受験生のときどんな本を使ってどのように勉強していたんですか？」
と質問をされて困っています。それは
キチンと答えてもたいして参考にならないからです。

僕は受験生の頃，参考書は全《まった》くと言っていいほど分かりませんでした。
「なんでここで この公式を使うことに気付くのか？」
「なんでここで このような変形をするのか？」など，１つ１つの素朴《そぼく》な
疑問について全くと言っていいほど解説してくれていなくて，一方的に
「この問題はこうやって解くものなんだ！」と解法を押しつけられていたから
です。

だから，僕が受験生のときは（いい参考書がなかったので）決して
ベストな勉強法ができていたわけではなく，いろんな試行錯誤《しこうさくご》をしていた
のです。その意味で，この**『数学が本当によくわかるシリーズ』**は
「僕が受験生のときに最も欲しかった参考書」なのです。

つまり，この本は僕の受験生の頃の経験などを踏まえ
“全くムダがなく，最短の期間で飛躍的に数学の力を伸ばす”
ことができるように作ったものなのです。

だから，冒頭《ぼうとう》の質問に対して，僕は簡潔に こう答えています。
「僕の受験生の頃の失敗なども踏まえてこの本を作ったので，
この本をやれば僕の受験生のときよりも はるかに効率のいい
勉強ができるよ」と。

細野 真宏

まえがき

この本は，偏差値が30台の人から70台の人を対象に書きました。

数学がよく分からないという人は非常に多いと思います。しかし，それは決して本人の頭が悪いから，というわけではないと思います。私は 教える人の教え方や解法が悪いからだと思います。

私も高校生のとき全く数学が分かりませんでした。とにかく勉強が大嫌いだったので，高２までは大学へ行く気がなく（というより成績が悪すぎて行けなかった），専門学校で絵の勉強をすると決めていました。高３のはじめにすごく簡単だと言われている模試を受けました。結果は200点満点で８点！（６点だったかもしれない……）。この話をすると皆「熱でも出ていたんでしょう？」とか言って信じてくれません。熱どころかベストな体調で試験時間終了の１秒前まで必死に解答を書いていました。

それからいろいろ考えることがあって，大学へ行こうかなぁ，などと思うようになり，ようやく数学をやり出しました。田舎の三流高校（あっ，今はそこそこいい高校になっているようです）にいたので，授業などはあてにできず独学でやりました。１年後には大手予備校の模試で全国１番になっていました。結局だいたい偏差値は80台はあり，いいときで100を超えたり（東大模試とかレベルの高い模試なら可能）していました。こんなことを言うと「なんだァこの人は頭がいいから数学ができるようになったのか」と思うかもしれないのでキチンと言っておくと，決して私は頭が良くありません。しかし，要領はいいと思います。本を読んでもらえれば，無駄がないことが分かってもらえると思います。そして，数学ができるようになるためには，決して特別な才能が必要になるわけではない，ということも分かってもらえると思います。要は，教え方によって 数学の成績は飛躍的に変わり得るものなのです。

私の講義でやっている内容は非常に高度です。しかし，偏差値が30台の人でも分かるようにしています(私がかつてそうだったから思考過程がよく分かる)。一般に 優れた解法(▶素早く解け，応用が利く)は非常に難しく理解しにくいものです。だから普通の受験生は，まず多大な時間を費やしてあまり実用的でない教科書的な解法を学校で教わり（予備校の講義が理解できる程度の学力を身につけ）その後で予備校で優れた解法を教わることにより，ようやくそれが理解できるようになる，という過程をたどると思います。しかし，もしもいきなり 優れた解法をほとんど0（ゼロ）の状態から理解することが可能なら，非常に短期間で飛躍的に成績を上げることが可能になるでしょう。

私は普段の授業でそれを実践しているつもりです。この本はその講義をできる限り忠実に再現してみたものです。その意味でこの本は，**「短期間に 偏差値を30台から70台に上げるのに最適な本」**なのです。

この本を読むことによって，一人でも多くの人に数学のおもしろさを分かってもらえたらうれしく思います。

できれば，今後の参考のために，本の感想や御意見等を編集部あてに送ってください。

横山 薫君には原稿を読んでもらったり校正等を手伝って頂きました。
ありがとうございました。

P.S. いつも数多くの愛読者カードや励ましの手紙等が出版社から届けられて来ます。すべて読ませてもらっていますが，本当に参考になったり元気づけられたりしています。本当にありがとうございます。(忙しくて，返事があまり書けなくて申し訳ありません)

著　者

《注》 **「偏差値を30から70に上げる数学」**というと，「既に偏差値が70台の人はやらなくてもいいのか？」と思う人もいるかもしれませんが，実際は70から90台の読者も多く，「本質的な考え方が理解できるからやる価値は十分ある」という声も多く届いています。

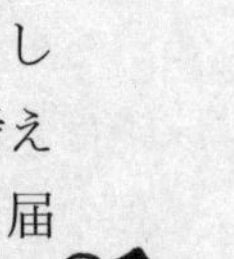

目 次

『数学が本当によくわかるシリーズ』の特徴

1 『数学が本当によくわかるシリーズ』は，数Ⅰ，数A，数Ⅱ，数B，数Ⅲ，数Cから，どの大学の入試にもほぼ確実に出題される分野や，苦手としている受験生が非常に多いとされている重要な分野を取り上げています。
かなり基礎から解説していますが，その分野に関しては入試でどんなレベルの大学（東大でも！）を受けようとも必ず解けるように書かれているので，決して簡単な本ではありません。しかし，難しいと感じないように分かりやすく講義しているので，偏差値が30台の人や文系の人でもスラスラ読めるでしょう。

2 この本では，**「思考力」**や**「応用力」**が身に付き**“最も少ない時間で最大の学力アップが望める”**ように，１題１題について**［考え方］**を講義のように詳しく解説しています。

▶「シリーズのすべての本をやらないといけないんですか？」というような質問を受けますが，このシリーズは１題１題を丁寧に解説しているので結果的に冊数が多くなっています。つまり，１冊あたりの問題数は決して多くはなく，このシリーズ３～４冊分で通常の問題集の１冊分に相当したりしています。
そのため，実際にやってみれば どの本も かなりの短期間で読み終えることができるのが分かるはずです。

数学の勉強において最も重要なのは**「考え方」**です。
感覚だけで“なんとなく”解くような勉強をしていると，100題の問題があれば100題すべての解答を覚える必要が出てきます。
しかし，キチンと問題の本質を理解するような勉強をすれば，せいぜい10題くらいの解法を覚えれば済むようになります。

3 この本は **Section 1，2，3**……と順を追って解説しているので，はじめからきちんと順を追って読んでください。最初のほうはかなり基礎的なことが書かれていますが，できる人も確認程度でいいので必ず読んでください。その辺を何となく分かっている気になって読み進んでいくと必ずつまずくことになるでしょう。“急がば回れ”です。

一見，基礎を確認することが遠回りに思えても，実際は高度なことを理解するための最短コースとなっているのです。

4 従来の数学の参考書では，**練習問題**は**例題**の類題といった意味しかなく，その解答は本の後ろに参考程度にのっているものがほとんどです。しかし，この本では**練習問題**にもキチンとした意味を持たせています。本文で触れられなかった事項を**練習問題**を使って解説したり，時には**練習問題**の準備として**例題**を作ったりもしています。だから，読みやすさも考え，**練習問題**の解答は別冊にしました。

Casting

本文イラスト・デザイン・編集・著者

➡ ほその まさひろ

この本の使い方

とりあえず **例題**を解いてみる。（1題につき10〜30分ぐらい）

▶全く解けなくても，とりあえず**どんな問題なのかは分かるはず**である。どんな問題なのかすら分からない状態で解説を読んだら，解説の焦点がぼやけてしまって逆に，理解するのに時間がかかったりしてしまうので，とにかく解けなくてもいいから**10分〜30分は解く努力をしてみる**こと！

解けても解けなくても **［考え方］** を読む。

▶その際，**自分の知らなかった考え方があれば，**
その考え方を**理解して覚える**こと！
また，***Point*** があれば，それは**必ず暗記**すること！

［解答］ をながめて 全体像を再確認する。

▶なお，［解答］は，記述の場合を想定して，
「実際の記述式の答案では，この程度書いておけばよい」という目安のもとで書いたものである。

STEP4

練習問題を解く。（時間は無制限）

▶**練習問題**については**例題**で考え方を説明しているから
知識的には問題がないはずなので，**例題**の考え方の確認も踏まえて
練習問題は必ず**自分の頭だけを使って頑張って解いてみる**こと！
数学は自分の頭で考えないと実力がつかないものなので，絶対に
すぐにあきらめないこと!!

Step 1～**Step 4**の流れですべての問題を解いていってください。

まぁ，人によって差はあると思うけど，どんな人でも3回ぐらいは繰り返さないと考え方が身に付かないだろうから，**入試までに最低3回は繰り返す**ようにしよう！

《注》

「3回もやる時間がない！」という人もきっといると思う。確かに1回目は時間がかかるかもしれないけれど，それは問題を解くための知識があまりないからだよね。だけど2回目は，（多少忘れているとしても）半分ぐらいは頭に入っているのだから，1回目の半分ぐらいの時間で終わらせることができるはずだよね。さらに3回目だったら，かなりの知識が頭に入っているので，さらに短時間で終わらせることができるよね。

また，「なん日ぐらいで1回目を読み終わればいいの？」という質問をよくされるけれど，この本に関しては1週間で終わる，というのが1つの目安なんだ。だけど，本を読む時点での予備知識が人によってバラバラだし，1日にかけられる時間も違うだろうから，3日で終わる人もいれば，2週間かかる人もいると思う。だから結論的には，「**なん日かかってもいい**から本に書いてあることが完璧に分かるようになるまで頑張って読んでくれ！」ということになるんだ。とにかく，個人差があって当然なんだから，日数なんて気にせずに理解できるまで読むことが大切なんだよ。

講義を始めるにあたって

数学ができない人と話をしてみるとよく分かるのだが，重要な公式や考え方が全く頭に入っていない場合が多い。それで数学の問題が全く解けないので，「あぁ僕は（私は）なんて頭が悪いんだろう！」なんて言っている。解けないのは当たり前でしょ！

何も覚えないで問題を解けるようになろうなんてアマイ，アマイ。数学ができる人を完全に誤解している。賢い人なら英単語を一つも覚えないで（知らないで）アメリカに行って会話ができるのかい？　数学も他の科目同様，とりあえずは暗記科目である！　どんなにできる人でも暗記という地道な努力（それだけで偏差値は60台にはいく）をしているのである。その後でようやく数学オリンピックのような考える問題を解くことができるようになり，数学のおもしろさが分かるのである。

本書は，無駄なものは一切載《の》せていないので，本を読んで知らなかった公式や考え方はすべて覚えること!!

それから，問題を解くのはいいんだけど，結構《けっこう》解きっぱなしの人って多いよね。そういう人は入試の直前に泣くことになる。だって入試直前に全問を解き直すのは不可能でしょ？　だから普段からどの問題を復習すべきか，きちんと区別しておかなくてはならない。私は問題を解くとき，次のような記号を使って問題の区別を行なっている。

END の略（EASY の略なんでしょ？とよく言われる）。これは何回やっても絶対に解けるから，もう二度と解かなくてもいい問題につける。

合格の略。とりあえず解けたけど，あと 1 回くらいは解いておいたほうがよさそうな問題につける。

Again の略。あと 2 〜 3 回は解き直したほうがいいと思われる問題につける。

無理にこの記号を使うことはないが，このように 3 段階に問題を分けておけば，復習するときに非常に効率がいい（例えば，直前で，どうしても時間がないときには  の問題だけでも解き直せばよい）。

問題一覧表

自分のレベルや志望校に合わせて問題が選べるようになっています。
とりあえず，必要なレベルから順に勉強していってください。

AA　**基本問題（教科書の例題程度）**；高校の試験対策にやってください。

A　**入試基本問題**；数学がものすごく苦手という人は，とりあえずこの問題までやってください。

B　**入試標準問題**；A問題がよく分からないという人以外は，すべてやってください。

C　**入試発展問題**；国立の中堅以上の志望者や私立の上位校を受ける人は，できる限りやること。
〔ただし，どうしても数学が苦手という人は，**B**問題まででいいです。〕

B or C　；少し難しいが入試で合否を分ける問題なので，できる限りやってほしい。

□の使い方

例えば，次のように使えばよい。

☒　cutする問題

□　E の問題

□　合 の問題

□　ag の問題

例題 1 (P. 3) **AA**

(1) $\lim_{h \to 0} \dfrac{f(x+4h)-f(x)}{h}$ を $f'(x)$ を用いて表せ。

(2) $\lim_{h \to 0} \dfrac{f(x+2h)-2f(x+h)+f(x)}{h}$ を求めよ。

例題 2 (P. 5) **A**

(1) $\lim_{x \to a} \dfrac{x^3 f(a)-a^3 f(x)}{x-a}$ を a, $f(a)$, $f'(a)$ を用いて表せ。

(2) $\lim_{x \to 1} \dfrac{f(x^2)-f(1)}{x-1}$ を $f'(1)$ を用いて表せ。

(3) $\lim_{x \to 0} \dfrac{f(3x)-f(\sin x)}{x}$ を $f'(0)$ を用いて表せ。

練習問題 1 (P. 12) **A**

(1) $\lim_{x \to a} \dfrac{x^2 f(a)-a^2 f(x)}{x^2-a^2}$ を a, $f(a)$, $f'(a)$ を用いて表せ。

(2) $\lim_{x \to 1} \dfrac{x^2 f(1)-f(x^2)}{x-1}$ を $f(1)$, $f'(1)$ を用いて表せ。

例題 3 (P. 12) **A**

$\lim_{h \to 0} \dfrac{f(a+3h)-f(a-2h)}{h}$ を $f'(a)$ を用いて表せ。

例題 4 (P. 15) **A**

連続関数 $f(x)$ は，任意の実数 x，y に対して
$f(x+y)-f(x-y)=2f(-x)\sin y$ を満たしている。
$f(x)$ は微分可能であることを示せ。

例題 5 (P. 16) **A**

$f(x)$ は連続関数であり，すべての実数 x，y について

$$f(y)-f(x)=(y-x)f(x)f(y)$$

を満たすものとする。

このとき，$f(x)$ は任意の実数 x について微分可能であることを示せ。

例題 6 (P. 18) **A**

$f(x)$ は $x=0$ で微分可能で，$f'(0)=2$ である。

さらに，任意の x，y について

$$f(x+y)=f(x)+f(y)$$

が成り立つ。

(1) $f(x)$ はすべての x において微分可能であることを示せ。

(2) $f(x)$ を求めよ。

練習問題 2 (P. 20) **B**

関数 $f(x)$ は $f(x+y)=f(x)+f(y)+f(x)f(y)$

を満たしている。$f(x)$ が $x=0$ で微分可能であるとき，

$f(x)$ はすべての x において微分可能であることを示せ。 ［東工大］

例題 7 (P. 21) **AA**

次の関数は $x=0$ で微分可能かどうか調べよ。

(1) $f(x)=|x|$

(2) $f(x)=\begin{cases} 0 & (x<0) \\ x^2 & (x\geqq 0) \end{cases}$

例題 8 (P. 26) **A**

$f(x)=\begin{cases} x\sin\dfrac{1}{x} & (x\neq 0) \\ 0 & (x=0) \end{cases}$ と定義するとき，

$x=0$ における $f(x)$ の微分可能性を調べよ。

練習問題 3 (P. 27) **A**

$$f(x)=\begin{cases} x+2x^3\sin\dfrac{1}{x} & (x\neq 0) \\ 0 & (x=0) \end{cases}$$ と定義するとき，

$x=0$ における $f(x)$ の微分可能性を調べよ。

例題 9 (P. 31) **AA**

次の関数を微分せよ。(式は整理しなくてよい)

(1) $(x^2+1)(3x+4)$

(2) $\dfrac{3}{(x-1)^6}-\dfrac{4}{3x+1}$

(3) $\dfrac{x+2}{x^2+2x+3}$

(4) $(2x+3)^4$

(5) $(x^3-3x+1)^5$

例題 10 (P. 36) **AA**

(1) $\sin(2x^2+4x+1)$ を微分せよ。

(2) $\sin^3(3x+4)$ を微分せよ。

(3) $\cos^2(2x^2+1)$ を微分せよ。

(4) $(\sin x)'=\cos x$ と $(\cos x)'=-\sin x$ を用いて，$(\tan x)'=\dfrac{1}{\cos^2 x}$ を導け。

(5) a^{x^2+4x+1} を微分せよ。

(6) e^{x^2+2} を微分せよ。

(7) $e^{x+1}\sin^2(x+1)$ を微分せよ。

(8) $\log(x^2+x+2)$ を微分せよ。

(9) $x^2\log(2x+1)$ を微分せよ。

例題 11 (P. 39) **AA**

$x^2+\dfrac{y^2}{4}=1$ のとき $\dfrac{dy}{dx}$ を求めよ。

例題 12 (P. 41) **AA**

$4x^2-9y^2=36$ 上の点 $(3\sqrt{2},\ 2)$ における接線を求めよ。

練習問題 4 (P. 42) **AA**

$y^2=8x$ 上の点 $(8,\ -8)$ における接線の方程式を求めよ。

例題 13 (P. 42) **AA**

$x=\dfrac{1-t}{1+t},\ y=\dfrac{2t}{1+t}$ のとき $\dfrac{dy}{dx}$ を求めよ。

例題 14 (P. 43) (1)**AA** (2)**A**

$x=\cos^3\theta,\ y=\sin^3\theta$ のとき,

(1) $\dfrac{dy}{dx}$ を θ で表せ。

(2) $\dfrac{d^2y}{dx^2}$ を θ で表せ。

練習問題 5 (P. 47) **AA**

$\begin{cases} x=\theta-\sin\theta \\ y=1-\cos\theta \end{cases}$ で表された曲線について 以下の問いに答えよ。

(1) $\theta=\dfrac{\pi}{4}$ に対する曲線上の点における接線の方程式を求めよ。

(2) $\dfrac{d^2y}{dx^2}$ を θ で表せ。

例題 15 (P. 50) **AA**

次のグラフの概形を，計算しないで式の意味を考えてかけ。

(1)　$y=x+\dfrac{1}{x}$

(2)　$y=x+\sin x$　$(0 \leqq x \leqq 2\pi)$

例題 16 (P. 52) **AA**

$y=x^2+\dfrac{2}{x}$ のグラフをかけ。

例題 17 (P. 61) **AA**

$y=\dfrac{x}{x^2+2}$ のグラフをかけ。

例題 18 (P. 63) **AA**

$y=\dfrac{x^2-x+1}{x^2+x+1}$ のグラフをかけ。

練習問題 6 (P. 67) **AA**

(1)　$y=\dfrac{x^3+2}{x^2+1}$ と $y=x$ の交点の x 座標を求めよ。

(2)　$y=\dfrac{x^3+2}{x^2+1}$ のグラフをかけ。

例題 19 (P. 67) **A**

$y=\dfrac{x^2}{x+1}$ のグラフをかけ。

例題 20 (P. 69) **A**

$y=\dfrac{-2}{(1+x)x}$ のグラフをかけ。

練習問題 7 (P. 71) **A**

$y=\dfrac{(x+2)^2}{x^2-1}$ のグラフをかけ。

例題 21 (P. 71) **AA**

$y=\dfrac{\log x}{x}$ のグラフをかけ。

補題 (P. 74) **AA**

(1) $\displaystyle\lim_{x\to\infty}\frac{\log x}{x}$ を求めよ。(**例題 21**)

(2) $\displaystyle\lim_{x\to\infty}\frac{e^x}{x^n}$ を求めよ。ただし，$n>0$ とする。

(3) $\displaystyle\lim_{x\to\infty}\frac{x^2-x+1}{e^x}$ を求めよ。(**例題 22**)

(4) $\displaystyle\lim_{x\to-\infty}(x^2-3)e^x$ を求めよ。(**練習問題 8**)

(5) $\displaystyle\lim_{x\to-\infty}\frac{x^2-x+1}{e^x}$ を求めよ。(**例題 22**)

(6) $\displaystyle\lim_{x\to+0}\frac{\log x}{x}$ を求めよ。(**例題 21**)

例題 22 (P. 76) **AA**

$y=\dfrac{x^2-x+1}{e^x}$ のグラフをかけ。

練習問題 8 (P. 77) **AA**

$y=(x^2-3)e^x$ のグラフをかけ。

例題 23 (P. 77) **AA**

$y=e^{-x}\sin x$ $(x\geqq 0)$ のグラフをかけ。

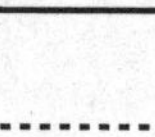

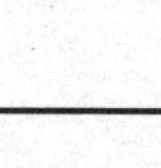

練習問題 9（P. 79）**A**

$y=e^{-x}\sin x$ の $x \geqq 0$ の部分について，

(1)　この関数のグラフの概形をかけ。

(2)　左から第 n 番目の極値を y_n とするとき，

$\displaystyle\sum_{n=1}^{\infty} y_n$ の値を求めよ。

例題 24（P. 82）**B**

関数 $f(x)=(x^2+ax+a)e^{-x}$ は極値をもつものとする。

(1)　極小値が 0 となるように a の値を定めよ。

(2)　極大値が 3 となるのは $a=3$ のときに限ることを示せ。

練習問題 10（P. 87）**B**

$f(x)=(x^2-px+p)e^{-x}$ が極小値をもつとき，

その極小値 $g(p)$ のグラフをかけ。

例題 25（P. 88）**B**

$f(x)=x+a\cos x$ $(a>1)$ は $0<x<\pi$ において極小値 0 をとる。

この範囲における $f(x)$ の極大値を求めよ。

練習問題 11（P. 92）**B**

a は正の定数とする。

(1)　$f(x)=e^{-ax}\sin 2x$ は $0 \leqq x \leqq \dfrac{3}{2}\pi$ において

2 つの極大値をもつことを示せ。

(2)　(1)の極大値を q_1，q_2（ただし，$q_1>q_2$）とおくとき，

$\dfrac{q_2}{q_1}$ を求めよ。

例題 26 (P. 92) **B**

$f(x)=ax+e^{-x}\sin x$，$g(x)=e^{-x}(\cos x-\sin x)$ とする。

(1) $y=g(x)$ $(0\leqq x\leqq 2\pi)$ のグラフの概形をかけ。

(2) $f(x)$ が区間 $0\leqq x\leqq 2\pi$ で極大値と極小値をそれぞれいくつもつか答えよ。

例題 27 (P. 99) **B**

k は実数とし，$f(x)=\dfrac{1}{2}(x+k)^2+\cos^2 x$ とおいたとき，$0<x<\dfrac{\pi}{2}$ の範囲で $y=f(x)$ が極大値をとる点はいくつあるか。また，極小値をとる点はいくつあるか。

例題 28 (P. 105) **AA**

$f(x)=\cos 4x-16\sqrt{2}\cos x-16\sqrt{2}\sin x$ が $x=\dfrac{\pi}{4}$ で極小値をもつことを示せ。

練習問題 12 (P. 107) **AA**

$f(x)=\cos 4x-16\sqrt{2}\cos x-16\sqrt{2}\sin x$ が $x=\dfrac{5}{4}\pi$ で極大値をもつことを示せ。

例題 29 (P. 110) **A**

$0<x<2\pi$ であるとき，x についての方程式 $ke^{\sqrt{3}x}=\cos x$ の解の個数を求めよ。

練習問題 13 (P. 116) **A**

$x^2+2x+1=ke^x$ の実数解の個数を求めよ。

例題 30 (P. 116) **B**

a が 1 でない定数のとき，方程式

$x^2+ax=\sin x$

はちょうど 2 つの実数解をもつことを証明せよ。 ［名大］

例題 31 (P. 124) **B**

$f(x)=\dfrac{x}{x^2+2}$ の $a \leqq x \leqq a+1$ における最小値 $F(a)$ を求めよ。

例題 32 (P. 128) **B**

$y=\log x-a(x-1)$ (a は正の定数) の $1 \leqq x \leqq 2$ における最大値を $f(a)$ とするとき，$y=f(a)$ のグラフをかけ。

例題 33 (P. 132) **B**

x がどのような正の数であっても，

$e^x \geqq ax^n$ となるような a の最大値を求めよ。

ただし，n は一定の自然数とする。 ［慶大-医］

例題 34 (P. 134) **B**

$0<x<\pi$ で常に $p\sin x \leqq \dfrac{1}{1-\cos x}$ を満たす

p の最大値を求めよ。

例題 35 (P. 138) **B**

すべての正の数 x に対して

$\dfrac{1}{x}+3 \geqq a\log\left(\dfrac{3x+1}{2x}\right)$ が成り立つような定数 a のうちで

最大のものを求めよ。 ［東京学芸大］

例題 36 (P. 141) **B or C**

関数 $f(x)=\left(1-\dfrac{a}{2}\cos^2 x\right)\sin x$ が $x=\dfrac{\pi}{2}$ で最大値1をとるという。

このとき a の範囲を求めよ。

例題 36′ (P. 143) **A**

$-1 \leqq t \leqq 1$ のとき，$t-\dfrac{a}{2}(1-t^2)t \leqq 1$ …… $(*)'$ を満たす

a の範囲を求めよ。

例題 36″ (P. 145) **A**

$-1<t<0$ のとき，$a \leqq \dfrac{-2}{(t+1)t}$ で，

$0<t<1$ のとき，$a \geqq \dfrac{-2}{(t+1)t}$ を満たす a の範囲を求めよ。

練習問題 14 (P. 147) **B or C**

$x \geqq 0$ で定義された関数 $f(x)=(x+1)^2\{(x-1)^2+k\}$ が

$x=0$ で最小値をとるという。

正の定数 k はいかなる範囲の値か。

例題 37 (P. 148) (1)**AA** (2)**B or C**

(1)　直径1の円に内接し，3辺のうちの1辺の長さが

定数 a $(0<a<1)$ であるような三角形の面積の最大値を求めよ。

(2)　直径1の円に内接し，面積が最大になる三角形を求めよ。

また，その面積を求めよ。　[東京学芸大]

例題 38 (P. 161) **A**

$f(x)=x+\dfrac{\sin x}{x^3}$ とする。

$y=f(x)$ の漸近線を求めよ。

練習問題 15 (P. 166) (1)**A** (2)**B or C**

a, b は正の定数とする。

$f(x)=\sqrt{(x+a)^2+b}-\dfrac{1}{2}x$ について

(1) $y=f(x)$ の漸近線を求めよ。

(2) $f(x)$ の最小値を求めよ。

例題 39 (P. 168) **B**

半径 a の円板から図のように板を切り取り，これを折り曲げて底面が正方形の直方体の箱（ふたはない）を作りたい。

(1) この箱の容積 V を θ の関数として表せ。

(2) V を最大にする θ の値に対して，$\tan\theta$ を求めよ。ただし，$0<\theta<\dfrac{\pi}{4}$ とする。

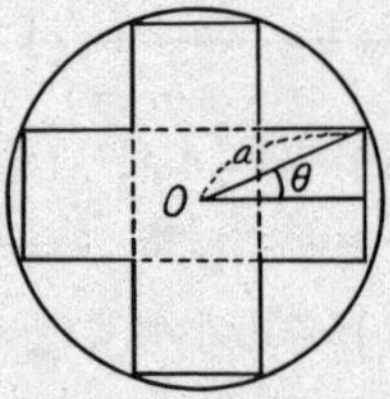

［青山学院大］

例題 40 (P. 171) **C**

$0<x\leqq 2\pi$ の範囲において，

$f(x)=\cos 4x-16\sqrt{2}\cos x-16\sqrt{2}\sin x$

の極大値を求めよ。

例題 41 (P. 176) **AA**

$f(x)=\dfrac{\sin x+\cos x}{\sin^4 x+\cos^4 x}$ の最大値と最小値を求めよ。

例題 41′ (P. 178) **AA**

$f(t)=\dfrac{2t}{-t^4+2t^2+1}$ $[-\sqrt{2}\leqq t\leqq\sqrt{2}]$ の最大値と最小値を求めよ。

練習問題 16 (P. 180) **AA**

$0<x<\dfrac{\pi}{2}$ のとき,

$f(x)=\dfrac{1}{\sin x}+\dfrac{1}{\cos x}$ の最小値を求めよ。

例題 42 (P. 180) **AA**

$f(x)=\dfrac{\sin x-\cos x}{2+\sin x\cos x}$ の最小値を求めよ。

練習問題 17 (P. 183) **AA**

$f(x)=\sin x-\cos x+\dfrac{1}{2}\sin 2x$ の最大値と最小値を求めよ。

ただし, $0\leqq x\leqq\dfrac{\pi}{2}$ とする。

例題 43 (P. 186) **AA**

$x\geqq 0$ のとき, 次の不等式を証明せよ。

$\cos x\geqq 1-\dfrac{x^2}{2}$

練習問題 18 (P. 188) **AA**

$x>0$ のとき, $\sin x>x-\dfrac{x^3}{6}$ を証明せよ。

例題 44 (P. 189) **A**

$0 \leqq x \leqq \dfrac{\pi}{2}$ において，次の不等式を証明せよ。

(1)　$\dfrac{2}{\pi}x \leqq \sin x$　　　(2)　$\cos x \leqq 1-\dfrac{1}{\pi}x^2$

練習問題 19 (P. 192) **B**

$a \geqq \dfrac{1}{2}$ のとき 次の不等式が成り立つことを証明せよ。

$1-ax^2 \leqq \cos x$

例題 45 (P. 192) **B**

(1)　$x>0$ のとき次の不等式を証明せよ。

$e^x > 1+\dfrac{x}{1!}+\dfrac{x^2}{2!}+\cdots\cdots+\dfrac{x^n}{n!}$ (n は自然数)

(2)　(1)の不等式を用いて，与えられた任意の整数 k に対して，

$\displaystyle\lim_{x\to\infty} x^k e^{-x}=0$ であることを証明せよ。　[慶大-理工]

参考問題 1 (P. 201)

任意の実数 x に対して，不等式

$1+kx^2 \leqq \cos x$ を満たすような定数 k の範囲を求めよ。　[早大-理工]

参考問題 2 (P. 201)

$x \geqq 0$ において，つねに $x-ax^3 \leqq \sin x \leqq x-\dfrac{x^3}{6}+bx^5$ を満たすような定数 a，b について最小となるものをそれぞれ求めよ。

[横浜国大（後期）]

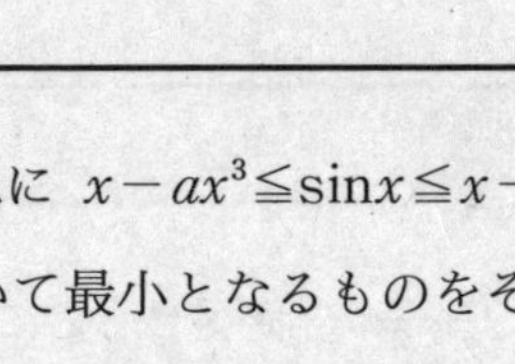

練習問題 20 (P. 201) **B**

(1)　$x>0$ のとき，次の不等式を証明せよ。

$$x>\log(1+x)>x-\frac{x^2}{2}$$

(2)　$a_n=\left(1+\frac{1}{n^2}\right)\left(1+\frac{2}{n^2}\right)\left(1+\frac{3}{n^2}\right)\cdots\cdots\left(1+\frac{n}{n^2}\right)$

とおくとき，$\lim_{n\to\infty}a_n$ を求めよ。

例題 46 (P. 202) **A**

$x>0$ のとき，$x+1>e^{x-\frac{x^2}{2}}$ が成り立つことを示せ。

練習問題 21 (P. 203) **B**

$0<x\leqq1$ のとき，次の不等式を証明せよ。

$$1+\frac{8}{10}x<(1+x)^{\frac{9}{10}}<1+\frac{9}{10}x$$

［名工大］

練習問題 22 (P. 204) **B**

$x\geqq0$ に対して $f(x)$ は $1+x=e^{x+f(x)}$ を満たす関数とする。

(1)　$-x^2\leqq f(x)\leqq0$ であることを証明せよ。

(2)　数列 $\{na_n\}$ $(a_n\geqq0)$ が収束するとき，
$\lim_{n\to\infty}nf(a_n)=0$ を証明せよ。

(3)　(2)において $\lim_{n\to\infty}na_n=b$ のとき，
$\lim_{n\to\infty}(1+a_n)^n$ を求めよ。

［早大-理工］

例題 47 (P. 204) **A**

$0<a<b$ のとき，$\log\frac{b}{a}<\frac{1}{2}(b-a)\left(\frac{1}{a}+\frac{1}{b}\right)$

を証明せよ。

［筑波大］

練習問題 23 (P. 206) **B**

a，$b>0$ のとき，$a\log(a^2+b^2)<(2a\log a)+b$ を証明せよ。

例題 48 (P. 206) **B**

$t>0$，$a\geqq 1$ のとき，
不等式 $te^{\frac{a}{t}}>2$ が成立することを示せ。

練習問題 24 (P. 210) **B or C**

$a>0$ とする。このとき，$x>0$ の範囲で不等式
$(x^2-2ax+1)e^{-x}<1$ が成立することを示せ。

補題 (P. 216) **AA**

次の空欄にあてはまるように，どちらか正しいほうを選べ。

(1)　接線の傾きが x と共に増加するグラフは
［(グラフ①，グラフ②)］ で，
接線の傾きが x と共に減少するグラフは
［(グラフ①，グラフ②)］ である。

(2)　$f''(x)>0$ を満たすグラフは ［(グラフ①，グラフ②)］ で，
$f''(x)<0$ を満たすグラフは ［(グラフ①，グラフ②)］ である。
つまり，
$f''(x)>0$ を満たすグラフは ［(上，下)］ に凸のグラフで，
$f''(x)<0$ を満たすグラフは ［(上，下)］ に凸のグラフである。

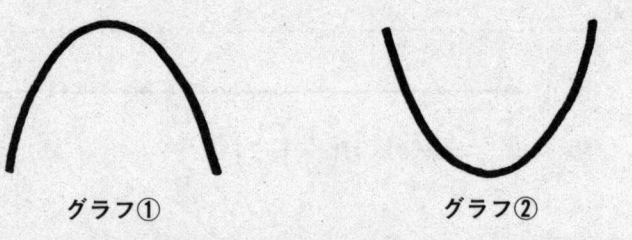

グラフ①

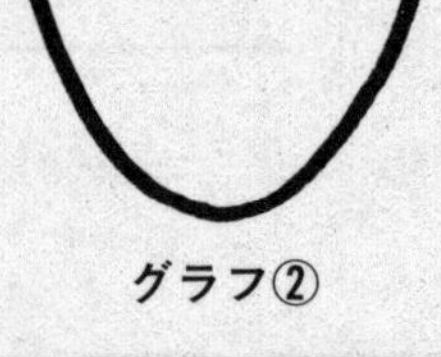

グラフ②

問題１（P. 220）**B**

$f(x)=\dfrac{1}{e^x-1}$ とおく。次の各問いに答えよ。

(1) 次のそれぞれの極限値を求めよ（答えだけでよい）。

$\lim_{x\to\infty} f(x)$，$\lim_{x\to-\infty} f(x)$，$\lim_{x\to+0} f(x)$，$\lim_{x\to-0} f(x)$

(2) $f(x)$ の第１次導関数，第２次導関数を計算せよ。

(3) $y=f(x)$ の値の増減，凹凸を調べてグラフをかけ。

問題２（P. 225）**B**

正の実数 x に対して定義された次の関数を考える。

$$f(x)=\left(\frac{1}{x}\right)^{\log x}$$

次の問いに答えよ。

(1) $\lim_{x\to+0} f(x)$ および $\lim_{x\to\infty} f(x)$ を求めよ。

(2) $f(x)$ の第１次導関数 $f'(x)$ と第２次導関数 $f''(x)$ を求めよ。

(3) 変曲点の x 座標を求めよ。

(4) 曲線 $y=f(x)$ の凹凸を調べ，$y=f(x)$ のグラフをかけ。

演習問題（P. 230）**B**

$x>0$ の範囲で定義された関数

$f(x)=\left(\dfrac{e}{x}\right)^{\log x}$ について，次の問いに答えよ。

(1) 関数 $f(x)$ の増減を調べ，極値を求めよ。

(2) 曲線 $y=f(x)$ の凹凸を調べ，変曲点の座標を求めよ。

(3) $\lim_{x\to+0} f(x)$ と $\lim_{x\to+\infty} f(x)$ を調べ，曲線 $y=f(x)$ のグラフをかけ。

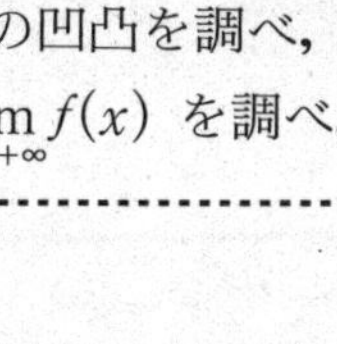

2.718…
似てないや…

<メモ>

Section 1 微分の定義

この章では，「微分の定義」について解説する。
入試ではよく出題されるところではあるが，
高校の授業では，とばしていきなり Section 2 から
はじめる場合もある。
高校の試験対策として読む場合は，
必要がなければ Section 2 から読んでもよい。
または，入試直前で時間がない場合も，
この章は独立しているので，
とばして Section 2 からはじめてもよい。

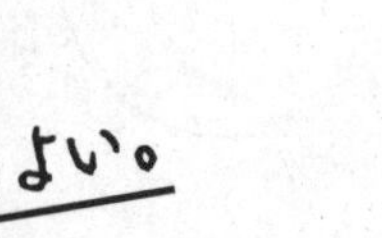

$f(x)$ の微分について

まず，$f'(x)$ の定義について解説しよう。

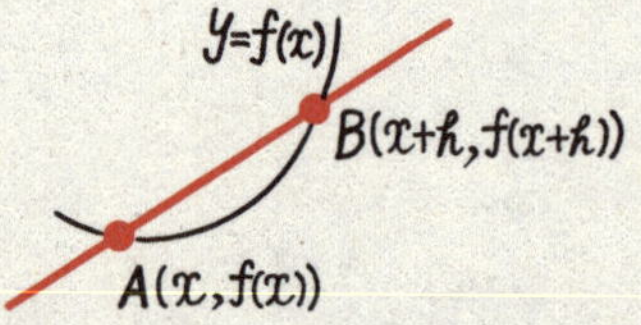

左図のような 2 点 A，B を通る直線の傾きは，

$$\frac{f(x+h)-f(x)}{(x+h)-x}$$ ◀ $\frac{y\text{の変化量}}{x\text{の変化量}}$ (=傾き！)

$$=\frac{f(x+h)-f(x)}{h}$$ …… ① だよね。

今から，

点 A$(x,\ f(x))$ における“接線の傾き”について考えよう。

次のように 点 B を 点 A に近づけていけば“接線”がつくれるよね。

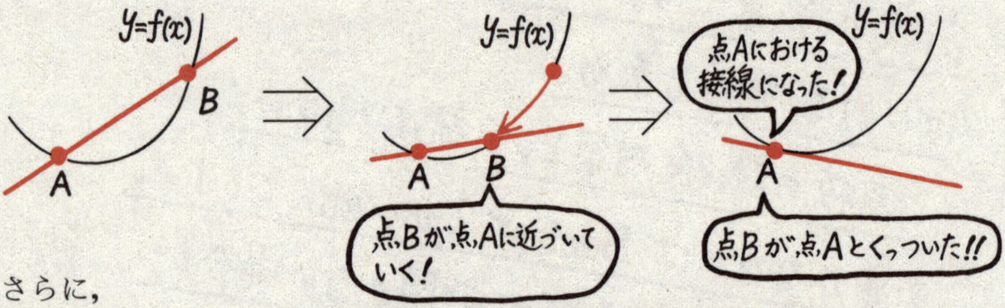

さらに，

点 B$(x+h,\ f(x+h))$ を点 A$(x,\ f(x))$ に近づけるためには h を 0 に近づければいい よね。

よって，点 A$(x,\ f(x))$ における接線の傾きは，①を考え，

$\displaystyle\lim_{h\to 0}\frac{f(x+h)-f(x)}{h}$ になる！

これを $f'(x)$ とおくことにより，次のことがいえる。

Point 1.1 **〈$f'(x)$ の定義式とその意味〉**

$$f'(x)=\lim_{h\to 0}\frac{f(x+h)-f(x)}{h}$$

$f'(x)$ の図形的な意味は，

$y=f(x)$ の $(x,\ f(x))$ における「接線の傾き」を表す！

例題 1

(1) $\lim_{h\to0}\dfrac{f(x+4h)-f(x)}{h}$ を $f'(x)$ を用いて表せ。

(2) $\lim_{h\to0}\dfrac{f(x+2h)-2f(x+h)+f(x)}{h}$ を求めよ。

[考え方]

(1) $f'(x)$ の定義は $f'(x)=\lim_{h\to0}\dfrac{f(x+h)-f(x)}{h}$ だったのに，

この問題では $\lim_{h\to0}\dfrac{f(x+4h)-f(x)}{h}$ になっているよね。

実は $f'(x)=\lim_{h\to0}\dfrac{f(x+4h)-f(x)}{4h}$ も成立するんだけど

これは分かるかい？

Point 1.1 を導くときに，点 B の座標を $(x+h,\ f(x+h))$ とおいたけど，$(x+4h,\ f(x+4h))$ でも同じことがいえるよね。　◀ hが4hに変わっただけ！

だって，$h\to0$ のとき，$(x+h,\ f(x+h))$ と $(x+4h,\ f(x+4h))$ は共に 点 $A(x,\ f(x))$ に近づくでしょ！　◀ 下図を見よ！

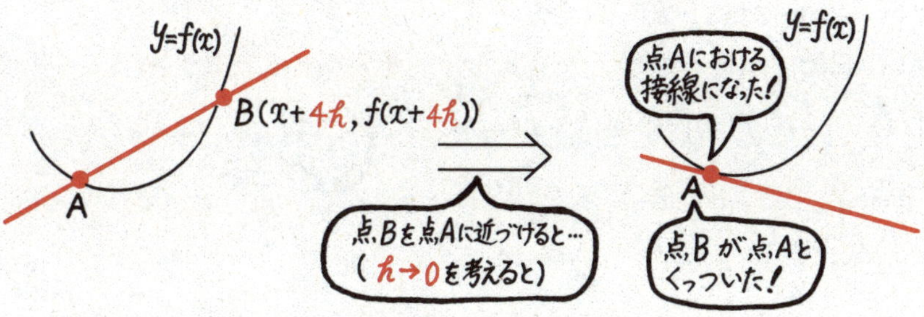

以上より，次のことがいえるのが 分かるよね。

Point 1.2　〈$f'(x)$ の公式〉

$$f'(x)=\lim_{h\to0}\frac{f(x+ah)-f(x)}{ah}$$

◀ $a=1$ のとき Point 1.1 になる！

▶***Point 1.1*** と ***Point 1.2*** は暗記するのではなく，図形的な意味を考えて自分ですぐに導けるようにしよう！

[解答]

(1) $\displaystyle\lim_{h\to0}\frac{f(x+4h)-f(x)}{h}$

$\displaystyle=\lim_{h\to0}4\cdot\frac{f(x+4h)-f(x)}{4h}$ ◀ $\dfrac{1}{h}=4\cdot\dfrac{1}{4h}$

$=\boldsymbol{4f'(x)}$ // ◀ $\displaystyle\lim_{h\to0}\frac{f(x+4h)-f(x)}{4h}=f'(x)$

[考え方]

(2) とりあえず，***Point 1.2*** の公式が使えるように，

$\dfrac{f(x+2h)-2f(x+h)+f(x)}{h}$ の分子を変形してみよう！

まず，$f(x+2h)$ があるので公式が使えるようにするためには，$\boldsymbol{f(x+2h)-f(x)}$ という形が必要だよね。

そこで，$f(x+2h)-2f(x+h)+f(x)$ を次のように変形しよう。

$f(x+2h)-2f(x+h)+f(x)$

$=f(x+2h)-f(x)-2f(x+h)+2f(x)$ ◀ $f(x)=-f(x)+2f(x)$

$=\{f(x+2h)-f(x)\}-2\{f(x+h)-f(x)\}$

よって，

$\dfrac{f(x+2h)-2f(x+h)+f(x)}{h}$

$=\dfrac{\{f(x+2h)-f(x)\}-2\{f(x+h)-f(x)\}}{h}$

$=\boxed{\dfrac{f(x+2h)-f(x)}{h}}-2\cdot\boxed{\dfrac{f(x+h)-f(x)}{h}}$ ◀ *Point 1.2* と *Point 1.1* の形ができた！

この形だったら，***Point 1.2*** を使って解くことができるよね！

[解答]

(2)

$$\lim_{h\to 0}\frac{f(x+2h)-2f(x+h)+f(x)}{h}$$

$$=\lim_{h\to 0}\frac{\{f(x+2h)-f(x)\}-2\{f(x+h)-f(x)\}}{h}$$

◀[考え方]参照

$$=\lim_{h\to 0}\frac{f(x+2h)-f(x)}{h}-2\lim_{h\to 0}\frac{f(x+h)-f(x)}{h}$$

$$=2\lim_{h\to 0}\frac{f(x+2h)-f(x)}{2h}-2\lim_{h\to 0}\frac{f(x+h)-f(x)}{h}$$

◀Point 1.2 と Point 1.1 の形ができた！

$$=2f'(x)-2f'(x)$$

◀ $\begin{cases}\lim_{h\to 0}\dfrac{f(x+2h)-f(x)}{2h}=f'(x)\\ \lim_{h\to 0}\dfrac{f(x+h)-f(x)}{h}=f'(x)\end{cases}$

$$=\underline{0}$$

例題 2

(1) $\lim_{x\to a}\dfrac{x^3f(a)-a^3f(x)}{x-a}$ を a，$f(a)$，$f'(a)$ を用いて表せ。

(2) $\lim_{x\to 1}\dfrac{f(x^2)-f(1)}{x-1}$ を $f'(1)$ を用いて表せ。

(3) $\lim_{x\to 0}\dfrac{f(3x)-f(\sin x)}{x}$ を $f'(0)$ を用いて表せ。

[Intro]

(1) **例題 1** は，$f'(x)$ を用いて表す問題だったから ***Point 1.1*** の

$f'(x)=\lim_{h\to 0}\dfrac{f(x+h)-f(x)}{h}$ を使えばよかったよね。だけど，

今回の**例題 2** は $f'(a)$ を使って表す必要があるので，

まず，<u>$\boldsymbol{f'(a)}$ について考えてみよう。</u>

$f'(a)$ の公式について①

$f'(a)$ の公式を作るのに一番手っ取り早いのは，***Point 1.1*** の

$f'(x)=\lim_{h\to 0}\dfrac{f(x+h)-f(x)}{h}$ に $x=a$ を代入することだよね。

実際に $x=a$ を代入すると，

$$f'(a)=\lim_{h\to 0}\frac{f(a+h)-f(a)}{h} \quad \cdots\cdots(*)$$

◀ この公式は，主に問題文で $\lim_{h\to 0}$ が出てきている場合に使う！

が得られるよね。

ただし，この $(*)$ は

$\lim_{h\to 0}$ の形になっていて，問題文の $\lim_{x\to a}$ の形になっていないから，

（この問題を解くときには）ちょっと使えなさそうだよね。

そこで，$f'(a)$ の“別の公式”について考えよう。

$f'(a)$の公式について②

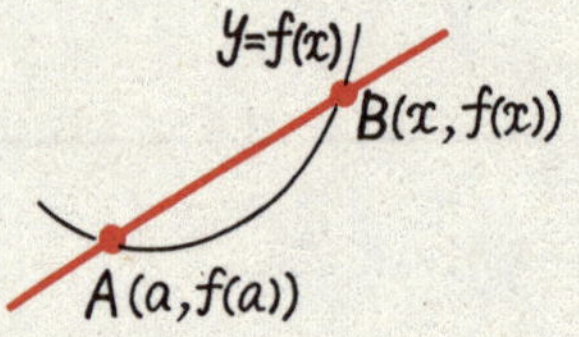

左図のような 2 点 A，B を通る直線の傾きは，

$$\frac{f(x)-f(a)}{x-a} \quad \cdots\cdots(\bigstar)$$

◀ $\frac{y\text{の変化量}}{x\text{の変化量}}$（=傾き！）

だよね。

点 $A(a,\ f(a))$ における接線の傾きを求めるためには，次のように，点 $B(x,\ f(x))$ を点 $A(a,\ f(a))$ に近づけていけばいいよね。

つまり，$x\to a$ を考えればよい！

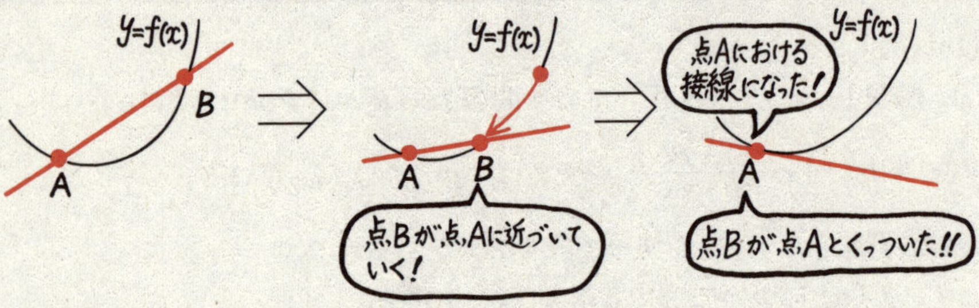

よって，点 $A(a,\ f(a))$ における接線の傾き $f'(a)$ は，$(\bigstar)$ を考え，

$$f'(a)=\lim_{x\to a}\frac{f(x)-f(a)}{x-a}$$ になる！

◀ この公式は，主に問題文で $\lim_{x\to a}$ が出てきている場合に使う！

以上より，次の ***Point*** が得られた。

Point 1. 3 〈$f'(a)$ の基本公式〉

① $f'(a)=\lim_{h\to 0}\dfrac{f(a+h)-f(a)}{h}$

② $f'(a)=\lim_{x\to a}\dfrac{f(x)-f(x)}{x-a}$

▶これも暗記するのではなく，図形的な意味を考え，
自分で すぐに導けるようにしよう！

では ここで，**Point 1.3** を使って
実際に **例題 2** を解いてみよう。

[考え方]

(1)　まず，この問題では $\lim_{x\to a}$ が出てきているので
Point 1.3 の ② を使えばいいよね。
さらに，**Point 1.3** ② を使うためには，分子に
$f(x)-f(a)$ が必要になるよね。
そこで，分子の $a^3f(x)$ を
$a^3f(x)-a^3f(a)+a^3f(a)$ のように変形しよう！　◀ $-a^3f(a)+a^3f(a)$ [=0] を加えた！

[▶ $a^3f(x)-a^3f(a)$ を a^3 でくくると，
Point 1.3 ② の $f(x)-f(a)$ が出てくるから！]

すると，

$$\frac{x^3f(a)-a^3f(x)}{x-a}$$

$$=\frac{x^3f(a)-a^3f(x)+a^3f(a)-a^3f(a)}{x-a}$$　◀ $-a^3f(a)+a^3f(a)$ [=0] を加えた！

$$=\frac{\{x^3f(a)-a^3f(a)\}-\{a^3f(x)-a^3f(a)\}}{x-a}$$

$$=\frac{f(a)(x^3-a^3)-a^3\{\boldsymbol{f(x)-f(a)}\}}{x-a}$$ ◀ Point 1.3 ② の $f(x)-f(a)$ が出てきた！

$$=f(a)\cdot\frac{x^3-a^3}{x-a}-a^3\cdot\boxed{\frac{f(x)-f(a)}{x-a}}$$ ◀ Point 1.3 ② の形！

$$=f(a)(x^2+ax+a^2)-a^3\cdot\frac{f(x)-f(a)}{x-a}$$ ◀ $x^3-a^3=(x-a)(x^2+ax+a^2)$

$\Rightarrow \dfrac{x^3-a^3}{x-a}=x^2+ax+a^2$

となるよね。

この形だったら，***Point 1.3*** ② が使えて 簡単だよね。

[解答]

(1) $\displaystyle\lim_{x\to a}\frac{x^3f(a)-a^3f(x)}{x-a}$

$$=\lim_{x\to a}f(a)(x^2+ax+a^2)-\lim_{x\to a}a^3\cdot\frac{f(x)-f(a)}{x-a}$$ ◀ [考え方]参照

$$=f(a)(a^2+aa+a^2)-a^3\cdot f'(a)$$ ◀ $\displaystyle\lim_{x\to a}\frac{f(x)-f(a)}{x-a}=f'(a)$

$$=\boldsymbol{3a^2f(a)-a^3f'(a)}$$ //

[考え方]

(2) ***Point 1.3*** ② の公式は $\displaystyle\lim_{x\to a}\frac{f(x)-f(a)}{x-a}$ なのに，

この問題では $f(x^2)$ が入っているよね。

実は，***Point 1.3*** ② の公式は

$$\boxed{f'(1)=\lim_{x\to 1}\frac{f(x^2)-f(1)}{x^2-1}}$$ でも成立することは分かるかい？

これは 次の図を考えれば 明らかだよね。

$x\to 1$ のとき 点 $\mathrm{B}(x^2,\ f(x^2))$ は 点 $\mathrm{A}(1,\ f(1))$ に近づくので，

点 $\mathrm{A}(1,\ f(1))$ における接線の傾きを求めるためには，

2 点 A，B の傾き $\dfrac{f(x^2)-f(1)}{x^2-1}$ について $x\to 1$ を考えればいいよね！

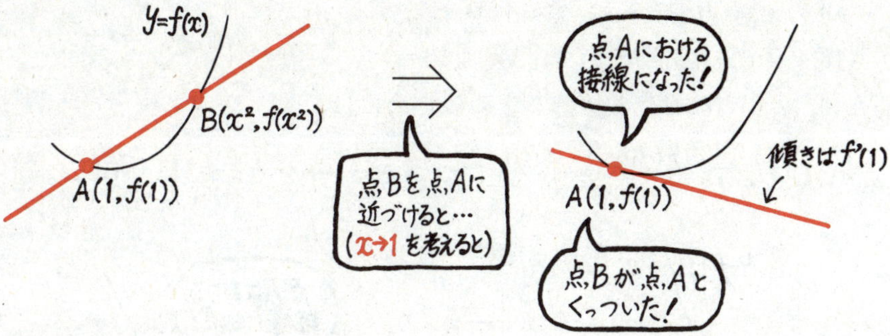

y=f(x)
B(x², f(x²))
A(1, f(1))
点Bを点Aに近づけると…(x→1を考えると)
点Aにおける接線になった!
傾きはf'(1)
A(1, f(1))
点Bが点Aとくっついた!

よって，

$$f'(1)=\lim_{x\to1}\frac{f(x^2)-f(1)}{x^2-1}\quad\cdots\cdots(\bigstar)$$ がいえることが分かる。

[解答]

(2) $\displaystyle\lim_{x\to1}\frac{f(x^2)-f(1)}{x-1}$

$\displaystyle=\lim_{x\to1}\frac{f(x^2)-f(1)}{x-1}\cdot\frac{x+1}{x+1}$ ◀ (★)が使えるように $\frac{x+1}{x+1}(=1)$ を掛けて，分母を x^2-1 にする!

$\displaystyle=\boxed{\lim_{x\to1}\frac{f(x^2)-f(1)}{x^2-1}}\cdot(x+1)$ ◀ $(x-1)(x+1)=x^2-1$

$=f'(1)\cdot(1+1)$ ◀ $\displaystyle\lim_{x\to1}\frac{f(x^2)-f(1)}{x^2-1}=f'(1)$

$=2f'(1)$ //

[考え方]

(3) この問題では $f(\sin x)$ が入っているので

一見すると よく分からないけれど，

実は，***Point 1.3*** ② の公式の応用として

$$\boxed{f'(0)=\lim_{x\to0}\frac{f(\sin x)-f(0)}{\sin x-0}}$$ がいえるんだよ。

これも 次の図を考えれば 明らかだよね。

$x \to 0$ のとき 点 B$(\sin x,\ f(\sin x))$ は
点 A$(0,\ f(0))$ に近づくので， ◀ $\sin 0 = 0$
点 A$(0,\ f(0))$ における接線を求めるためには，

2 点 A, B の傾き $\dfrac{f(\sin x)-f(0)}{\sin x-0}$ について $x \to 0$ を考えればいいよね。

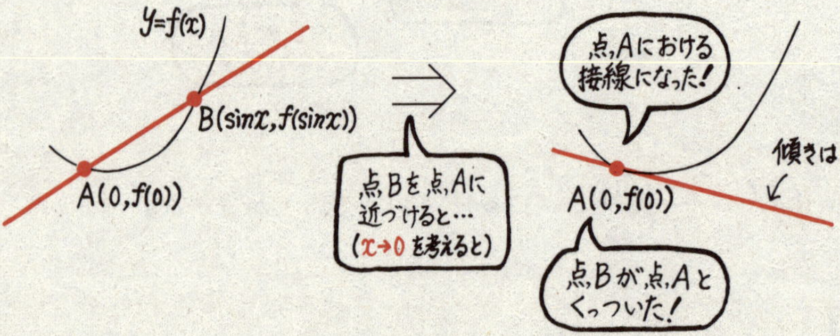

よって，

$f'(0)=\lim\limits_{x\to 0}\dfrac{f(\sin x)-f(0)}{\sin x-0}$ ……(★★) がいえることが分かる。

以上のことから気付くかもしれないけれど，
実は (2)の (★) と (3)の (★★) の一般形は

$\lim\limits_{x\to a} g(x)=a$ のとき $f'(a)=\lim\limits_{x\to a}\dfrac{f(g(x))-f(a)}{g(x)-a}$ ……(＊)

なんだよ。

この (＊) についても 次の図を考えれば 明らかだよね。

$x \to a$ のとき 点 B$(g(x),\ f(g(x)))$ は 点 A$(a,\ f(a))$ に近づくので，
点 A$(a,\ f(a))$ における接線を求めるためには，

2 点 A, B の傾き $\dfrac{f(g(x))-f(a)}{g(x)-a}$ について $x \to a$ を考えればいいよね。

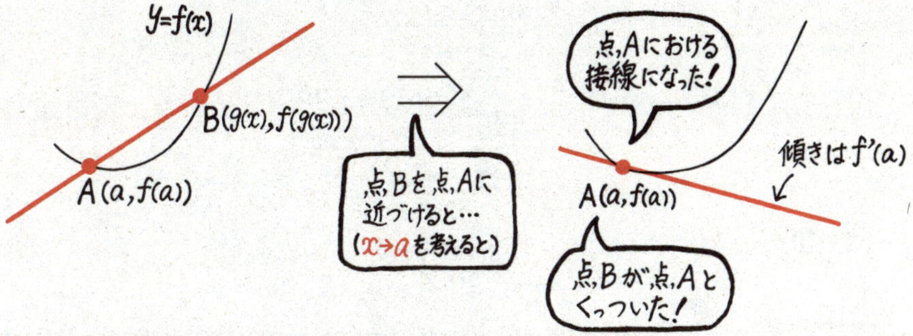
y=f(x)
B(g(x),f(g(x)))
A(a,f(a))
点Bを点Aに近づけると…(x→aを考えると)
点Aにおける接線になった!
傾きはf'(a)
A(a,f(a))
点Bが点Aとくっついた!

Point 1.4 〈$f'(a)$ の公式の応用形〉

$$\lim_{x\to a} g(x)=a \text{ のとき，} f'(a)=\lim_{x\to a}\frac{f(g(x))-f(a)}{g(x)-a}$$

▶これも暗記するのではなく，図形的な意味を考え，
自分ですぐに導けるようにしよう!

Ex.1 $x\to1$ のとき $x^2\to1$ がいえる ので，**Point 1.4** より，

$$f'(1)=\lim_{x\to1}\frac{f(x^2)-f(1)}{x^2-1}$$ がいえる。 ◀ $\begin{cases} g(x)=x^2 \\ a=1 \end{cases}$

Ex.2 $x\to0$ のとき $3x\to0$ なので，**Point 1.4** より，

$$f'(0)=\lim_{x\to0}\frac{f(3x)-f(0)}{3x-0}$$ がいえる。 ◀ $\begin{cases} g(x)=3x \\ a=0 \end{cases}$

Ex.3 $x\to0$ のとき $\sin x\to0$ なので，**Point 1.4** より，

$$f'(0)=\lim_{x\to0}\frac{f(\sin x)-f(0)}{\sin x-0}$$ もいえる。 ◀ $\begin{cases} g(x)=\sin x \\ a=0 \end{cases}$

[解答]

(3) $$\lim_{x\to0}\frac{f(3x)-f(\sin x)}{x}$$

$$=\lim_{x\to0}\frac{f(3x)-f(0)-f(\sin x)+f(0)}{x}$$ ◀ $-f(0)+f(0)$ $[=0]$ を加えた!

$$=\lim_{x\to 0}\frac{f(3x)-f(0)}{x}-\lim_{x\to 0}\frac{f(\sin x)-f(0)}{x}$$

$$=3\cdot\boxed{\lim_{x\to 0}\frac{f(3x)-f(0)}{3x}}-\boxed{\lim_{x\to 0}\frac{f(\sin x)-f(0)}{\sin x}}\cdot\frac{\sin x}{x}$$ ◀ Point 1.4の形をつくった!

$$=3f'(0)-f'(0)\cdot 1$$ ◀ $\lim_{x\to 0}\frac{f(3x)-f(0)}{3x}=f'(0)$, $\lim_{x\to 0}\frac{f(\sin x)-f(0)}{\sin x}=f'(0)$, $\lim_{x\to 0}\frac{\sin x}{x}=1$

$$=\underline{2f'(0)}$$ //

練習問題 1

(1) $\lim_{x\to a}\frac{x^2f(a)-a^2f(x)}{x^2-a^2}$ を a, $f(a)$, $f'(a)$ を用いて表せ。

(2) $\lim_{x\to 1}\frac{x^2f(1)-f(x^2)}{x-1}$ を $f(1)$, $f'(1)$ を用いて表せ。

例題 3

$\lim_{h\to 0}\frac{f(a+3h)-f(a-2h)}{h}$ を $f'(a)$ を用いて表せ。

[考え方]

もう，自分で ***Point 1.2*** を使って，次のように解けるよね？

[解答例]

$$\lim_{h\to 0}\frac{f(a+3h)-f(a-2h)}{h}$$

$$=\lim_{h\to 0}\frac{f(a+3h)-f(a)-f(a-2h)+f(a)}{h}$$ ◀ $-f(a)+f(a)$ [$=0$] を加えた!

$$=\lim_{h\to 0}\frac{f(a+3h)-f(a)}{h}-\lim_{h\to 0}\frac{f(a-2h)-f(a)}{h}$$

$$=3\cdot\boxed{\lim_{h\to 0}\frac{f(a+3h)-f(a)}{3h}}-(-2)\boxed{\lim_{h\to 0}\frac{f(a-2h)-f(a)}{-2h}}$$

$$=3f'(a)+2f'(a)$$ ◀ $\lim_{h\to 0}\frac{f(a+3h)-f(a)}{3h}=f'(a)$, $\lim_{h\to 0}\frac{f(a-2h)-f(a)}{-2h}=f'(a)$

$$=\underline{5f'(a)}$$ //

もちろん，これを **[解答]** にしてもいいんだけど，ここでは次の公式を使って解くことにしよう！

Point 1.5　〈$f'(x)$ の公式の応用〉

$$f'(x)=\lim_{h\to 0}\frac{f(x+ah)-f(x-bh)}{(a+b)h}$$

▶これも暗記するのではなく，次のように図形的な意味を考え，導けるようにすること！

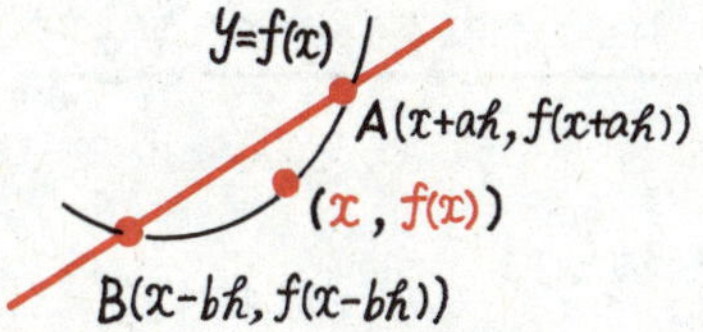

左図のような2点A，Bを通る直線の傾きは，

$$\frac{f(x+ah)-f(x-bh)}{(x+ah)-(x-bh)}$$ ◀ $\frac{y\text{の変化量}}{x\text{の変化量}}$

$$=\frac{f(x+ah)-f(x-bh)}{(a+b)h}\quad\cdots\cdots ①$$

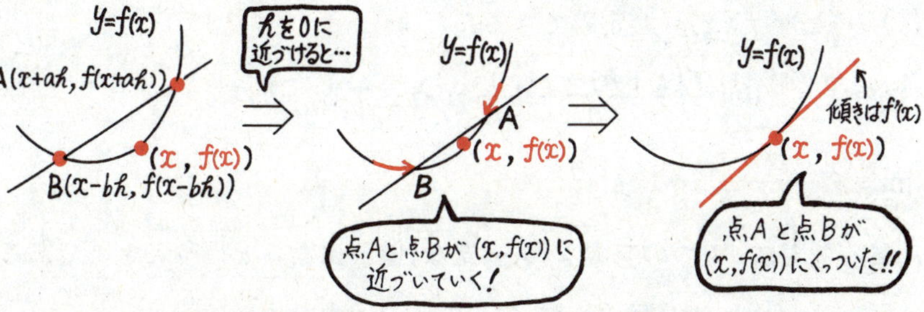

$h\to 0$ のとき，点A$(x+ah,\ f(x+ah))$ と点B$(x-bh,\ f(x-bh))$ は上図のように $(x,\ f(x))$ に近づくので，①を考え，

$$f'(x)=\lim_{h\to 0}\frac{f(x+ah)-f(x-bh)}{(a+b)h}$$ が得られる！

[解答]

$$\lim_{h\to 0}\frac{f(a+3h)-f(a-2h)}{h}$$

$$=5\cdot \lim_{h\to 0}\frac{f(a+3h)-f(a-2h)}{5h}$$ ◀ $(a+3h)-(a-2h)=5h$

$$=5f'(a)$$ ◀ $\lim_{h\to 0}\frac{f(a+3h)-f(a-2h)}{5h}=f'(a)$

$f(x)$ の微分可能性について

さて，今から**「$f(x)$ の微分可能性」**についての話をしよう。

まず，「$f(x)$ の微分の定義」は ◀ Point 1.1

$\lim_{h\to 0}\frac{f(x+h)-f(x)}{h}$ で，これを**「$f'(x)$」**と表すんだったよね。

つまり，もし $\lim_{h\to 0}\frac{f(x+h)-f(x)}{h}$ **が存在すれば，**

$f(x)$ の微分**「$f'(x)$」**が定義できるんだよ。 ◀ P.2 を見よ!

ちなみに，**「$\lim_{h\to 0}\frac{f(x+h)-f(x)}{h}$ が存在する」**とは，

$\lim_{h\to 0}\frac{f(x+h)-f(x)}{h}$ を計算して，

h が入らずに **“1 つの有限な(▶一定な)値”** になるということ である。

よって，「$f(x)$ が微分可能である」ことを示すためには，
以下のことを示せばよい！

Point 1.6 〈$f(x)$ が微分可能であるための条件〉

$$f'(x)=\lim_{h\to 0}\frac{f(x+h)-f(x)}{h}$$ を計算して，

$f'(x)$ に **h が入らずに “1 つの有限な(▶一定な)値” になれば，**
$f(x)$ は微分可能である！

以上の **Point** を踏まえて 次の問題をやってみよう。

例題 4

連続関数 $f(x)$ は，任意の実数 x，y に対して

$f(x+y)-f(x-y)=2f(-x)\sin y$ を満たしている。

$f(x)$ は微分可能であることを示せ。

[考え方]

「$f(x)$ は微分可能である」ことを示すためには，**Point 1.6** より

$f'(x)$ を 実際に計算してみればいいよね。

また，

$f(x+y)-f(x-y)=2f(-x)\sin y$ の式の形から，**Point 1.5** の

$f'(x)=\lim_{h\to 0}\dfrac{f(x+ah)-f(x-bh)}{(a+b)h}$ の公式を使えばよさそうだよね。

まずは

$f(x+ah)-f(x-bh)$ を $f(x+y)-f(x-y)$ の形にするために

$a=1$ と $b=1$ を代入する と，**Point 1.5** の公式は

$f'(x)=\lim_{h\to 0}\dfrac{f(x+h)-f(x-h)}{2h}$ ……(＊) となる。

そこで，(＊)を使うために

問題文の $f(x+y)-f(x-y)=2f(-x)\sin y$ の式に

$y=h$ と代入する と， ◀ (＊)の $f(x+h)-f(x-h)$ をつくる!

$f(x+h)-f(x-h)=2f(-x)\sin h$ ……(＊＊)

が得られるので，

$f'(x)=\lim_{h\to 0}\dfrac{f(x+h)-f(x-h)}{2h}$ ……(＊) ◀ (＊＊)を代入した

$=\lim_{h\to 0}\dfrac{2f(-x)\sin h}{2h}$ ◀ $f(x+h)-f(x-h)=2f(-x)\sin h$ ……①

$=\lim_{h\to 0}\dfrac{f(-x)\sin h}{h}$ ◀ 分母分子の 2 を約分した

あとは，この式から h が消えてくれれば終わりである！

$$f'(x)=\lim_{h\to0}\frac{f(-x)\sin h}{h}$$

$$=f(-x)\cdot\lim_{h\to0}\frac{\sin h}{h}$$ ◀ $f(-x)$ は $\lim_{h\to0}$ に関係ないので $\lim_{h\to0}$ の外に出した

$$=\boldsymbol{f(-x)}$$ となり， ◀ $\lim_{h\to0}\frac{\sin h}{h}=1$

$f'(x)$ から h が消えたので，$f(x)$ は微分可能である！

[解答]

$f(x+y)-f(x-y)=2f(-x)\sin y$ …… ①

$y=h$ とおく と，

① ⇔ $f(x+h)-f(x-h)=2f(-x)\sin h$ …… ①′

が得られる。

$$f'(x)=\lim_{h\to0}\frac{f(x+h)-f(x-h)}{2h}$$ ◀ Point 1.5

$$=\lim_{h\to0}\frac{2f(-x)\sin h}{2h}$$ ◀ ①′を代入した

$$=f(-x)\cdot\lim_{h\to0}\frac{\sin h}{h}$$ ◀ $\lim_{h\to0}\frac{\sin h}{h}=1$

$$=f(-x)$$ ◀ h が消えた！

よって，**$f(x)$ は微分可能である。**//

$(q.e.d.)$ ◀ ラテン語の **quod erat demonstrandum** の略で「証明終わり」という意味

例題 5

$f(x)$ は連続関数であり，すべての実数 x，y について

$f(y)-f(x)=(y-x)f(x)f(y)$

を満たすものとする。

このとき，$f(x)$ は任意の実数 x について微分可能であることを示せ。

[考え方]

「$f(x)$ は微分可能である」ことを示すためには，**例題 4** と同様に $f'(x)$ を実際に計算してみればいいよね。 ◀ Point 1.6

また，

$f(y)-f(x)=(y-x)f(x)f(y)$ の式の形から，***Point 1.1*** の

$f'(x)=\lim_{h\to 0}\dfrac{f(x+h)-f(x)}{h}$ の公式を使えばよさそうだよね。

そこで，***Point 1.1*** の $f'(x)=\lim_{h\to 0}\dfrac{f(x+h)-f(x)}{h}$ が使えるように

$y=x+h$ とおく と，

$$f(y)-f(x)=(y-x)f(x)f(y)$$

$\Leftrightarrow f(x+h)-f(x)=hf(x)f(x+h)$ ……① ◀ y に $x+h$ を代入した

が得られる。 ◀ Point 1.1 の分子の形がつくれた！

よって，$f'(x)=\lim_{h\to 0}\dfrac{f(x+h)-f(x)}{h}$ に①を代入する と，

$f'(x)=\lim_{h\to 0}\dfrac{hf(x)f(x+h)}{h}$ ◀ $f(x+h)-f(x)=hf(x)f(x+h)$ ……①

$=\lim_{h\to 0}f(x)f(x+h)$ ◀ 分母分子の h を約分した

$=f(x)f(x+0)$

$=\{f(x)\}^2$ となり， ◀ h が消えた！

$f'(x)$ から h が消えたので，$f(x)$ は微分可能だね。

[解答]

$f(y)-f(x)=(y-x)f(x)f(y)$ ……①

$y=x+h$ とおく と，

① $\Leftrightarrow f(x+h)-f(x)=hf(x)f(x+h)$ ……①′ ◀ $y=x+h$ ($\Rightarrow y-x=h$) を代入した

が得られるので，

$f'(x)=\lim_{h\to 0}\dfrac{f(x+h)-f(x)}{h}$ ◀ Point 1.1

$$=\lim_{h \to 0}\frac{hf(x)f(x+h)}{h}$$ ◀①'を代入した

$$=\lim_{h \to 0}f(x)f(x+h)$$ ◀分母分子のhを約分した

$$=f(x)\cdot f(x)$$ ◀hが消えた！

$$=\{f(x)\}^2$$

よって，**$f(x)$ は微分可能である。**// (q. e. d.)

例題 6

$f(x)$ は $x=0$ で微分可能で，$f'(0)=2$ である。

さらに，任意の x，y について

$$f(x+y)=f(x)+f(y)$$

が成り立つ。

(1) $f(x)$ はすべての x において微分可能であることを示せ。

(2) $f(x)$ を求めよ。

[考え方]

(1) まず，***Point 1.1*** の $f'(x)=\lim_{h \to 0}\frac{f(x+h)-f(x)}{h}$ が使えるように

$y=h$ とおく と，

$$f(x+y)=f(x)+f(y)$$

$\Leftrightarrow f(x+h)=f(x)+f(h)$ ◀$y=h$を代入した

$\Leftrightarrow f(x+h)-f(x)=f(h)$ ……① ◀$f(x+h)-f(x)$の形をつくった！

が得られるよね。

そこで，$f'(x)=\lim_{h \to 0}\frac{f(x+h)-f(x)}{h}$ に①を代入する と，

$$\boldsymbol{f'(x)=\lim_{h \to 0}\frac{f(h)}{h}}$$ ……② が得られる。 ◀$f(x+h)-f(x)=f(h)$……①

あとは，$\lim_{h \to 0}\frac{f(h)}{h}$ から h が消えてくれれば終わりなんだけど，

$\lim_{h \to 0} \frac{f(h)}{h}$ は これ以上 計算できないよね。

だけど，これを計算しないと証明することはできないよね。

そこで，まだ使っていない問題文の条件の
$f'(0)=2$ について考えてみよう。

まず，$f'(0)=\lim_{h \to 0} \frac{f(h)-f(0)}{h}$ より，　◀ Point 1.3 の①

$\boldsymbol{\lim_{h \to 0} \frac{f(h)-f(0)}{h}=2}$ ……③ がいえるよね。　◀ $f'(0)=2$

とりあえず，

$\lim_{h \to 0} \frac{f(h)}{h}$ ……② と $\lim_{h \to 0} \frac{f(h)-f(0)}{h}$ ……③ は 形が似ているよね。

違いは，③には $f(0)$ があって，②には $f(0)$ がないところだよね。

そこで，$f(0)$ について考えよう。

$f(x+h)-f(x)=f(h)$ ……① に $h=0$ を代入すると，　◀ $f(0)$をつくる!

↑ $x=0$ と $h=0$ を代入してもよい

$f(x)-f(x)=f(0)$

⇔ $\boldsymbol{f(0)=0}$ ……④ が得られる！

よって，

$f'(x)=\lim_{h \to 0} \frac{f(h)}{h}$ ……② は

$f'(x)=\lim_{h \to 0} \frac{f(h)-f(0)}{h}$ と書き直すことができるので，　◀ $f(0)=0$ だから!

$\lim_{h \to 0} \frac{f(h)-f(0)}{h}=2$ ……③ より，

$\boldsymbol{f'(x)=2}$ がいえるよね。　◀ $f'(x)=\lim_{h \to 0} \frac{f(h)-f(0)}{h}=2$

よって，$f'(x)$ から h が消えてくれたので，$f(x)$ は微分可能だね。

[解答]

(1) $f(x+y)=f(x)+f(y)$

$y=h$ とおく と，

$$f(x+h)=f(x)+f(h)$$

$\Leftrightarrow$ $f(x+h)-f(x)=f(h)$ ……① が得られる。 ◀ $f(x+h)-f(x)$ の形をつくった！

さらに，①に $h=0$ を代入する と， ◀ $f(0)$ をつくる！

$$f(x)-f(x)=f(0)$$

$\Leftrightarrow$ $f(0)=0$ ……② が得られる。

$x=0$ を代入してもよい！（または，$x=h=0$ を代入してもよい！）

ここで， $f'(x)=\lim_{h\to 0}\dfrac{f(x+h)-f(x)}{h}$ ……(＊) に ①を代入する と，

$$f'(x)=\lim_{h\to 0}\frac{f(x+h)-f(x)}{h} \quad \cdots\cdots(*)$$

$=\lim_{h\to 0}\dfrac{f(h)}{h}$ ◀ $f(x+h)-f(x)=f(h)$ ……①

$=\lim_{h\to 0}\dfrac{f(h)-f(0)}{h}$ ◀ $f(0)=0$ ……② より！

$=f'(0)$ ◀ Point 1.3 の①

$=2$ ◀ 問題文の $f'(0)=2$ より！

よって，$f(x)$ は すべての x において微分可能である。// (q. e. d.)

(2) $f'(x)=2$ より，

$f(x)=2x+C$ (C は積分定数) ◀ $f'(x)=2$ を積分した！

$f(0)=0$ ……② より，$C=0$ ◀ $f(x)=2x+C$ に $x=0$ を代入すると，$f(0)=0+C$ ∴ $0=C$ ◀ $f(0)=0$ より！

∴ $\boldsymbol{f(x)=2x}$ //

練習問題 2

関数 $f(x)$ は $f(x+y)=f(x)+f(y)+f(x)f(y)$ を満たしている。$f(x)$ が $x=0$ で微分可能であるとき，$f(x)$ はすべての x において微分可能であることを示せ。 ［東工大］

$f(x)$ の $x=a$ での微分可能性について

さて，ここから，

「$x=a$ における $f(x)$ の微分可能性」について解説しよう。

まず，「$x=a$ における $f(x)$ の微分 $f'(a)$」は

$\displaystyle\lim_{x\to a}\frac{f(x)-f(a)}{x-a}$ と書けるんだったよね。◀ Point 1.3 ②

つまり，もし $\displaystyle\lim_{x\to a}\frac{f(x)-f(a)}{x-a}$ **が存在すれば**，

$x=a$ における $f(x)$ の微分「$\boldsymbol{f'(a)}$」が定義できるんだ。

ちなみに，「$\displaystyle\lim_{x\to a}\frac{f(x)-f(a)}{x-a}$ **が存在する**」とは，

$\displaystyle\lim_{x\to a}\frac{f(x)-f(a)}{x-a}$ を計算して，

x が入らずに **"1つの有限な(▶一定な)値"** になるということ である。

よって，「$f(x)$ が $x=a$ で微分可能である」ことを示すためには，
以下のことを示せばよい！

Point 1.7 〈$f(x)$ が $x=a$ で微分可能であるための条件〉

$\displaystyle f'(a)=\lim_{x\to a}\frac{f(x)-f(a)}{x-a}$ を計算して，

$f'(a)$ に **x が入らずに "1つの有限な(▶一定な)値" になれば，**

$f(x)$ は $x=a$ で微分可能である！

Point 1.7 を踏まえて，次の**例題**をやってみよう。

例題 7

次の関数は $x=0$ で微分可能かどうか調べよ。

(1) $f(x)=|x|$

(2) $f(x)=\begin{cases}0 & (x<0)\\ x^2 & (x\geqq 0)\end{cases}$

[考え方]

(1) まず $f(x)$ が $x=0$ で微分可能かどうかを調べるためには，

$\lim_{x \to 0}\dfrac{f(x)-f(0)}{x-0}$ を計算すればいい よね。 ◀ Point 1.7

実際に計算してみると，

$$\lim_{x \to 0}\frac{|x|-|0|}{x-0}$$ ◀ $\begin{cases} f(x)=|x| \\ f(0)=|0| \end{cases}$

$$=\lim_{x \to 0}\frac{|x|-0}{x}$$ ◀ $|0|=0$

$$=\lim_{x \to 0}\frac{|x|}{x} \cdots\cdots (*)$$

$$=\frac{0}{0}$$ ◀ 不定形！(『極限が本当によくわかる本』のP.12を見よ)

となり，よく分からないよね。

そこで，$\lim_{x \to 0}\dfrac{|x|}{x} \cdots\cdots (*)$ を変形してみよう。

まず，$y=|x|$ のグラフは

右図のようになっていて，

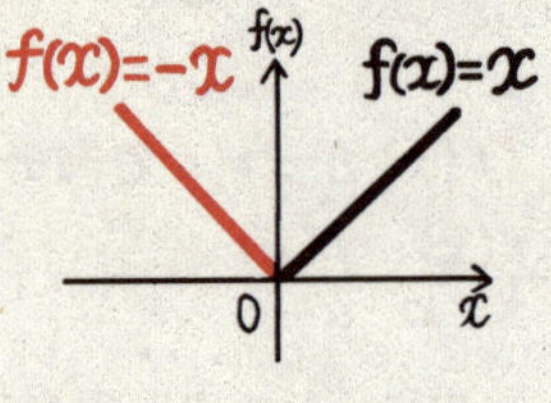

$x \geqq 0$ のとき と ◀ $f(x)=x$

$x \leqq 0$ のとき で ◀ $f(x)=-x$

関数が 2 つにわかれているよね。

つまり，$\lim_{x \to +0}$ のとき は ◀ xを正の方から0に近づける

$|\boldsymbol{x}|=\boldsymbol{x}$ となり，

$\lim_{x \to -0}$ のとき は ◀ xを負の方から0に近づける

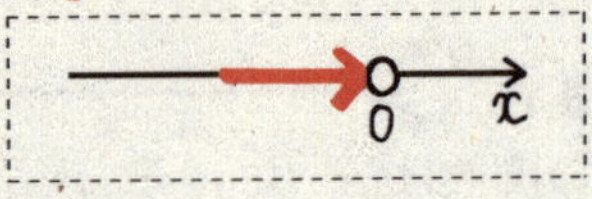

$|\boldsymbol{x}|=-\boldsymbol{x}$ となることが分かるよね。

よって，(＊) は

$$\begin{cases} \displaystyle\lim_{x\to+0}\frac{|x|}{x}=\lim_{x\to+0}\frac{x}{x} \\ \displaystyle\quad=\lim_{x\to+0}1 \\ \displaystyle\quad=\mathbf{1} \\ \displaystyle\lim_{x\to-0}\frac{|x|}{x}=\lim_{x\to-0}\frac{-x}{x} \\ \displaystyle\quad=\lim_{x\to-0}(-1) \\ \displaystyle\quad=\mathbf{-1} \end{cases}$$

◀ $x\geqq0$ のとき $|x|=x$

◀ $x\leqq0$ のとき $|x|=-x$

のようになるが，

$\displaystyle\lim_{x\to+0}\frac{f(x)-f(0)}{x-0}\neq\lim_{x\to-0}\frac{f(x)-f(0)}{x-0}$ となっているので，

$f(x)$ は $x=0$ で 微分可能でないことが分かった。

▶$f(x)$ が $x=0$ で微分可能であるためには，

$\displaystyle\lim_{x\to0}\frac{f(x)-f(0)}{x-0}$ が **“1つの有限な(▶一定な)値”** になる

必要があるが，$\displaystyle\lim_{x\to0}\frac{f(x)-f(0)}{x-0}$ を計算してみたら

$$\begin{cases} \displaystyle\lim_{x\to+0}\frac{f(x)-f(0)}{x-0}=\mathbf{1} \\ \displaystyle\lim_{x\to-0}\frac{f(x)-f(0)}{x-0}=\mathbf{-1} \end{cases}$$ のようになって

“1つの有限な(▶一定な)値” にならなかったから！

[考え方]

(2)　(1)と同様に，$\displaystyle\lim_{x\to0}\frac{f(x)-f(0)}{x-0}$ を計算してみると，

$$\lim_{x\to0}\frac{f(x)-f(0)}{x-0}$$

$$=\lim_{x\to0}\frac{f(x)-0}{x}$$

◀ 問題文より，$f(x)=x^2\ (x\geqq0)$ に $x=0$ を代入すると $f(0)=0$ が得られる！

$= \lim_{x \to 0} \frac{f(x)}{x}$ ……（＊）のようになるが，

これ以上計算できないので，$f(x)$ について考えよう。

$f(x)$ のグラフは

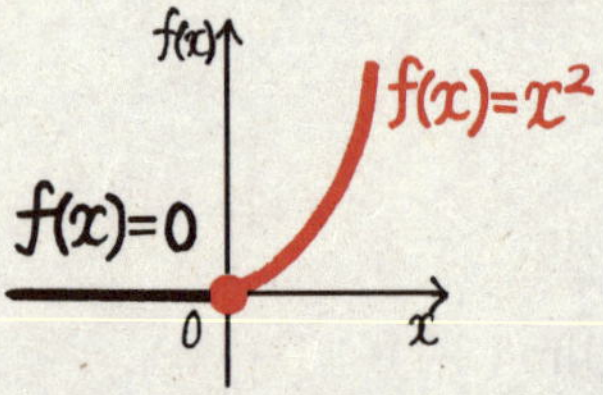

$x \geqq 0$ のとき と ◀ $f(x)=x^2$

$x<0$ のとき で ◀ $f(x)=0$

関数が 2 つにわかれているよね。

よって，（＊）は

$$\begin{cases} \lim_{x \to +0} \frac{f(x)}{x} = \lim_{x \to +0} \frac{x^2}{x} \\ \qquad = \lim_{x \to +0} x \\ \qquad = 0 \\ \lim_{x \to -0} \frac{f(x)}{x} = \lim_{x \to -0} \frac{0}{x} \\ \qquad = \lim_{x \to -0} 0 \\ \qquad = 0 \end{cases}$$

◀ $x \geqq 0$ のとき $f(x)=x^2$

◀ $x<0$ のとき $f(x)=0$

のようになり，

$\lim_{x \to +0} \frac{f(x)-f(0)}{x-0} = \lim_{x \to -0} \frac{f(x)-f(0)}{x-0}$ $(=0)$ がいえるので，

$f'(0)=0$ であることが分かった。 ◀ $\lim_{x \to +0} \frac{f(x)-f(0)}{x-0} = \lim_{x \to -0} \frac{f(x)-f(0)}{x-0} = f'(0)$

よって，

$f(x)$ は $x=0$ で微分可能であることが分かったね。

[解答]

(1) $x \geqq 0$ のとき， ◀ $f(x)$ は $x \geqq 0$ と $x \leqq 0$ で形が違うので場合分けが必要！

$\lim_{x \to +0} \frac{f(x)-f(0)}{x-0} = \lim_{x \to +0} \frac{|x|-|0|}{x-0}$ ◀ $\begin{cases} f(x)=|x| \\ f(0)=|0| \end{cases}$

$= \lim_{x \to +0} \frac{x}{x}$ ◀ $x \geqq 0$ のとき $|x|=x$

$$= \lim_{x \to +0} 1$$

$$= \mathbf{1} \quad \cdots\cdots ①$$ となる。

また，$\boxed{x \leqq 0 \text{ のとき}}$，

$$\lim_{x \to -0} \frac{f(x)-f(0)}{x-0} = \lim_{x \to -0} \frac{|x|-|0|}{x-0}$$ ◀ $\begin{cases} f(x)=|x| \\ f(0)=|0| \end{cases}$

$$= \lim_{x \to -0} \frac{-x}{x}$$ ◀ $x \leqq 0$ のとき $|x|=-x$

$$= \lim_{x \to -0} (-1)$$

$$= \mathbf{-1} \quad \cdots\cdots ②$$ となる。

よって，①と②より

$$\lim_{x \to +0} \frac{f(x)-f(0)}{x-0} \neq \lim_{x \to -0} \frac{f(x)-f(0)}{x-0}$$ がいえるので，

$f(x)$ は $x=0$ で **微分可能ではない。**//

(2)　$\boxed{x \geqq 0 \text{ のとき}}$，　◀ $f(x)$ は $x \geqq 0$ と $x<0$ で形が違うので場合分けが必要!

$$\lim_{x \to +0} \frac{f(x)-f(0)}{x-0} = \lim_{x \to +0} \frac{x^2-0}{x-0}$$ ◀ $x \geqq 0$ のとき $f(x)=x^2$

$$= \lim_{x \to +0} x$$

$$= \mathbf{0} \quad \cdots\cdots ③$$ となる。

また，$\boxed{x<0 \text{ のとき}}$，

$$\lim_{x \to -0} \frac{f(x)-f(0)}{x-0} = \lim_{x \to -0} \frac{0-0}{x-0}$$ ◀ $x<0$ のとき $f(x)=0$

$$= \lim_{x \to -0} 0$$

$$= \mathbf{0} \quad \cdots\cdots ④$$ となる。

よって，③と④より

$$\lim_{x \to +0} \frac{f(x)-f(0)}{x-0} = \lim_{x \to -0} \frac{f(x)-f(0)}{x-0} = \mathbf{0}$$ がいえるので，

$f(x)$ は $x=0$ で **微分可能である。**//

例題 8

$$f(x)=\begin{cases} x\sin\dfrac{1}{x} & (x\neq 0) \\ 0 & (x=0) \end{cases}$$ と定義するとき，

$x=0$ における $f(x)$ の微分可能性を調べよ。

[考え方]

Point 1.7 に従って，

$f'(0)=\lim_{x\to 0}\dfrac{f(x)-f(0)}{x-0}$ を計算してみれば終わりである。

$f'(0)=\lim_{x\to 0}\dfrac{f(x)-f(0)}{x-0}$ から x が消えて **“1 つの有限な(▶一定な)値”** になれば，$x=0$ で微分可能である！

また，

$f'(0)=\lim_{x\to 0}\dfrac{f(x)-f(0)}{x-0}$ が **“1 つの有限な(▶一定な)値”** にならなければ，$x=0$ で微分不可能である！

[解答]

$f'(0)=\lim_{x\to 0}\dfrac{f(x)-f(0)}{x-0}$ ◀ Point1.3②

$=\lim_{x\to 0}\dfrac{x\sin\frac{1}{x}-0}{x}$ ◀ $\begin{cases} f(x)=x\sin\frac{1}{x} \\ f(0)=0 \end{cases}$

$=\lim_{x\to 0}\sin\dfrac{1}{x}$ ◀ $\dfrac{x\sin\frac{1}{x}}{x}=\sin\frac{1}{x}$

$\lim_{x\to 0}\sin\dfrac{1}{x}$ は一定な値をとれない ので， ◀[解説]を見よ

$f(x)$ は $x=0$ で **微分可能ではない。**//

[解説] $\lim_{x\to0}\sin\frac{1}{x}$ について

$\lim_{x\to0}\frac{1}{x}$ は ∞ (or $-\infty$) になる ので，

◀『極限が本当によくわかる本』のPoint1.5（P.15）を見よ！

$\lim_{x\to0}\sin\frac{1}{x}$ は $\sin\infty$ (or $\sin(-\infty)$) になるよね。

sin∞ は 1 と −1 の間を振動し続けているので，
決して一定な値にはならない よね。

◀『極限が本当によくわかる本』のP.106を見よ！

練習問題 3

$$f(x)=\begin{cases} x+2x^3\sin\frac{1}{x} & (x\neq0) \\ 0 & (x=0) \end{cases}$$ と定義するとき，

$x=0$ における $f(x)$ の微分可能性を調べよ。

<メモ>

Section 2 いろんな関数の微分について

数Ⅱの範囲では x^n の微分ぐらいしか出てこなかったが,
数Ⅲにおいては $\sin x$, $\cos x$, $\log x$, a^x などの
いろいろな関数を微分する必要がある。
そこで,この章では,$\sin x$, $\cos x$, $\log x$, a^x などの
いろんな関数の微分の公式について解説する。
この章での内容は
Section 3 以降の基礎になるものなので,やや
覚えることが多いが,すべて完全に覚えること!

まず，例えば $(x^2+1)(x+1)$ のような $f(x)g(x)$ の形の式の微分については，

$\{f(x)g(x)\}'=f'(x)g(x)+f(x)g'(x)$ ◀ 片方ずつを微分して加える!

という公式を使えば

$\{(x^2+1)(x+1)\}'=(x^2+1)'(x+1)+(x^2+1)(x+1)'$ ◀ $f(x)=x^2+1$, $g(x)=x+1$

$=2x(x+1)+(x^2+1)1$ のように ◀ $(x^2+1)'=2x$, $(x+1)'=1$

簡単に求めることができるんだよ。

また，例えば $\dfrac{x}{x^2+1}$ のような $\dfrac{f(x)}{g(x)}$ の形の式の微分については，

$\left\{\dfrac{f(x)}{g(x)}\right\}'=\dfrac{f'(x)g(x)-f(x)g'(x)}{\{g(x)\}^2}$ という少し面倒な公式を使えば

$\left\{\dfrac{x}{x^2+1}\right\}'=\dfrac{(x)'(x^2+1)-x(x^2+1)'}{(x^2+1)^2}$ ◀ $f(x)=x$, $g(x)=x^2+1$

$=\dfrac{1\cdot(x^2+1)-x\cdot 2x}{(x^2+1)^2}$ ◀ $(x)'=1$, $(x^2+1)'=2x$

$=\dfrac{-x^2+1}{(x^2+1)^2}$ ◀ $x^2+1-2x^2=-x^2+1$

のように求めることができるんだよ。

また，例えば $(2x+1)^n$ のような $(f(x))^n$ の形の式の微分については，

$\{(f(x))^n\}'=n\{f(x)\}^{n-1}\cdot f'(x)$ ◀ $(x^n)'=nx^{n-1}$ という公式は厳密には $(x^n)'=nx^{n-1}\cdot(x)'$

という公式を使えば

$\{(2x+1)^n\}'=n(2x+1)^{n-1}\cdot(2x+1)'$ ◀ $f(x)=2x+1$

$=n(2x+1)^{n-1}\cdot 2$ のように ◀ $(2x+1)'=2$

簡単に求めることができるんだよ。

まずは，以上の公式を次の **例題 9** をやることによって覚えよう！

Point 2.1 〈微分の基本公式〉

① $\{f(x)g(x)\}'=f'(x)g(x)+f(x)g'(x)$

② $\left\{\dfrac{f(x)}{g(x)}\right\}'=\dfrac{f'(x)g(x)-f(x)g'(x)}{\{g(x)\}^2}$

③ $\{(f(x))^n\}'=n\{f(x)\}^{n-1}\cdot f'(x)$

例題 9

次の関数を微分せよ。(式は整理しなくてよい)

(1) $(x^2+1)(3x+4)$

(2) $\dfrac{3}{(x-1)^6}-\dfrac{4}{3x+1}$

(3) $\dfrac{x+2}{x^2+2x+3}$

(4) $(2x+3)^4$

(5) $(x^3-3x+1)^5$

(1) $(x^2+1)(3x+4)$ を微分せよ。

[考え方と解答]

Point 2.1 ①より,

$\{(x^2+1)(3x+4)\}'$

$=(x^2+1)'(3x+4)+(x^2+1)(3x+4)'$ ◀ $\{f(x)g(x)\}'=f'(x)g(x)+f(x)g'(x)$

$=\mathbf{2x(3x+4)+3(x^2+1)}$ // ◀ $\begin{cases}(x^2+1)'=2x\\(3x+4)'=3\end{cases}$

(2) $\dfrac{3}{(x-1)^6}-\dfrac{4}{3x+1}$ を微分せよ。

[考え方]

とりあえず, $\dfrac{3}{(x-1)^6}$ を ***Point 2.1*** ②を使って 微分してみよう。

$$\left\{\frac{3}{(x-1)^6}\right\}'=\frac{(3)'(x-1)^6-3\{(x-1)^6\}'}{\{(x-1)^6\}^2}$$ ◀ $\left\{\frac{f(x)}{g(x)}\right\}'=\frac{f'(x)g(x)-f(x)g'(x)}{\{g(x)\}^2}$

$$=\frac{0-3\cdot 6(x-1)^5}{(x-1)^{12}}$$ ◀ $\{(x+a)^n\}'=n(x+a)^{n-1}$, (定数)$'=0$

$$=\frac{-18(x-1)^5}{(x-1)^{12}}$$

$$=\frac{-18}{(x-1)^7}$$ ◀ $\frac{A^5}{A^{12}}=\frac{A^5}{A^7\cdot A^5}=\frac{1}{A^7}$

このように，ちょっと大変だよね。
実は，次のようにすれば もう少し簡単に求められるんだよ。

Point 2.2 〈$\frac{1}{(x+a)^k}$ の微分の簡単な求め方〉

$\frac{1}{(x+a)^k}$ の形の微分は，

$\frac{1}{(x+a)^k}$ を $(x+a)^{-k}$ と書き直して， ◀ $\frac{1}{A^k}=A^{-k}$

$\boldsymbol{(x+a)^{-k}}$ を微分する！ ◀ $(x+a)^n$ の形なら Point 2.1③ が使える！

[解答]

$\frac{3}{(x-1)^6}-\frac{4}{3x+1}=3(x-1)^{-6}-4(3x+1)^{-1}$ より， ◀ $\frac{1}{A^k}=A^{-k}$

$\{3(x-1)^{-6}-4(3x+1)^{-1}\}'$ ◀ Point 2.1③ が使える形！

$=3\cdot(-6)(x-1)^{-7}\cdot(x-1)'-4\cdot(-1)(3x+1)^{-2}\cdot(3x+1)'$ ◀ $\{(ax+b)^n\}'=n(ax+b)^{n-1}\cdot(ax+b)'$

$=-18(x-1)^{-7}\cdot 1+4(3x+1)^{-2}\cdot 3$ ◀ $(x-1)'=1$, $(3x+1)'=3$

$=\boldsymbol{\frac{-18}{(x-1)^7}+\frac{12}{(3x+1)^2}}$ // ◀ $A^{-n}=\frac{1}{A^n}$

(3) $\dfrac{x+2}{x^2+2x+3}$ を微分せよ。

[考え方と解答]

これは，***Point 2.1*** ②を使うだけ！

$$\left(\frac{x+2}{x^2+2x+3}\right)'$$

$$=\frac{(x+2)'(x^2+2x+3)-(x+2)(x^2+2x+3)'}{(x^2+2x+3)^2}$$

◀ $\left\{\dfrac{f(x)}{g(x)}\right\}'=\dfrac{f'(x)g(x)-f(x)g'(x)}{\{g(x)\}^2}$

$$=\frac{1\cdot(x^2+2x+3)-(x+2)\cdot(2x+2)}{(x^2+2x+3)^2}$$

◀ $\begin{cases}(x+2)'=1\\(x^2+2x+3)'=2x+2\end{cases}$

$$=\boldsymbol{\frac{x^2+2x+3-(x+2)(2x+2)}{(x^2+2x+3)^2}}$$ //

◀ 分子は整理すると $-(x^2+4x+1)$

(4) $(2x+3)^4$ を微分せよ。

[考え方と解答]

これは，***Point 2.1*** ③を使うだけ！

$\{(2x+3)^4\}'=4(2x+3)^3\cdot(2x+3)'$ ◀ $\{(f(x))^n\}'=n\{f(x)\}^{n-1}\cdot f'(x)$

$=4(2x+3)^3\cdot 2$ ◀ $(2x+3)'=2$

$=\boldsymbol{8(2x+3)^3}$ //

(5) $(x^3-3x+1)^5$ を微分せよ。

[考え方と解答]

これも，***Point 2.1*** ③を使うだけ！

$\{(x^3-3x+1)^5\}'$

$=5(x^3-3x+1)^4\cdot(x^3-3x+1)'$ ◀ $\{(f(x))^n\}'=n\{f(x)\}^{n-1}\cdot f'(x)$

$=5(x^3-3x+1)^4\cdot(3x^2-3)$ ◀ $(x^3-3x+1)'=3x^2-3$

$=\boldsymbol{15(x^3-3x+1)^4(x^2-1)}$ //

次に，いろいろな関数の微分について解説しよう。
これから解説する6つの公式はすべて必ず覚えること!!

① $(\sin x)'=\cos x$ について ◀ sin$x$ を微分すると cos$x$ になる!

まず，**「$\sin x$ を微分すると $\cos x$ になる」**ということを知っておこう。
また，一般に $\sin(x^2+1)$ のような $\sin f(x)$ の形の式の微分については
$\{\sin f(x)\}'=f'(x)\cdot\cos f(x)$ のように $f'(x)$ が出てくることも知っておこう。

② $(\cos x)'=-\sin x$ について ◀ cos$x$ を微分すると $-\sin x$ になる!

まず，**「$\cos x$ を微分すると $-\sin x$ になる」**ということを知っておこう。
また，一般に $\cos(x^2+1)$ のような $\cos f(x)$ の形の式の微分については
$\{\cos f(x)\}'=f'(x)\cdot\{-\sin f(x)\}$ のように $f'(x)$ が出てくることも知っておこう。

③ $(\tan x)'=\dfrac{1}{\cos^2 x}$ について ◀ tan$x$ を微分すると $\dfrac{1}{\cos^2 x}$ になる!

まず，**「$\tan x$ を微分すると $\dfrac{1}{\cos^2 x}$ になる」**ということを知っておこう。

また，一般に $\tan(x^2+1)$ のような $\tan f(x)$ の形の式の微分については

$\{\tan f(x)\}'=f'(x)\cdot\dfrac{1}{\cos^2 f(x)}$ のように $f'(x)$ が出てくることも知っておこう。

④ $(a^x)'=a^x\log a$ について ◀ a^x を微分すると $a^x\log a$ になる!

まず，**「a^x を微分すると $a^x\log a$ になる」**ということを知っておこう。
また，一般に a^{x^2+1} のような $a^{f(x)}$ の形の式の微分については
$\{a^{f(x)}\}'=f'(x)\cdot a^{f(x)}\log a$ のように $f'(x)$ が出てくることも知っておこう。

⑤ $(e^x)'=e^x$ について ◀ e^x を微分すると e^x（同じ!!）になる! つまり e^x は何回微分しても e^x のままである!

まず，**「e^x を微分すると e^x になる」**ということを知っておこう。
また，一般に e^{x^2+1} のような $e^{f(x)}$ の形の式の微分については
$\{e^{f(x)}\}'=f'(x)\cdot e^{f(x)}$ のように $f'(x)$ が出てくることも知っておこう。

《注》

⑤は④の１つの例である。◀ ⑤は④の $a=e$ の場合！

[▶ $\{a^{f(x)}\}'=f'(x)\cdot a^{f(x)}\log a$ の a に e を代入すると，

$\{e^{f(x)}\}'=f'(x)\cdot e^{f(x)}\log e$

$=\underline{f'(x)e^{f(x)}}$ ◀ $\log e=\log_e e=1$]

しかし，⑤は④よりも頻繁に出題されるので，
上のように⑤だけを別に覚えておくべきである！

⑥ $\boxed{(\log x)'=\dfrac{1}{x}}$ ◀ $\log x$ を微分すると $\dfrac{1}{x}$ になる！

まず，「$\log x$ を微分すると $\dfrac{1}{x}$ になる」ということを知っておこう。

また，一般に $\log(x^2+1)$ のような $\log f(x)$ の形の式の微分については

$\boxed{\{\log f(x)\}'=\dfrac{f'(x)}{f(x)}}$ のように $f'(x)$ が出てくることも知っておこう。

以上をまとめると次のようになる。(必ず覚えること‼)

Point 2. 3 〈**微分の公式**〉

① $\{\sin f(x)\}'=f'(x)\cdot\cos f(x)$ ◀ 例えば $\{\sin(x^2+1)\}'$ の場合は $(x^2+1)'\cdot\cos(x^2+1)=\underline{2x\cdot\cos(x^2+1)}$ となる

Ex. $(\sin x)'=\cos x$

② $\{\cos f(x)\}'=f'(x)\cdot\{-\sin f(x)\}$ ◀ 例えば $\{\cos(x^2+1)\}'$ の場合は $(x^2+1)'\cdot\{-\sin(x^2+1)\}=\underline{-2x\cdot\sin(x^2+1)}$ となる

Ex. $(\cos x)'=-\sin x$

③ $\{\tan f(x)\}'=f'(x)\cdot\dfrac{1}{\cos^2 f(x)}$ ◀ 例えば $\{\tan(x^2+1)\}'$ の場合は $(x^2+1)'\cdot\dfrac{1}{\cos^2(x^2+1)}=\underline{\dfrac{2x}{\cos^2(x^2+1)}}$ となる

Ex. $(\tan x)'=\dfrac{1}{\cos^2 x}$

④ $\{a^{f(x)}\}' = f'(x)\cdot a^{f(x)}\log a$ ◀ 例えば $(a^{x^2+1})'$ の場合は $(x^2+1)'\cdot a^{x^2+1}\log a = 2x\cdot a^{x^2+1}\log a$ となる

Ex. $(a^x)' = a^x\log a$

⑤ $\{e^{f(x)}\}' = f'(x)\cdot e^{f(x)}$ ◀ 例えば $(e^{x^2+1})'$ の場合は $(x^2+1)'\cdot e^{x^2+1} = 2x\cdot e^{x^2+1}$ となる

Ex. $(e^x)' = e^x$

⑥ $\{\log f(x)\}' = \dfrac{f'(x)}{f(x)}$ ◀ 例えば $\{\log(x^2+1)\}'$ の場合は $\dfrac{(x^2+1)'}{x^2+1} = \dfrac{2x}{x^2+1}$ となる

Ex. $(\log x)' = \dfrac{1}{x}$

次の **例題 10** をやることによって，この公式を覚えていこう！
自分で ***Point 2.3*** を見ながらやってごらん。

例題 10 

(1) $\sin(2x^2+4x+1)$ を微分せよ。
(2) $\sin^3(3x+4)$ を微分せよ。
(3) $\cos^2(2x^2+1)$ を微分せよ。
(4) $(\sin x)' = \cos x$ と $(\cos x)' = -\sin x$ を用いて，$(\tan x)' = \dfrac{1}{\cos^2 x}$ を導け。
(5) a^{x^2+4x+1} を微分せよ。
(6) e^{x^2+2} を微分せよ。
(7) $e^{x+1}\sin^2(x+1)$ を微分せよ。
(8) $\log(x^2+x+2)$ を微分せよ。
(9) $x^2\log(2x+1)$ を微分せよ。

 **[考え方と解答]**

(1) $\sin(2x^2+4x+1)$ を微分せよ。

これは，***Point 2.3*** ①を使うだけ！

$\{\sin(2x^2+4x+1)\}'$
$=(2x^2+4x+1)'\cdot\cos(2x^2+4x+1)$ ◀ $\{\sin f(x)\}'=f'(x)\cos f(x)$
$=\mathbf{(4x+4)\cos(2x^2+4x+1)}$ // ◀ $(2x^2+4x+1)'=4x+4$

(2) $\sin^3(3x+4)$ を微分せよ。

まず，$\sin^3(3x+4)$ は $(f(x))^n$ の形なので， ◀ $f(x)=\sin(3x+4)$，$n=3$ の場合
$\{(f(x))^n\}'=n\{f(x)\}^{n-1}\cdot f'(x)$ [◀ **Point 2.1** ③] を使うと

$\{\sin^3(3x+4)\}'=3\{\sin(3x+4)\}^2\cdot\{\sin(3x+4)\}'$ ◀ $n=3$ の場合

が得られる。

さらに，**Point 2.3** ①より，

$\{\sin(3x+4)\}'=(3x+4)'\cdot\cos(3x+4)$ ◀ $\{\sin g(x)\}'=g'(x)\cos g(x)$
$=3\cos(3x+4)$ ◀ $(3x+4)'=3$

がいえるので，

$\{\sin^3(3x+4)\}'=3\{\sin(3x+4)\}^2\cdot 3\cos(3x+4)$ ◀ $3\{\sin(3x+4)\}^2\cdot\underbrace{\{\sin(3x+4)\}'}_{=3\cos(3x+4)}$
$=\mathbf{9\sin^2(3x+4)\cos(3x+4)}$ //

(3) $\cos^2(2x^2+1)$ を微分せよ。

まず，$\cos^2(2x^2+1)$ は $(f(x))^n$ の形なので， ◀ $f(x)=\cos(2x^2+1)$，$n=2$ の場合
$\{(f(x))^n\}'=n\{f(x)\}^{n-1}\cdot f'(x)$ [◀ **Point 2.1** ③] を使うと

$\{\cos^2(2x^2+1)\}'=2\cos(2x^2+1)\cdot\{\cos(2x^2+1)\}'$ ◀ $n=2$ の場合

が得られる。

さらに，**Point 2.3** ②より，

$\{\cos(2x^2+1)\}'=(2x^2+1)'\{-\sin(2x^2+1)\}$ ◀ $\{\cos g(x)\}'=g'(x)\{-\sin g(x)\}$
$=-4x\sin(2x^2+1)$ ◀ $(2x^2+1)'=4x$

がいえるので，

$\{\cos^2(2x^2+1)\}'=2\cos(2x^2+1)\cdot\{-4x\sin(2x^2+1)\}$ ◀ $2\cos(2x^2+1)\underbrace{\{\cos(2x^2+1)\}'}_{=-4x\sin(2x^2+1)}$
$=\mathbf{-8x\cos(2x^2+1)\sin(2x^2+1)}$ //

(4) $(\sin x)'=\cos x$ と $(\cos x)'=-\sin x$ を用いて，$(\tan x)'=\dfrac{1}{\cos^2 x}$ を導け。

$\tan x=\dfrac{\sin x}{\cos x}$ より，◀ $\tan x$ を $\sin x$ と $\cos x$ で書き直した

$$(\tan x)'=\left(\frac{\sin x}{\cos x}\right)'$$ ◀ $\dfrac{\sin x}{\cos x}$ の形ならば Point 2.1 ② が使える！

$$=\frac{(\sin x)'\cos x-\sin x(\cos x)'}{\cos^2 x}$$ ◀ $\left\{\dfrac{f(x)}{g(x)}\right\}'=\dfrac{f'(x)g(x)-f(x)g'(x)}{\{g(x)\}^2}$

$$=\frac{\cos^2 x+\sin^2 x}{\cos^2 x}$$ ◀ $\begin{cases}(\sin x)'=\cos x\\(\cos x)'=-\sin x\end{cases}$

$$=\frac{\mathbf{1}}{\mathbf{\cos^2 x}}$$ ◀ $\cos^2 x+\sin^2 x=1$ $(q.e.d.)$

(5) a^{x^2+4x+1} を微分せよ。

これは，***Point 2.3*** ④を使うだけ！

$$(a^{x^2+4x+1})'=(x^2+4x+1)'\cdot a^{x^2+4x+1}\cdot\log a$$ ◀ $\{a^{f(x)}\}'=f'(x)\cdot a^{f(x)}\log a$

$$=\mathbf{(2x+4)\,a^{x^2+4x+1}\cdot\log a}$$ ◀ $(x^2+4x+1)'=2x+4$

(6) e^{x^2+2} を微分せよ。

これは，***Point 2.3*** ⑤を使うだけ！

$$(e^{x^2+2})'=(x^2+2)'\cdot e^{x^2+2}$$ ◀ $\{e^{f(x)}\}'=f'(x)e^{f(x)}$

$$=\mathbf{2xe^{x^2+2}}$$ ◀ $(x^2+2)'=2x$

(7) $e^{x+1}\sin^2(x+1)$ を微分せよ。

まず，$e^{x+1}\sin^2(x+1)$ は $f(x)g(x)$ の形なので，◀ $f(x)=e^{x+1}$, $g(x)=\sin^2(x+1)$

$\{f(x)g(x)\}'=f'(x)g(x)+f(x)g'(x)$ [◀ ***Point 2.1*** ①] を使うと

$$\{e^{x+1}\sin^2(x+1)\}'=(e^{x+1})'\sin^2(x+1)+e^{x+1}\{\sin^2(x+1)\}'$$

$$=e^{x+1}\sin^2(x+1)$$ ◀ $(e^{x+1})'=(x+1)'e^{x+1}=e^{x+1}$

$$+e^{x+1}\cdot 2\sin(x+1)\cos(x+1)$$ ◀ $\{\sin^2(x+1)\}'=2\sin(x+1)\cdot\{\sin(x+1)\}'=2\sin(x+1)\cdot\cos(x+1)$

$$=\mathbf{e^{x+1}\sin(x+1)\{\sin(x+1)+2\cos(x+1)\}}$$

(8)　$\log(x^2+x+2)$ を微分せよ。

これは，***Point 2.3*** ⑥を使うだけ！

$$\{\log(x^2+x+2)\}'=\frac{(x^2+x+2)'}{x^2+x+2}$$ ◀ $\{\log f(x)\}'=\frac{f'(x)}{f(x)}$

$$=\frac{\boldsymbol{2x+1}}{\boldsymbol{x^2+x+2}}$$ ◀ $(x^2+x+2)'=2x+1$

(9)　$x^2\log(2x+1)$ を微分せよ。

$x^2\log(2x+1)$ は $f(x)g(x)$ の形なので，◀ $f(x)=x^2$, $g(x)=\log(2x+1)$

$\{f(x)g(x)\}'=f'(x)g(x)+f(x)g'(x)$ [◀ ***Point 2.1*** ①] を使うと

$$\{x^2\log(2x+1)\}'=(x^2)'\log(2x+1)+x^2\{\log(2x+1)\}'$$

$$=2x\log(2x+1)+x^2\cdot\frac{2}{2x+1}$$ ◀ $\begin{cases}(x^2)'=2x\\ \{\log(2x+1)\}'=\frac{(2x+1)'}{2x+1}\end{cases}$

$$=\boldsymbol{2x\left\{\log(2x+1)+\frac{x}{2x+1}\right\}}$$

さて，今から

いろいろな関数の「接線を求める問題」について解説しよう。

まず，次の**例題**をやってみよう。

例題 11

$x^2+\frac{y^2}{4}=1$ のとき $\frac{dy}{dx}$ を求めよ。

[考え方]

まず，$\frac{dy}{dx}$ という記号は分かるかい？

Point 2.4 **〈$\frac{dy}{dx}$ の意味について〉**

「y を x で微分したもの」を $\frac{\boldsymbol{dy}}{\boldsymbol{dx}}$ と書く！

▶分かるとは思うけれど，x を t で微分したものは $\dfrac{dx}{dt}$ で，y を t で微分したものは $\dfrac{dy}{dt}$ になるよね。

ここで
y^n を x で微分するとどうなるのか について考えてみよう。

まず，$\{(f(x))^n\}'=n\{f(x)\}^{n-1}\cdot f'(x)$ より　◀Point 2.1 ③
$(y^n)'=ny^{n-1}\cdot y'$ が得られるよね。　◀ $f(x)$ を y とおいた

さらに $y'=\dfrac{dy}{dx}$ を考え，　◀Point 2.4

$(y^n)'=ny^{n-1}\cdot\dfrac{dy}{dx}$ ……(＊) がいえるよね。

ちなみに，x^n を x で微分すると，
$(x^n)'=nx^{n-1}$　◀これを厳密に書くと，$(x^n)'=nx^{n-1}\cdot\dfrac{dx}{dx}$
になるのは知っているよね。　$=nx^{n-1}$　◀ $\dfrac{dx}{dx}=1$

これらを踏まえて **例題11** を解いてみよう。

[解答]

$x^2+\dfrac{y^2}{4}=1$ の両辺を x で微分すると，

$2x+\dfrac{1}{4}\cdot2y\cdot\dfrac{dy}{dx}=0$　◀ $\begin{cases}(x^2)'=2x\\(y^2)'=2y\cdot\dfrac{dy}{dx}\\(1)'=0\end{cases}$

$\Leftrightarrow\ \dfrac{y}{2}\cdot\dfrac{dy}{dx}=-2x$

$\therefore\ \boldsymbol{\dfrac{dy}{dx}=-\dfrac{4x}{y}}$ //　◀両辺に $\dfrac{2}{y}$ を掛けて $\dfrac{dy}{dx}$ について解いた

例題 12

$4x^2-9y^2=36$ 上の点 $(3\sqrt{2},\ 2)$ における接線を求めよ。

[考え方]

まず，接線について復習しよう。

$y=f(x)$ の点 $(a,\ f(a))$ における接線は，
$$\boldsymbol{y-f(a)=f'(a)(x-a)} \quad \cdots\cdots(*)$$
だったよね。

$f'(x)=\dfrac{dy}{dx}$ であることを考え，

$(*)$ は次のように書き直すことができるよね。

Point 2.5 〈接線の公式〉

$y=f(x)$ 上の点 $(a,\ f(a))$ における接線は，
$$\boldsymbol{y-f(a)=\frac{dy_{y=f(a)}}{dx_{x=a}}(x-a)}$$ である！

▶ $\dfrac{dy_{y=f(a)}}{dx_{x=a}}$ は $\dfrac{dy}{dx}$ に $x=a$，$y=f(a)$ を代入したものを意味する記号とし，$(a,\ f(a))$ における接線の傾きを表す。

この **Point 2.5** を使って，実際に解いてみよう。

[解答]

$4x^2-9y^2=36$ の両辺を x で微分すると，　◀ $\dfrac{dy}{dx}$ を求める！

$$8x-18y\cdot\frac{dy}{dx}=0$$

◀ $\begin{cases}(x^2)'=2x\\(y^2)'=2y\cdot\dfrac{dy}{dx}\\(36)'=0\end{cases}$

$$\Leftrightarrow\ 18y\cdot\frac{dy}{dx}=8x$$

$\therefore \quad \dfrac{dy}{dx}=\dfrac{4}{9}\cdot\dfrac{x}{y}$ ◀両辺を $18y$ で割って $\dfrac{dy}{dx}$ について解いた

よって，点 $(3\sqrt{2},\ 2)$ における $4x^2-9y^2=36$ の接線の傾きは

$\dfrac{4}{9}\cdot\dfrac{3\sqrt{2}}{2}=\dfrac{2\sqrt{2}}{3}$ である から， ◀ $\dfrac{dy}{dx}=\dfrac{4}{9}\cdot\dfrac{x}{y}$ に $(x,y)=(3\sqrt{2},2)$ を代入した！

点 $(3\sqrt{2},\ 2)$ における $4x^2-9y^2=36$ の接線は，

$$y-2=\frac{2\sqrt{2}}{3}(x-3\sqrt{2})$$ ◀Point 2.5

$\therefore \quad y=\dfrac{2\sqrt{2}}{3}x-2$ //

練習問題 4

$y^2=8x$ 上の点 $(8,\ -8)$ における接線の方程式を求めよ。

例題 13

$x=\dfrac{1-t}{1+t}$，$y=\dfrac{2t}{1+t}$ のとき $\dfrac{dy}{dx}$ を求めよ。

[考え方]

まず，$x=\dfrac{1-t}{1+t}$ と $y=\dfrac{2t}{1+t}$ は t の関数なので，$\dfrac{dx}{dt}$ と $\dfrac{dy}{dt}$ しか求められないよね。

だけど，

$\dfrac{dy}{dx}$ は $\dfrac{dy}{dx}=\dfrac{dy}{dt}\cdot\dfrac{dt}{dx}$ のように書き直せるので， ◀ $\dfrac{dy}{\cancel{dt}}\cdot\dfrac{\cancel{dt}}{dx}=\dfrac{dy}{dx}$

$\dfrac{dy}{dt}$ と $\dfrac{dx}{dt}$ を求めれば $\dfrac{dy}{dx}$ を求めることができるんだよ！

[解答]

$$\frac{dx}{dt}=\left(\frac{1-t}{1+t}\right)'$$ ◀ $x=\frac{1-t}{1+t}$ を t で微分して $\frac{dx}{dt}$ を求める!

$$=\frac{(1-t)'(1+t)-(1-t)(1+t)'}{(1+t)^2}$$ ◀ $\left\{\frac{f(x)}{g(x)}\right\}'=\frac{f'(x)g(x)-f(x)g'(x)}{\{g(x)\}^2}$

$$=\frac{-(1+t)-(1-t)}{(1+t)^2}$$ ◀ $\begin{cases}(1-t)'=-1\\(1+t)'=1\end{cases}$

$$=\frac{\mathbf{-2}}{\mathbf{(1+t)^2}}\ \cdots\cdots ①$$ ◀ $-(1+t)-(1-t)=-1-t-1+t=-2$

$$\frac{dy}{dt}=\left(\frac{2t}{1+t}\right)'$$ ◀ $y=\frac{2t}{1+t}$ を t で微分して $\frac{dy}{dt}$ を求める!

$$=\frac{(2t)'(1+t)-2t(1+t)'}{(1+t)^2}$$ ◀ $\left\{\frac{f(x)}{g(x)}\right\}'=\frac{f'(x)g(x)-f(x)g'(x)}{\{g(x)\}^2}$

$$=\frac{2(1+t)-2t}{(1+t)^2}$$ ◀ $\begin{cases}(2t)'=2\\(1+t)'=1\end{cases}$

$$=\frac{\mathbf{2}}{\mathbf{(1+t)^2}}\ \cdots\cdots ②$$ ◀ $2(1+t)-2t=2+2t-2t=2$

①, ②より,

$$\boxed{\frac{dy}{dx}=\frac{dy}{dt}\cdot\frac{dt}{dx}}$$

$$=\frac{2}{(1+t)^2}\cdot\frac{(1+t)^2}{-2}$$ ◀ ①,②を代入した!

$$=\mathbf{-1}$$ //

例題 14

$x=\cos^3\theta$, $y=\sin^3\theta$ のとき,

(1) $\frac{dy}{dx}$ を θ で表せ。

(2) $\frac{d^2y}{dx^2}$ を θ で表せ。

[考え方]

(1)は **例題 13** と同じだから簡単だよね。

また (2)の $\dfrac{d^2y}{dx^2}$ という記号は

y を x で 2 回微分したもの を表すことは知っておこう。

Point 2. 6 〈微分の記号〉

y を x で n 回微分したものを $\dfrac{d^ny}{dx^n}$ と表す。

[解答]

(1)

$$\begin{cases} \dfrac{dx}{d\theta} = -3\cos^2\theta\sin\theta & \cdots\cdots ① \\ \dfrac{dy}{d\theta} = 3\sin^2\theta\cos\theta & \cdots\cdots ② \end{cases}$$

◀ $(\cos^3\theta)' = 3\cdot\cos^2\theta\cdot(\cos\theta)'$

◀ $(\sin^3\theta)' = 3\cdot\sin^2\theta\cdot(\sin\theta)'$

①，②より，

$$\frac{dy}{dx} = \frac{dy}{d\theta}\cdot\frac{d\theta}{dx}$$

$$= 3\sin^2\theta\cos\theta\cdot\frac{1}{-3\cos^2\theta\sin\theta}$$ ◀ ①，② を代入した

$$= -\frac{\sin\theta}{\cos\theta}$$ ◀ 分母分子の $3\sin\theta\cos\theta$ を約分した

$$= -\tan\theta$$ // ◀ $\dfrac{\sin\theta}{\cos\theta} = \tan\theta$

[考え方]

(2) $\dfrac{d^2y}{dx^2}$ については，次の **[誤答例]** が有名である。

[誤答例] 

(1)の $\dfrac{dy}{dx}=-\tan\theta$ ……ⓐ より，

$$\frac{d^2y}{dx^2}=(-\tan\theta)'$$
$$=-\frac{1}{\cos^2\theta} \quad \cdots\cdots ⓑ$$

これは どこが間違っているのか分かるかい？
全く微分の意味を考えていない答案だよね。

まず，$\dfrac{d^2y}{dx^2}$ は y を x で 2 回微分したもの だね。

つまり，$\dfrac{d^2y}{dx^2}$ は $\dfrac{dy}{dx}$ を x で 1 回微分したもの ……(＊) だよね。

[誤答例] では ⓐ ➡ ⓑ において，
左辺は $\dfrac{dy}{dx}$ ➡ $\dfrac{d^2y}{dx^2}$ のように x で微分しているのに，
右辺では $-\tan\theta$ ➡ $-\dfrac{1}{\cos^2\theta}$ のように θ で微分しているよね。

当り前のことだけど，
左辺を x で微分したのなら，右辺も x で微分しなければならない よね！

よって，ⓐ ➡ ⓑ は間違いである。

このような誤答例は，基本的に
$\dfrac{d^2y}{dx^2}$ のような“見慣れない記号”にダマされて起こるものなので，
このような問題では（つまらないミスを防ぐため）置き換えをすることによって
$\dfrac{d^2y}{dx^2}$ を出てこないようにすることが重要になるのである！

そこで，まずは 式を見やすくするために $\dfrac{dy}{dx}=z$ とおく と，

(＊) より，$\dfrac{d^2y}{dx^2}=\dfrac{dz}{dx}$ がいえるよね。 ◀ $\dfrac{d^2y}{dx^2}$ は $z\left(=\dfrac{dy}{dx}\right)$ を x で1回微分したもの！

よって，$\dfrac{d^2y}{dx^2}$ を θ で表すためには $\dfrac{dz}{dx}$ を θ で表せばいいね。

さらに(1)より $\dfrac{dy}{dx}=-\tan\theta$ なので，$\dfrac{dy}{dx}=z$ を考え，

$z=-\tan\theta$ がいえるよね。

よって，この問題は 次のように書き直すことができる！

(2)′ $z=-\tan\theta$ のとき，$\dfrac{dz}{dx}$ を θ で表せ。

まず $z=-\tan\theta$ は θ の関数なので，θ で微分する と，

$\dfrac{dz}{d\theta}=-\dfrac{1}{\cos^2\theta}$ ……③ が得られるよね。 ◀ $(-\tan\theta)'=-\dfrac{1}{\cos^2\theta}$

さらに，(1)の $\dfrac{dx}{d\theta}=-3\cos^2\theta\sin\theta$ ……① より，

$$\frac{dz}{dx}=\frac{dz}{d\theta}\cdot\frac{d\theta}{dx}$$ ◀ $\dfrac{dz}{\cancel{d\theta}}\cdot\dfrac{\cancel{d\theta}}{dx}=\dfrac{dz}{dx}$

$$=-\frac{1}{\cos^2\theta}\cdot\frac{1}{-3\cos^2\theta\sin\theta}$$ ◀ ①と③を代入した

$$=\frac{1}{3\cos^4\theta\sin\theta}$$ であることが分かった。

[解答]

$\dfrac{dy}{dx}=z$ とおく　と，(1)より，

$z=-\tan\theta$ がいえる。

これを θ で微分する　と，

$\dfrac{dz}{d\theta}=-\dfrac{1}{\cos^2\theta}$ ……③ が得られる。

さらに，$\dfrac{d^2y}{dx^2}=\dfrac{dz}{dx}$ を考え，　◀ $\dfrac{d^2y}{dx^2}$ は $z\left(=\dfrac{dy}{dx}\right)$ を x で1回微分したもの！

$\dfrac{dx}{d\theta}=-3\cos^2\theta\sin\theta$ ……① より，

$$\frac{d^2y}{dx^2}=\frac{dz}{dx}$$

$$=\frac{dz}{d\theta}\cdot\frac{d\theta}{dx}$$

◀ $\dfrac{dz}{d\theta}\cdot\dfrac{d\theta}{dx}=\dfrac{dz}{dx}$

$$=-\frac{1}{\cos^2\theta}\cdot\frac{1}{-3\cos^2\theta\sin\theta}$$

◀ ①と③を代入した

$$=\frac{1}{3\cos^4\theta\sin\theta}$$ //

練習問題 5

$\begin{cases} x=\theta-\sin\theta \\ y=1-\cos\theta \end{cases}$ で表された曲線について 以下の問いに答えよ。

(1)　$\theta=\dfrac{\pi}{4}$ に対する曲線上の点における接線の方程式を求めよ。

(2)　$\dfrac{d^2y}{dx^2}$ を θ で表せ。

<メモ>

Section 3 グラフのかき方

この章では，
グラフのかき方について解説する。
グラフがかけるようになれば，
微分の基礎は ほとんど終わった
ようなものなので，
しっかり考え方を身に付けよう！

まずはウォーミングアップとして 次の問題をやってみよう。
基本的に グラフをかくためには 計算が必要なんだけれど，
式の意味を考えると 全く計算しないでも簡単にグラフがかける
場合も決して少なくはないんだよ。

例題 15

次のグラフの概形を，計算しないで 式の意味を考えてかけ。

(1) $y=x+\dfrac{1}{x}$

(2) $y=x+\sin x$ $(0 \leqq x \leqq 2\pi)$

[考え方と解答]

(1) $y=x+\dfrac{1}{x}$ は $y=x$ と $y=\dfrac{1}{x}$ を加えたもの だから，

［図 1］と［図 2］を合わせて［図 3］のようになるよね。

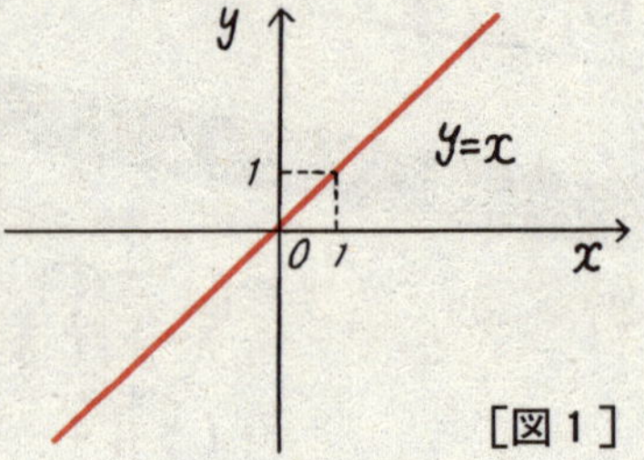

［図 1］

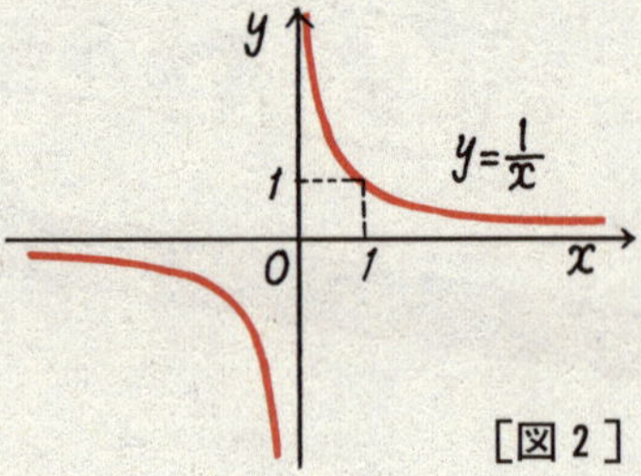

［図 2］

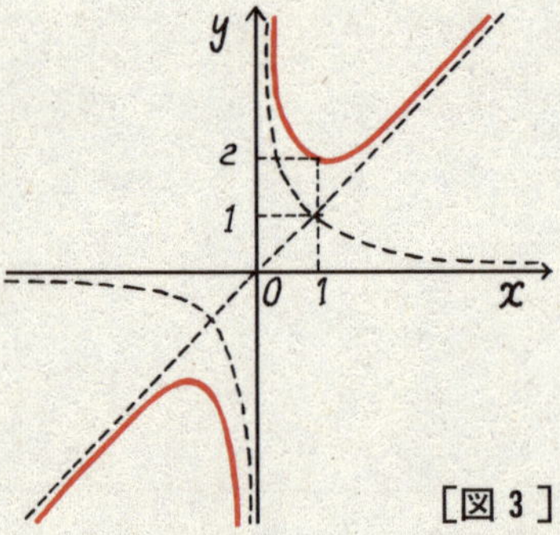

［図 3］

◀ 例えば，$x=1$ では
$y=1$ $[=x]$ と $y=1$ $\left[=\dfrac{1}{x}\right]$ を
加えるので，
$y=x+\dfrac{1}{x}$ の y 座標は
2 になる！

さらに，$y=x+\dfrac{1}{x}$ のグラフについては

次のように考えられることも重要である。

まず，

$x\to\pm\infty$ のときは $\dfrac{1}{x}\to 0$ だよね。

よって，

$x\to\pm\infty$ のとき，$y=x+\dfrac{1}{x}$ のグラフは，$y=x+\underbrace{\dfrac{1}{x}}_{\to 0}$ より，

ほとんど $y=x$ のグラフと等しいよね。

また，

$x\to 0$ のとき，$y=x+\dfrac{1}{x}$ のグラフは，$y=\underbrace{x}_{\to 0}+\dfrac{1}{x}$ より，

ほとんど $y=\dfrac{1}{x}$ のグラフと等しいよね。

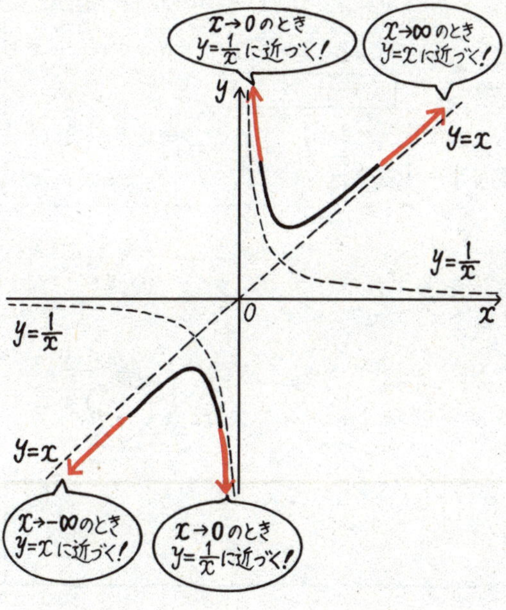

以上を踏まえて，

$y=x+\dfrac{1}{x}$ のグラフを

かくと，

左図のようになる！

(2) $y=x+\sin x$ は $y=x$ と $y=\sin x$ を加えたもの だから，
［図 4］と［図 5］を合わせて［図 6］のようになるよね。

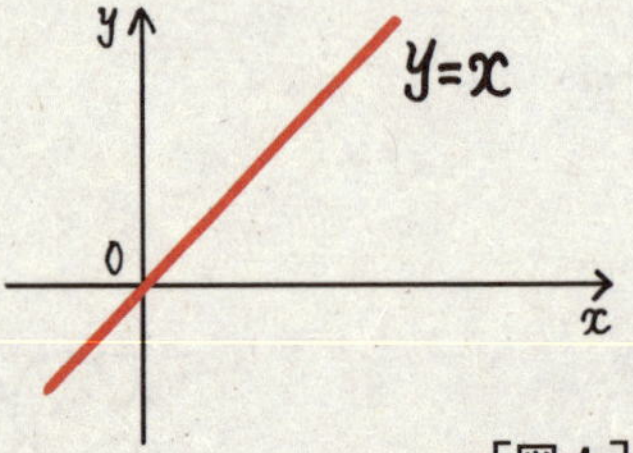

［図 4］

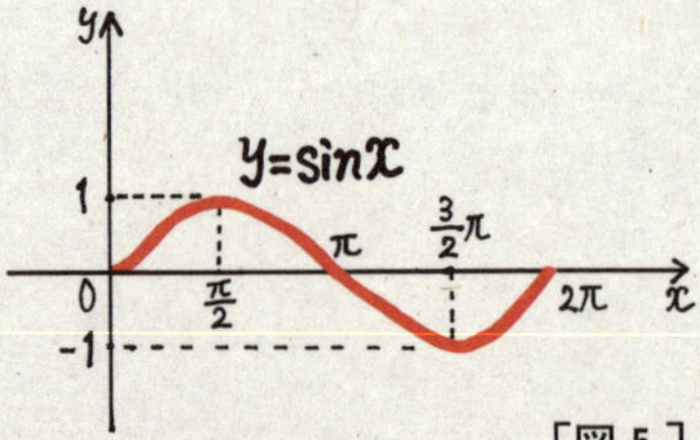

［図 5］

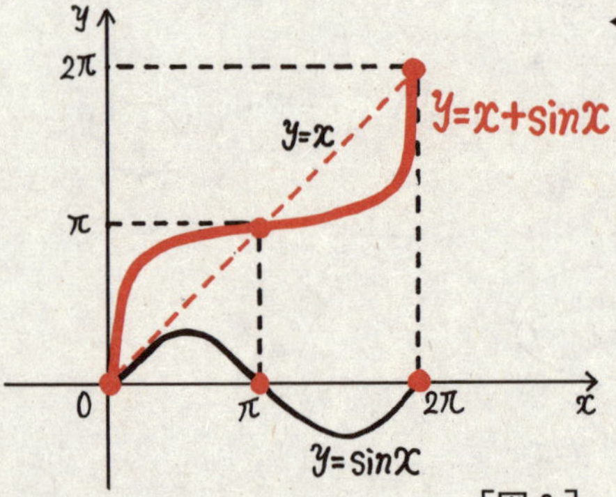

［図 6］

$x=0$ のとき
$y=0$ ［$=x$］ と $y=0$ ［$=\sin x$］
を加えるので，$y=x+\sin x=0$

$x=\pi$ のとき
$y=\pi$ ［$=x$］ と $y=0$ ［$=\sin x$］
を加えるので，$y=x+\sin x=\pi$

$x=2\pi$ のとき
$y=2\pi$ ［$=x$］ と $y=0$ ［$=\sin x$］
を加えるので，$y=x+\sin x=2\pi$

これらのように式の意味を考えれば，すぐにグラフの概形が分かるものも多いのである！

さて，今から，まじめに（？）グラフをかく練習をしよう。

例題 16

$y=x^2+\dfrac{2}{x}$ のグラフをかけ。

[Intro]

まず，$y=x^2+\dfrac{2}{x}$ のグラフの概形は，**例題 15**(1)と同様に，次のように考えれば すぐに分かるよね。

> $x\to\pm\infty$ のとき，$y=x^2+\dfrac{2}{x}$ のグラフは，$y=x^2+\underbrace{\dfrac{2}{x}}_{\to 0}$ より，
> ほとんど $y=x^2$ のグラフと等しいよね。

また，

> $x\to 0$ のとき，$y=x^2+\dfrac{2}{x}$ のグラフは，$y=\underbrace{x^2}_{\to 0}+\dfrac{2}{x}$ より，
> ほとんど $y=\dfrac{2}{x}$ のグラフと等しいよね。

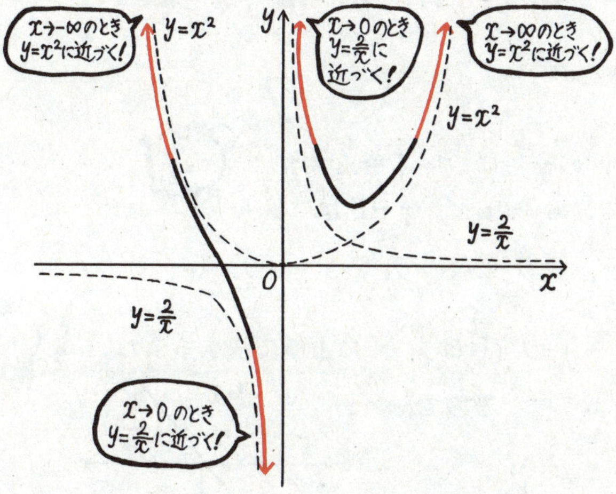

よって，$y=x^2+\dfrac{2}{x}$ のグラフ概形は

上図のように予想できる！

これを キチンと計算して求めてみよう。

◀ このように，グラフの概形が予想できるということは非常に重要なことである！

[考え方]

まず，グラフをかくためには増減表をかく必要があるので，

$y=x^2+\dfrac{2}{x}$ を微分しよう。

$$y=x^2+\frac{2}{x}$$
$$=\frac{x^3+2}{x}$$ より，

◀ $\left(\dfrac{f(x)}{g(x)}\right)'=\dfrac{f'(x)g(x)-f(x)g'(x)}{(g(x))^2}$ が使えるように分母をそろえた!

$$y'=\frac{(x^3+2)'\cdot x-(x^3+2)\cdot(x)'}{x^2}$$ ◀ Point 2.1 ②

$$=\frac{3x^2\cdot x-(x^3+2)\cdot 1}{x^2}$$ ◀ $\begin{cases}(x^3+2)'=3x^2\\(x)'=1\end{cases}$

$$=\frac{2(x^3-1)}{x^2}$$ ◀ $3x^3-(x^3+2)=2x^3-2=2(x^3-1)$

$$=\frac{2(x-1)(x^2+x+1)}{x^2}$$ ◀ 増減表がかきやすいように因数分解した!

さて，ここで

増減表をかくために y' の符号について考えよう。

まず，分母の x^2 は正で，分子の x^2+x+1 は

$x^2+x+1=\left(x+\dfrac{1}{2}\right)^2+\dfrac{3}{4}$ より 正なので，

$y'\left(=\dfrac{2(x-1)(x^2+x+1)}{x^2}\right)$ の符号は $x-1$ によって決まるよね。

$x-1$ の符号は 右図のようになるので， ◀

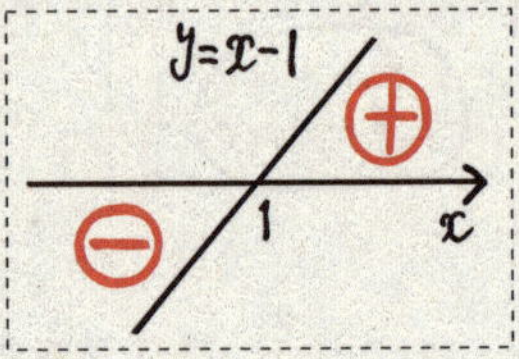

$x<1$ のとき　$y'<0$
$x=1$ のとき　$y'=0$　……(∗)
$x>1$ のとき　$y'>0$

であることが分かるよね。

とりあえず，(∗)を踏まえて増減表をかくと
右図のようになるよね。
だけど，実は この増減表は不完全なものなんだよ。
えっ，なぜかって？

x		1	
y'	−	0	+
y	↘	3	↗

だって，この増減表には $x=0$ の場合が含まれてしまっているでしょ。

$y=\dfrac{x^3+2}{x}$ の分母は x なので，

$y=\dfrac{x^3+2}{x}$ は $x \neq 0$ で考えなければならない んだよ！ ◀分母が0になってしまうから

つまり，

増減表は次のようになるんだよ。

x		0		1	
y'	$-$		$-$	0	$+$
y	↘		↘	3	↗

ちなみに，この $x=0$ は次の **Point** から

「**漸近線**《ぜんきんせん》」であることが ◀「漸近線」とは，「曲線が（原点から無限に遠ざかったときに）近づいていく直線」のこと！

分かるんだよ。

Point 3.1　**〈漸近線について〉**

$\dfrac{f(x)}{g(x)}$ において $g(x)=0$ の解があれば，

（その解を $x=\alpha$ とおくと）$\boldsymbol{x=\alpha}$ **は漸近線**になる。

さて，以上のことを踏まえて $y=x^2+\dfrac{2}{x}$ のグラフをかいてみよう。

$x<0$ における $y=x^2+\dfrac{2}{x}$ のグラフについて

まず，$x<0$ における増減表は右図のようになっているよね。

x		0
y'	$-$	
y	↘	

よって，

$x\to-\infty$ のとき，$\dfrac{2}{x}\to 0$

$x\to 0$ のとき，$x^2\to 0$

であることを考え，

$x\to-\infty$ のとき，$y=x^2+\dfrac{2}{x}$ は $y=x^2$ に近づき，

$x\to-0$ のとき，$y=x^2+\dfrac{2}{x}$ は $y=\dfrac{2}{x}$ に近づく。 ……(＊)

《注》を見よ!

(＊) より［図A］がいえるので，

増減表を考え ◀ $y=x^2+\frac{2}{x}$ は $x<0$ の範囲では減少関数!

［図B］が得られるよね。

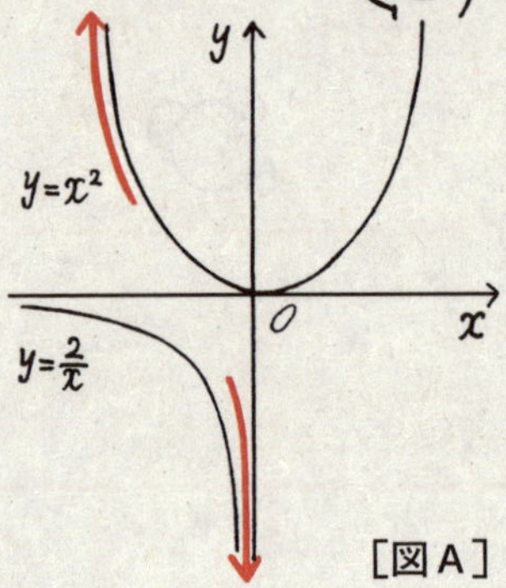

［図A］

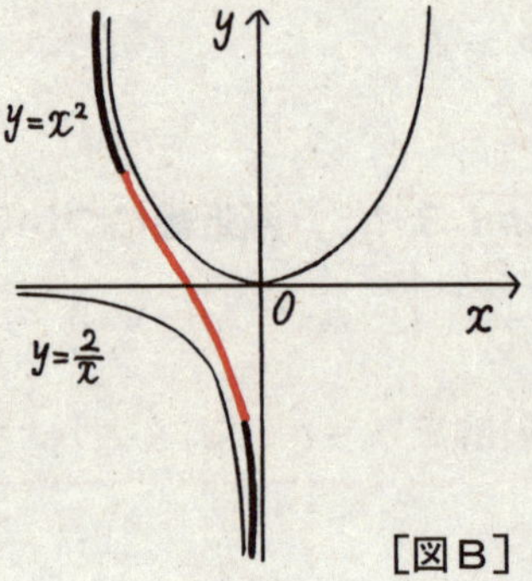

［図B］

《注》

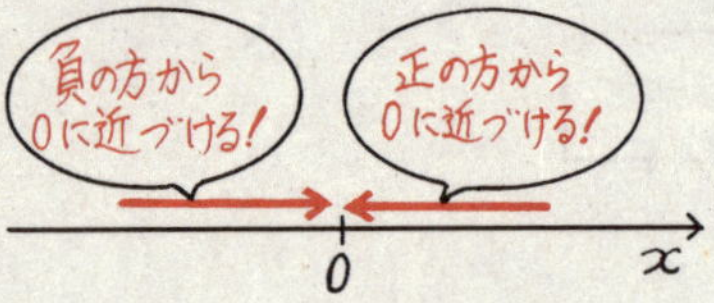

0 に近づけるとき，上図のように，
「正の方から 0 に近づける場合」と「負の方から 0 に近づける場合」
の 2 通りが考えられるよね。

正の方から 0 に近づける場合は $\lim\limits_{x\to+0}$ と書き，
負の方から 0 に近づける場合は $\lim\limits_{x\to-0}$ と書く。

一般には 次のようになる。

Point 3. 2 **〈極限の記号〉**

正の方から a に近づける場合は $\lim\limits_{x\to a+0}$ と書き，

負の方から a に近づける場合は $\lim\limits_{x\to a-0}$ と書く。

$x>0$ における $y=x^2+\dfrac{2}{x}$ のグラフについて

まず，$x>0$ における増減表は
右図のようになっているよね。

x	0		1	
y'		$-$	0	$+$
y		↘	3	↗

よって，

$x\to\infty$ のとき，$\dfrac{2}{x}\to0$
$x\to0$ のとき，$x^2\to0$

であることを考え，

$x\to\infty$ のとき，$y=x^2+\dfrac{2}{x}$ は $y=x^2$ に近づき

$x\to+0$ のとき，$y=x^2+\dfrac{2}{x}$ は $y=\dfrac{2}{x}$ に近づく。 ……(＊＊)

(＊＊) より［図C］がいえるので，
増減表を考え
［図D］が得られる！

◀ $y=x^2+\dfrac{2}{x}$ は $0<x<1$ の範囲で減少し，
$x>1$ の範囲で増加する！

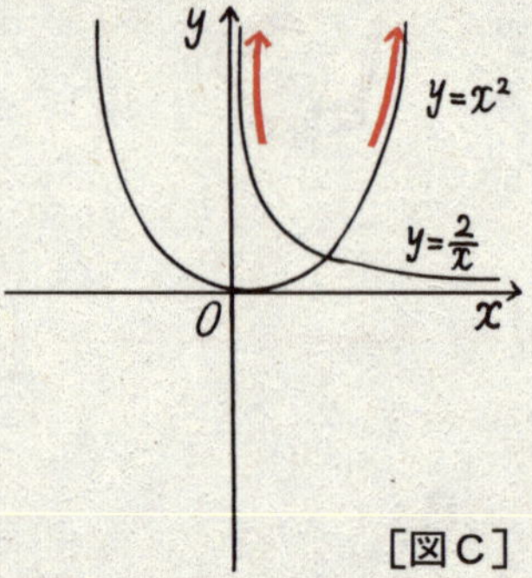

［図C］

⇒

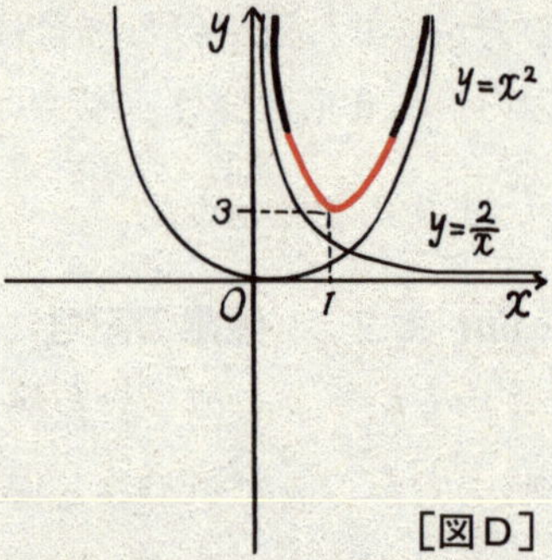

［図D］

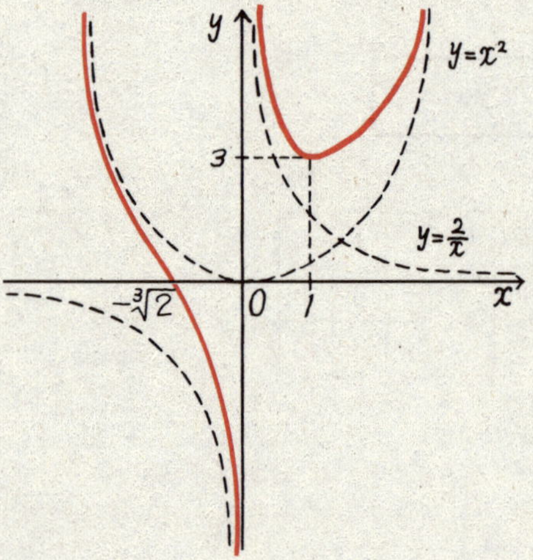

以上より，

［図B］と［図D］を合わせると，

$y=x^2+\dfrac{2}{x}$ のグラフは

左図のようになるよね！

［解答］

$$y=x^2+\frac{2}{x}$$

$$=\frac{x^3+2}{x}$$ ◀ 分母をそろえた

$$y'=\frac{(x^3+2)'\cdot x-(x^3+2)\cdot(x)'}{x^2}$$ ◀ $\left\{\dfrac{f(x)}{g(x)}\right\}'=\dfrac{f'(x)g(x)-f(x)g'(x)}{\{g(x)\}^2}$

$$=\frac{3x^3-x^3-2}{x^2}$$ ◀ $\begin{cases}(x^3+2)'=3x^2\\(x)'=1\end{cases}$

$$=\frac{2(x^3-1)}{x^2}$$ ◀ $3x^3-x^3-2=2x^3-2=2(x^3-1)$

$$=\frac{2(x-1)(x^2+x+1)}{x^2}$$ ◀ $x^3-a^3=(x-a)(x^2+ax+a^2)$

分母の x^2 は正で，分子の x^2+x+1 は

$x^2+x+1=\left(x+\frac{1}{2}\right)^2+\frac{3}{4}$ より 正なので，

y' の符号は $x-1$ によって決まる！

$y=x-1$ のグラフを考え，◀ y'の符号が分かる！

増減表は 次のようになる。

x		0		1	
y'	−		−	0	+
y	↘		↘	3	↗

◀ 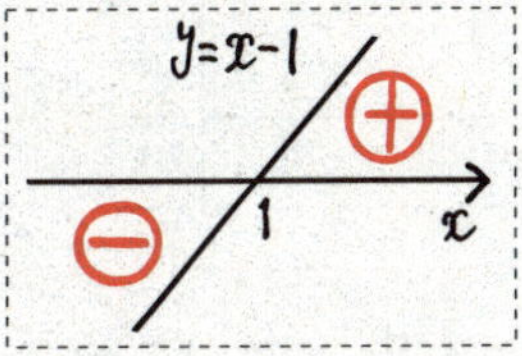

分母は絶対に 0 になってはいけないので，$y=x^2+\frac{2}{x}$ では $x\neq0$ である！

$x<0$ のとき

x		0
y'	−	
y	↘	

$x\to-\infty$ のとき，$y=x^2+\frac{2}{x}$ は $y=x^2$ に近づき，

$x\to-0$ のとき，$y=x^2+\frac{2}{x}$ は $y=\frac{2}{x}$ に近づく。 ……(＊)

(＊) より 増減表を考え［図A］が得られる。

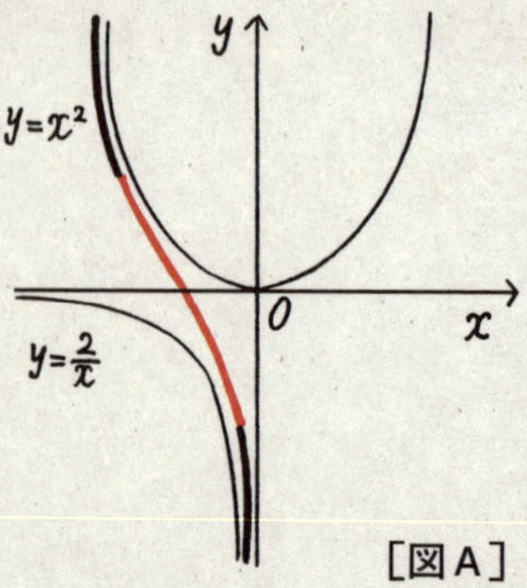

［図A］

0＜x のとき

x	0		1	
y'		－	0	＋
y		↘	3	↗

$x \to \infty$ のとき，$y=x^2+\dfrac{2}{x}$ は $y=x^2$ に近づき

$x \to +0$ のとき，$y=x^2+\dfrac{2}{x}$ は $y=\dfrac{2}{x}$ に近づく。 ……(＊＊)

(＊＊) より 増減表を考え［図B］が得られる。

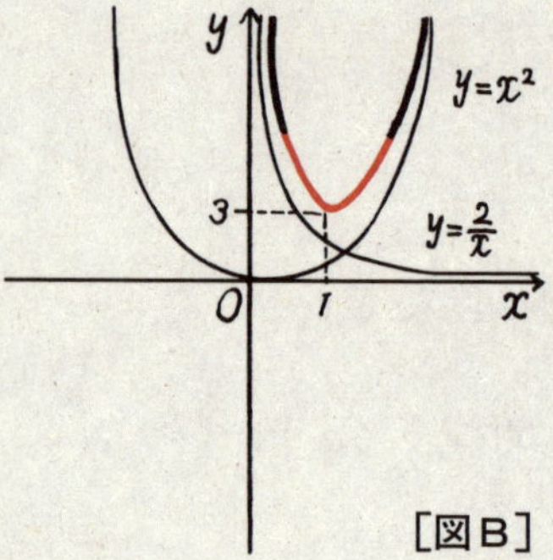

［図B］

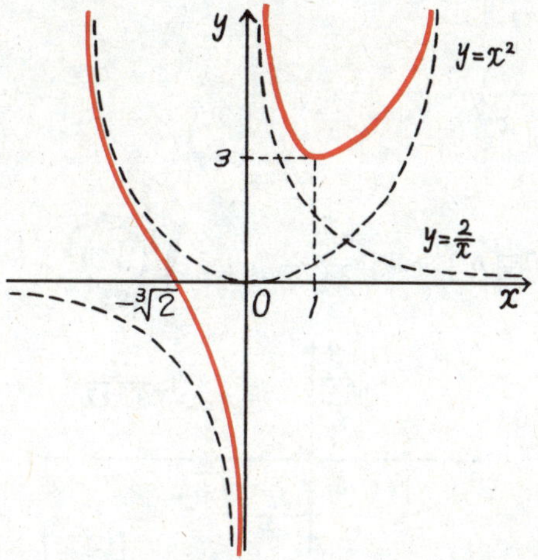

以上より，

［図A］と［図B］を合わせると，

$y=x^2+\dfrac{2}{x}$ のグラフは

左図のようになる。

例題 17

$y=\dfrac{x}{x^2+2}$ のグラフをかけ。

［考え方と解答］

$$f(x)=\frac{x}{x^2+2}$$

$$f'(x)=\frac{(x)'(x^2+2)-x(x^2+2)'}{(x^2+2)^2}$$ ◀ $\left\{\dfrac{f(x)}{g(x)}\right\}'=\dfrac{f'(x)g(x)-f(x)g'(x)}{\{g(x)\}^2}$

$$=\frac{1\cdot(x^2+2)-x\cdot 2x}{(x^2+2)^2}$$ ◀ $\begin{cases}(x)'=1\\(x^2+2)'=2x\end{cases}$

$$=\frac{-x^2+2}{(x^2+2)^2}$$ ◀ $x^2+2-2x^2=-x^2+2$

$$=\frac{-(x-\sqrt{2})(x+\sqrt{2})}{(x^2+2)^2}$$ ◀ $-x^2+2=-(x^2-2)$
$=-(x-\sqrt{2})(x+\sqrt{2})$

分母の $(x^2+2)^2$ は正なので，
$f'(x)$ の符号は $-(x-\sqrt{2})(x+\sqrt{2})$ によって決まる よね。

そこで，$-(x-\sqrt{2})(x+\sqrt{2})$ のグラフをかこう！

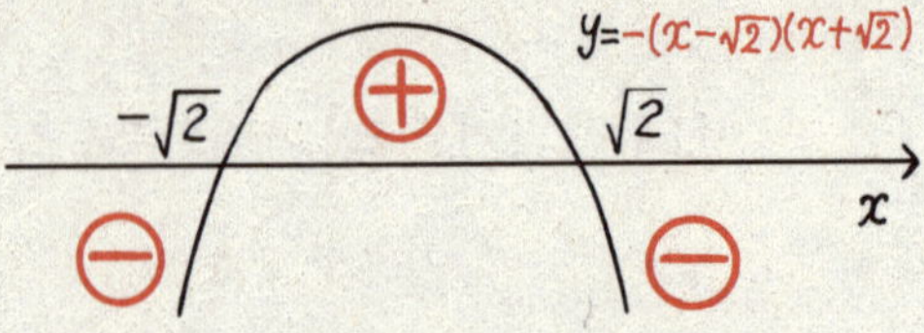

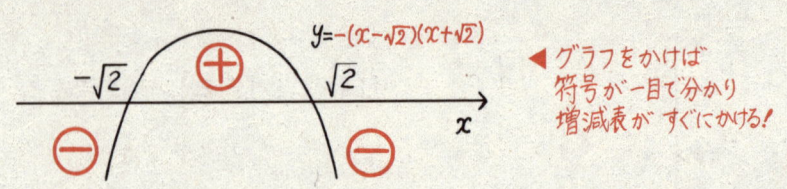

◀グラフをかけば
符号が一目で分かり
増減表がすぐにかける!

よって，増減表は下のようになり，［図A］が得られるよね。

x		$-\sqrt{2}$		$\sqrt{2}$	
$f'(x)$	$-$	0	$+$	0	$-$
$f(x)$	↘	$-\dfrac{\sqrt{2}}{4}$	↗	$\dfrac{\sqrt{2}}{4}$	↘

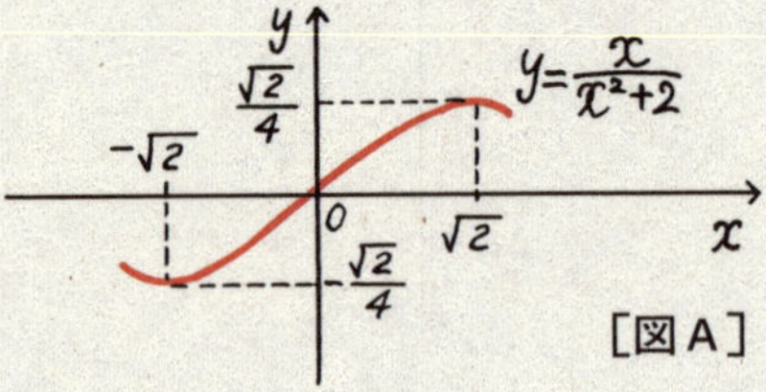

［図A］

さて，これから

$\lim\limits_{x\to\infty}\dfrac{x}{x^2+2}$ と $\lim\limits_{x\to-\infty}\dfrac{x}{x^2+2}$ を調べなければならない んだけど，

それは どうしてか分かるかい？

増減表から，「$x>\sqrt{2}$ のとき $\dfrac{x}{x^2+2}$ は減少する」ということは分かるけど，

どこまで減少するのか分からないよね。

例えば，次の［図B］と［図C］は 共に増減表を満たしているでしょ！

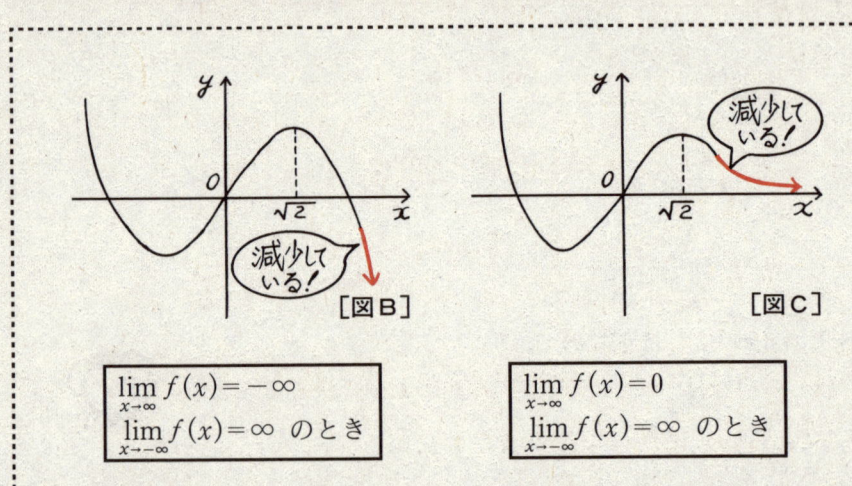

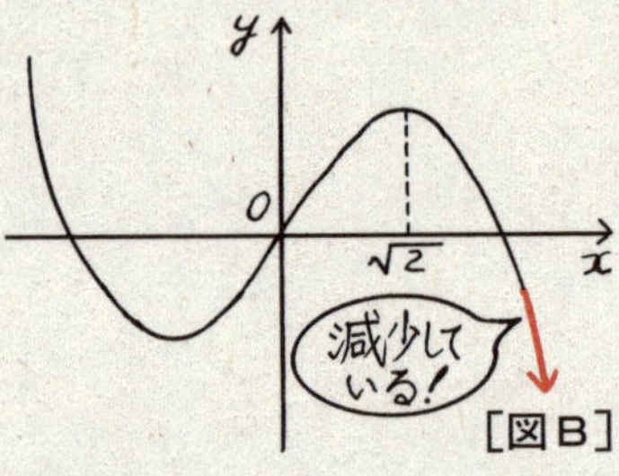

［図B］

$\lim\limits_{x\to\infty} f(x)=-\infty$
$\lim\limits_{x\to-\infty} f(x)=\infty$ のとき

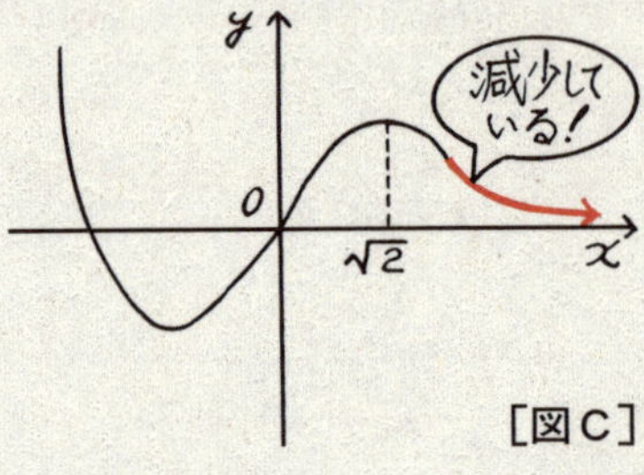

［図C］

$\lim\limits_{x\to\infty} f(x)=0$
$\lim\limits_{x\to-\infty} f(x)=\infty$ のとき

つまり，増減表からは $\lim_{x\to\infty} f(x)$ や $\lim_{x\to-\infty} f(x)$ が分からないので，

グラフをかくときには，増減表とは別に

$\lim_{x\to\infty} f(x)$ と $\lim_{x\to-\infty} f(x)$ も調べなければならないんだよ！

Point 3.3 **〈グラフのかき方〉**

グラフをかくときには，**増減表**と $\boldsymbol{\lim_{x\to\infty} f(x)}$ と $\boldsymbol{\lim_{x\to-\infty} f(x)}$ を調べよ！

そこで，$\lim_{x\to\infty}\dfrac{2}{x^2+2}$ と $\lim_{x\to-\infty}\dfrac{2}{x^2+2}$ を求めてみよう。

$$\begin{cases} \lim_{x\to\infty}\dfrac{x}{x^2+2}=\mathbf{0} \\ \lim_{x\to-\infty}\dfrac{x}{x^2+2}=\mathbf{0} \end{cases}$$

◀『極限が本当によくわかる本』のPoint 1.7を見よ

が得られたので，P.62 の［図A］を考え，

$y=\dfrac{x}{x^2+2}$ のグラフは 次のようになることが分かった！

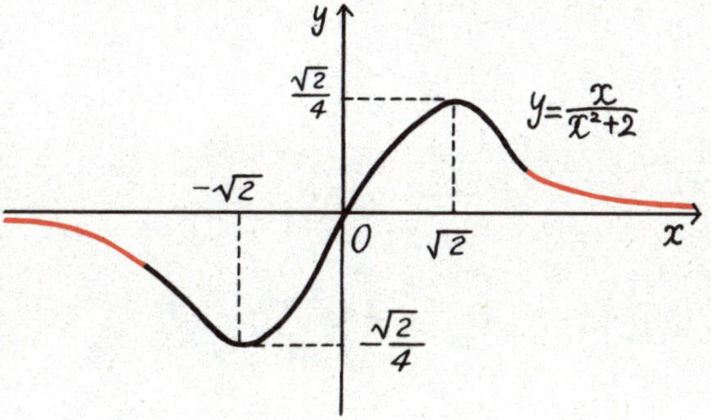

◀［図B］でも
［図C］でもない！

例題 18

$y=\dfrac{x^2-x+1}{x^2+x+1}$ のグラフをかけ。

[考え方と解答]

まず，$\dfrac{x^2-x+1}{x^2+x+1}$ を そのまま微分しようとすると大変そうだよね。

だけど，実は「分数型の微分」については
うまい計算方法があるんだよ。
一般に“次数が高い式”の微分は面倒なので，「分数型の微分」については
「分子の次数下げ」が とても有効になるんだよ！

● **「分子の次数下げ」とは？**

$\dfrac{f(x)}{g(x)}$ において，◀ $f(x)$ と $g(x)$ は整式！

（分子の $f(x)$ の次数）が（分母の $g(x)$ の次数）以上の場合は，
分子の $f(x)$ を 分母の $g(x)$ で割ることにより
分子の次数を下げることができる。

Ex.1 $\dfrac{x^2}{x+1}$ の「分子の次数下げ」について

$$\begin{array}{r} x-1 \\ x+1 \,\overline{)\, x^2 \qquad} \\ \underline{x^2+x} \\ -x \quad \\ \underline{-x-1} \\ 1 \end{array}$$

➡ $x^2=(x+1)(x-1)+1$

$\therefore\ \boldsymbol{\dfrac{x^2}{x+1}=x-1+\dfrac{1}{x+1}}$ ◀ 両辺を $x+1$ で割って $\dfrac{x^2}{x+1}$ をつくった！

Ex.2 $\dfrac{x^3+2}{x^2+1}$ の「分子の次数下げ」について

$$\begin{array}{r} x \\ x^2+1 \,\overline{)\, x^3 \qquad +2} \\ \underline{x^3 \quad +x \quad} \\ -x+2 \end{array}$$

➡ $x^3+2=(x^2+1)x-x+2$

$\therefore\ \boldsymbol{\dfrac{x^3+2}{x^2+1}=x+\dfrac{-x+2}{x^2+1}}$ ◀ 両辺を x^2+1 で割って $\dfrac{x^3+2}{x^2+1}$ をつくった！

つまり，$\dfrac{x^2-x+1}{x^2+x+1}$ を見たら，

すぐに 次のことを思い出さなければならないんだよ！

Point 3. 4　**〈数式の原則〉**

> $\dfrac{f(x)}{g(x)}$ において，　◀ $f(x)$ と $g(x)$ は整式！
>
> **（分母の $g(x)$ の次数）≦（分子の $f(x)$ の次数）** ならば，
> **（分母の $g(x)$ の次数）＞（分子の $f(x)$ の次数）** となるまで
> 分子の次数を下げよ！

$\dfrac{x^2-x+1}{x^2+x+1}=1+\dfrac{-2x}{x^2+x+1}$ より，

◀ $x^2+x+1 \overline{)\,x^2-x+1\,}$ の商は 1，x^2+x+1 を引いて余り $-2x$

$x^2-x+1=1\cdot(x^2+x+1)-2x$

$\therefore \dfrac{x^2-x+1}{x^2+x+1}=1-\dfrac{2x}{x^2+x+1}$

$$y'=\left(\frac{x^2-x+1}{x^2+x+1}\right)'$$

$$=\left(1+\frac{-2x}{x^2+x+1}\right)'$$

$$=\left(\frac{-2x}{x^2+x+1}\right)'$$

◀ $(f(x)+g(x))'=f'(x)+g'(x)$ より，$(1+g(x))'=(1)'+g'(x)$
$=g'(x)$

が得られるよね。

$\dfrac{-2x}{x^2+x+1}$ の微分だったら，

最初の $\dfrac{x^2-x+1}{x^2+x+1}$ の微分よりも 圧倒的にラクだよね！

このように「分数型の微分」については，***Point 3.4*** を使うことによって問題を簡単にすることができるんだよ。

$$y'=\left(\frac{-2x}{x^2+x+1}\right)'$$

$$=\frac{(-2x)'(x^2+x+1)-(-2x)(x^2+x+1)'}{(x^2+x+1)^2}$$

◀ $\left\{\dfrac{f(x)}{g(x)}\right\}'=\dfrac{f'(x)g(x)-f(x)g'(x)}{\{g(x)\}^2}$

$$=\frac{-2(x^2+x+1)+2x(2x+1)}{(x^2+x+1)^2}$$

◀ $\begin{cases}(-2x)'=-2\\(x^2+x+1)'=2x+1\end{cases}$

$$=\frac{2(x^2-1)}{(x^2+x+1)^2}$$ ◀ $-2x^2-2x-2+4x^2+2x=2x^2-2=2(x^2-1)$

$$=\frac{2(x-1)(x+1)}{(x^2+x+1)^2}$$ ◀ $x^2-1=(x-1)(x+1)$

$\frac{2}{(x^2+x+1)^2}$ は正なので，
y' の符号は $(x-1)(x+1)$ によって決まる よね。

そこで，$y=(x-1)(x+1)$ のグラフを考え， ◀ y'の符号が分かる！
増減表は 次のようになるよね。

x		-1		1	
y'	$+$	0	$-$	0	$+$
y	↗	3	↘	$\frac{1}{3}$	↗

◀

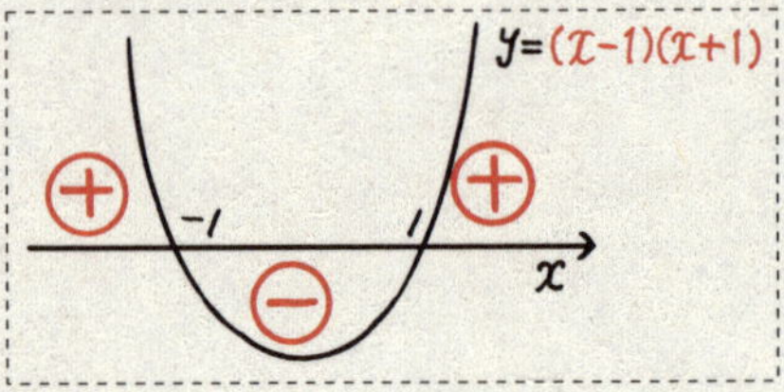

次に，***Point 3.3*** に従って

$\lim_{x\to\infty}\frac{x^2-x+1}{x^2+x+1}$ と $\lim_{x\to-\infty}\frac{x^2-x+1}{x^2+x+1}$ を調べる と，

$$\begin{cases}\lim_{x\to\infty}\frac{x^2-x+1}{x^2+x+1}=\lim_{x\to\infty}\left(1+\frac{-2x}{x^2+x+1}\right)=1 & \cdots\cdots ①\\ \lim_{x\to-\infty}\frac{x^2-x+1}{x^2+x+1}=\lim_{x\to-\infty}\left(1+\frac{-2x}{x^2+x+1}\right)=1 & \cdots\cdots ②\end{cases}$$

◀ $\lim_{x\to\infty}\frac{-2x}{x^2+x+1}=0$

◀ $\lim_{x\to-\infty}\frac{-2x}{x^2+x+1}=0$

が分かるよね。

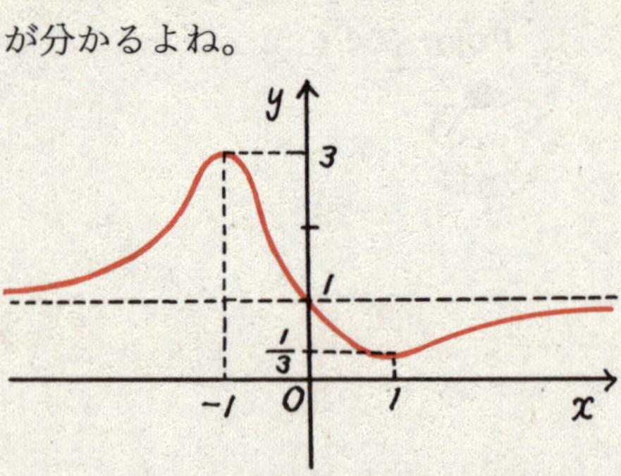

よって，増減表と①，②を考え，

$y=\frac{x^2-x+1}{x^2+x+1}$ のグラフは

左図のようになる
ことが分かった！

練習問題 6

(1)　$y=\dfrac{x^3+2}{x^2+1}$ と $y=x$ の交点の x 座標を求めよ。

(2)　$y=\dfrac{x^3+2}{x^2+1}$ のグラフをかけ。

例題 19

$y=\dfrac{x^2}{x+1}$ のグラフをかけ。

[考え方と解答]

まず，$x=-1$ のとき $y=\dfrac{x^2}{x+1}$ は分母が 0 になるので，
Point 3.1 より **$x=-1$** は漸近線になる　……(★)
ことが分かるよね。

次に，***Point 3.4*** に従って分子の次数を下げよう！

$$y=\frac{x^2}{x+1}$$
$$=x-1+\frac{1}{x+1}$$ より，

◀ $x+1\overline{)\,x^2\qquad}$ 商 $x-1$
x^2+x
$-x$
$-x-1$
1

$$y'=\left(x-1+\frac{1}{x+1}\right)'$$

$$=(x-1)'+\left(\frac{1}{x+1}\right)'$$ ◀ $(f(x)+g(x))'=f'(x)+g'(x)$

$$=1-\frac{1}{(x+1)^2}$$ ◀ Point 2.2を考え，$\left(\dfrac{1}{x+1}\right)'=\{(x+1)^{-1}\}'=-(x+1)^{-2}=-\dfrac{1}{(x+1)^2}$

$$=\frac{(x+1)^2-1}{(x+1)^2}$$ ◀ 分母をそろえた

$$=\frac{x^2+2x}{(x+1)^2}$$ ◀ $(x^2+2x+1)-1=x^2+2x$

$=\dfrac{x(x+2)}{(x+1)^2}$ ◀ xでくくった

$\dfrac{1}{(x+1)^2}>0$ なので，y' の符号は $x(x+2)$ によって決まる よね。

よって，(★) と ◀ $y=\dfrac{x^2}{x+1}$ において $x=-1$ は 漸近線……(★)

$y=x(x+2)$ のグラフを考え， ◀ y'の符号が分かる！

次の増減表がかけるよね。

x		-2		-1		0	
y'	$+$	0	$-$		$-$	0	$+$
y	↗	-4	↘		↘	0	↗

$x=-1$ は漸近線

◀

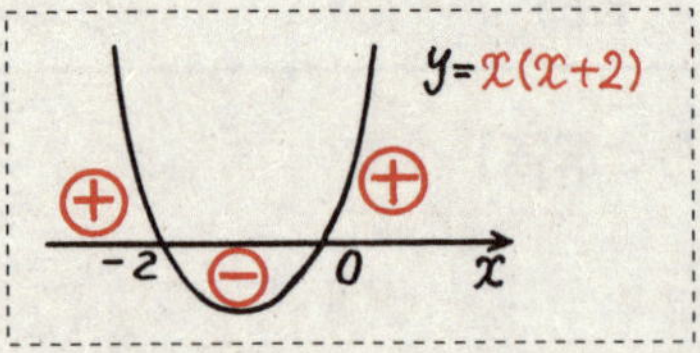

また， ◀ Point3.3 より，$x\to\pm\infty$ のときを考える！

$\displaystyle\lim_{x\to\infty}\frac{1}{x+1}=0$，$\displaystyle\lim_{x\to-\infty}\frac{1}{x+1}=0$ より，

$x\to\pm\infty$ のとき $y=x-1+\dfrac{1}{x+1}$ は $\boldsymbol{y=x-1}$ に近づく ……(＊)

ことが分かるよね！

以上より，(★) と増減表と (＊) を考え，

$y=\dfrac{x^2}{x+1}\left(=x-1+\dfrac{1}{x+1}\right)$ のグラフは 次のようになることが分かる。

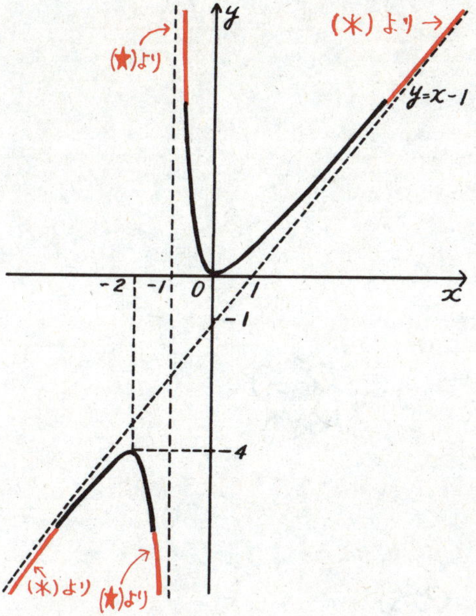

◀ $y=\dfrac{x^2}{x+1}$ において

$\boldsymbol{x=-1}$ は漸近線 …(★)

x		-2		-1		0	
y'	$+$	0	$-$		$-$	0	$+$
y	↗	-4	↘		↘	0	↗

$x\to\pm\infty$ のとき,

$y=x-1+\dfrac{1}{x+1}$ は

$\boldsymbol{y=x-1}$ に近づく …(*)

例題 20

$y=\dfrac{-2}{(1+x)x}$ のグラフをかけ。

[考え方と解答]

まず, $x=-1,\ 0$ のとき $y=\dfrac{-2}{(1+x)x}$ は分母が 0 になるので,

Point 3.1 より, $\boldsymbol{x=-1}$ と $\boldsymbol{x=0}$ は漸近線になる ……(★)

ことが分かるよね。

また, $y=\dfrac{-2}{(1+x)x}$

$=\dfrac{-2}{x^2+x}$ より, ◀ 分母を展開した

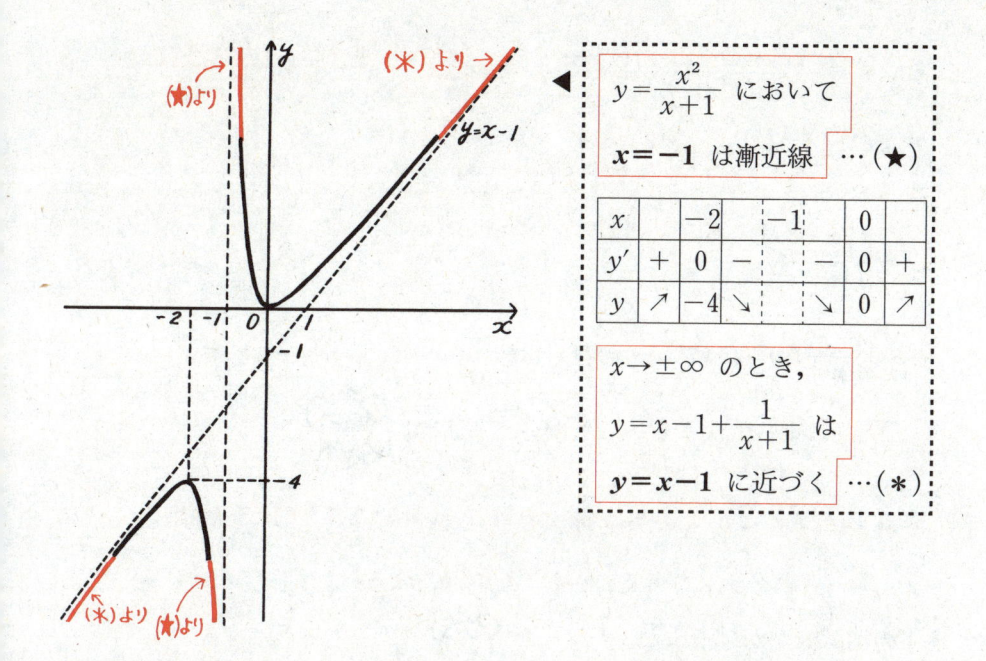

$$y'=\frac{(-2)'(x^2+x)-(-2)(x^2+x)'}{(x^2+x)^2}$$ ◀ $\left\{\frac{f(x)}{g(x)}\right\}'=\frac{f'(x)g(x)-f(x)g'(x)}{\{g(x)\}^2}$

$$=\frac{2(2x+1)}{(x^2+x)^2}$$ ◀ $\begin{cases}(-2)'=0\\(x^2+x)'=2x+1\end{cases}$

$$=\frac{4\left(x+\frac{1}{2}\right)}{(x^2+x)^2}$$ ◀ 2でくくった

$\frac{4}{(x^2+x)^2}>0$ なので，y' の符号は

$x+\frac{1}{2}$ によって決まる　ことが分かるよね。

よって，(★) と ◀ $y=\frac{-2}{(1+x)x}$ において $x=-1$ と $x=0$ は漸近線……(★)

$y=x+\frac{1}{2}$ のグラフを考え， ◀ y'の符号が分かる!

下の増減表がかけるよね。

x		-1		$-\frac{1}{2}$		0	
y'	$-$		$-$	0	$+$		$+$
y	↘		↘	8	↗		↗

◀

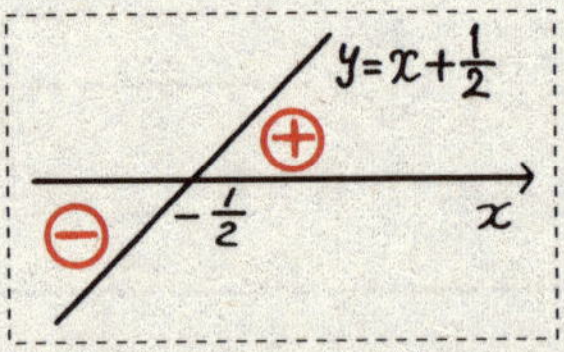

$x=-1, 0$ は漸近線!

さらに，

$$\begin{cases}\lim_{x\to\infty}\frac{-2}{(1+x)x}=\mathbf{0}\\ \lim_{x\to-\infty}\frac{-2}{(1+x)x}=\mathbf{0}\end{cases}$$ ……(＊) ◀ Point 3.3

を考え，

(★) と増減表より，

$y=\dfrac{-2}{(1+x)x}$ のグラフは

次のようになることが分かる！

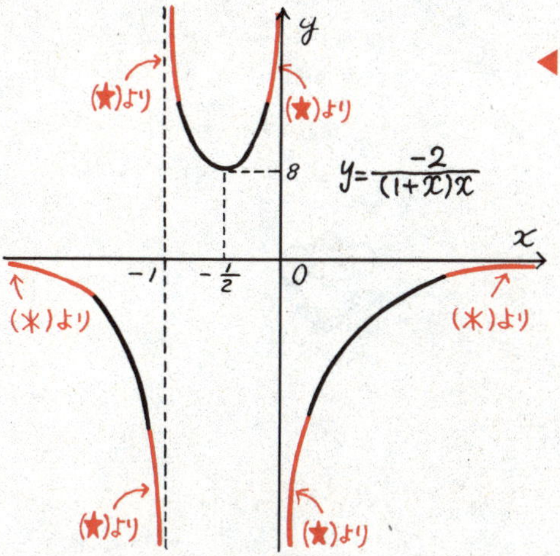

$y=\dfrac{-2}{(1+x)x}$ において

$\boldsymbol{x=-1}$ と $\boldsymbol{x=0}$ は

漸近線 ……(★)

x		-1		$-\frac{1}{2}$		0	
y'	$-$		$-$	0	$+$		$+$
y	↘		↘	8	↗		↗

$$\begin{cases} \displaystyle\lim_{x\to\infty}\frac{-2}{(1+x)x}=\mathbf{0} \\ \displaystyle\lim_{x\to-\infty}\frac{-2}{(1+x)x}=\mathbf{0} \end{cases} \cdots (*)$$

練習問題 7

$y=\dfrac{(x+2)^2}{x^2-1}$ のグラフをかけ。

▶今までのまとめとしてやってごらん。

例題 21

$y=\dfrac{\log x}{x}$ のグラフをかけ。

[考え方と解答]

まず，真数条件より $\boldsymbol{x>0}$ ……(＊)

がいえるよね。

ここで，

真数条件
$\log a$ において必ず $a>0$

◀必ず覚えておくこと！

$y=\dfrac{\log x}{x}$ を微分すると，

$$y'=\frac{(\log x)'x-\log x\cdot(x)'}{x^2}$$ ◀ $\left\{\dfrac{f(x)}{g(x)}\right\}'=\dfrac{f'(x)g(x)-f(x)g'(x)}{\{g(x)\}^2}$

$$=\frac{\frac{1}{x}\cdot x-\log x\cdot 1}{x^2}$$ ◀ $\begin{cases}(\log x)'=\frac{1}{x}\\(x)'=1\end{cases}$

$$=\frac{1-\log x}{x^2}$$

$\dfrac{1}{x^2}$ は正なので，
y'の符号は $1-\log x$ によって決まる よね。

さらに，

$1-\log x$ の符号は ◀ $y=1-\log x$ のグラフをかくのは少し面倒くさい
$y=1$ と $y=\log x$ のグラフを見れば一瞬で分かる

ので， ◀ $y=1$ と $y=\log x$ のグラフだったらとても簡単にかくことができる！

$y=1$ と $y=\log x$ のグラフを考え，
増減表は 次のようになる。

x	0		e	
y'		+	0	−
y		↗	$\dfrac{1}{e}$	↘

$y'=0$とすると，
$\log x=1$
$\therefore x=e$ ◀ $\log_e e=1$

$\log x$の真数条件から $x>0$

◀

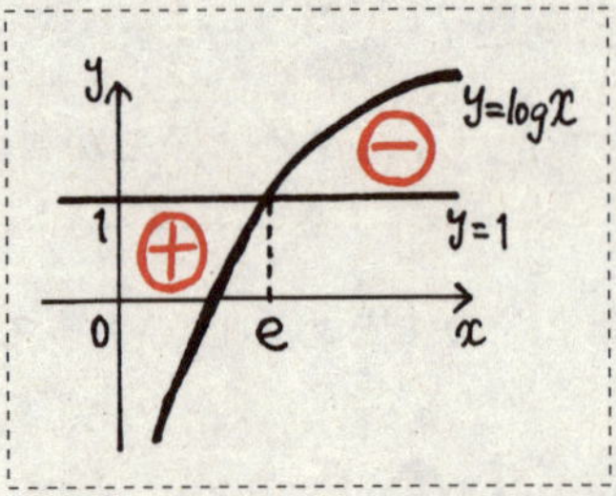

さらに，

$$\begin{cases}\displaystyle\lim_{x\to\infty}\frac{\log x}{x}=0\\ \displaystyle\lim_{x\to+0}\frac{\log x}{x}=-\infty\end{cases}$$ より，

◀［解説］を見よ！

$y=\dfrac{\log x}{x}$ のグラフは 次のようになることが分かるよね！

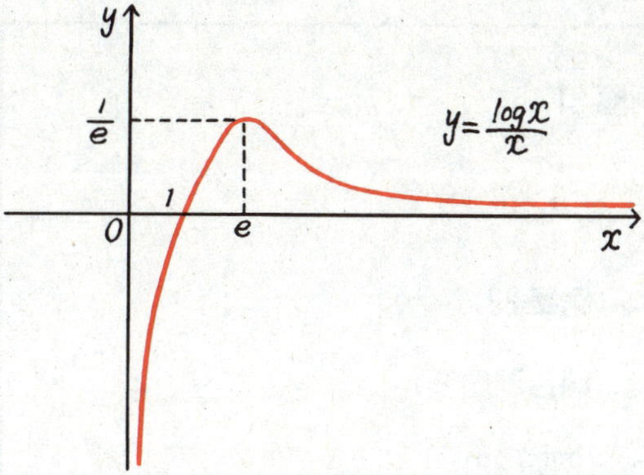

◀ $x>0$ に注意!

◀ $\begin{cases}\log 1 = 0 \\ \log e = 1\end{cases}$

[解説]　関数のスピードについて

まず，$\boldsymbol{\log x}$ と $\boldsymbol{a^x}$ $(a>1)$ のグラフをかいてみよう。

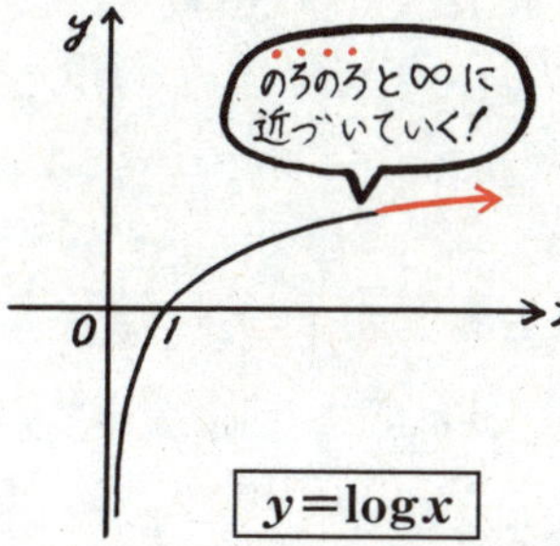

$y=\log x$

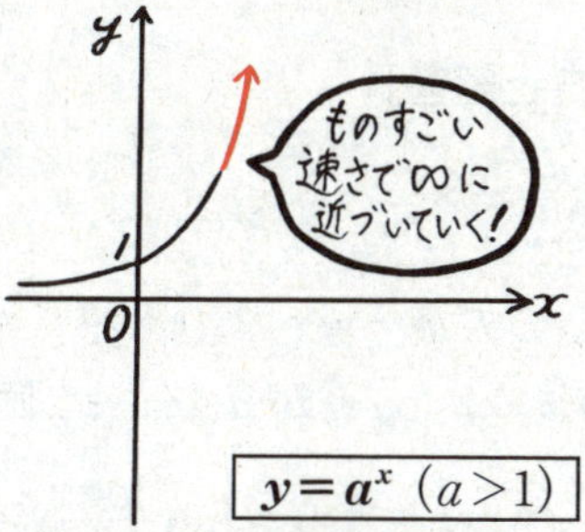

$y=a^x$ $(a>1)$

このようにグラフをかいてみれば分かるけれど，
次のことは 必ず頭に入れておこう!

Point 3. 5　**〈関数のスピード〉**

① $\boldsymbol{\log x}$ は (x^n に比べて) **ノロマな関数!**

② $\boldsymbol{a^x}$ $(a>1)$ は (x^n に比べて) **ものすごく速い関数!**

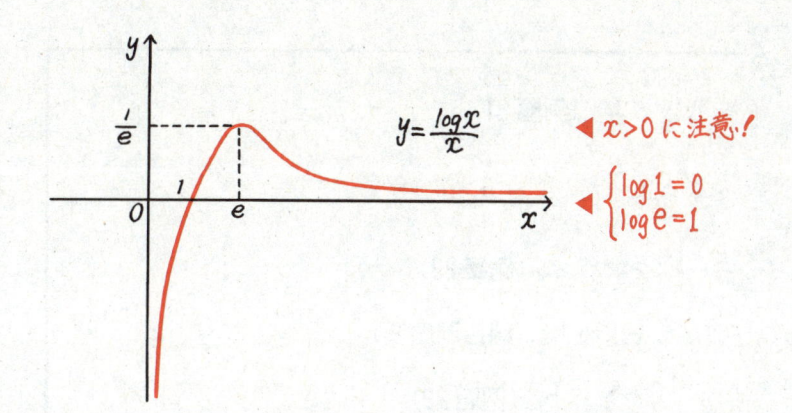

補題 

(1) $\lim_{x\to\infty}\dfrac{\log x}{x}$ を求めよ。(**例題 21**)

(2) $\lim_{x\to\infty}\dfrac{e^x}{x^n}$ を求めよ。ただし，$n>0$ とする。

(3) $\lim_{x\to\infty}\dfrac{x^2-x+1}{e^x}$ を求めよ。(**例題 22**)

(4) $\lim_{x\to-\infty}(x^2-3)e^x$ を求めよ。(**練習問題 8**)

(5) $\lim_{x\to-\infty}\dfrac{x^2-x+1}{e^x}$ を求めよ。(**例題 22**)

(6) $\lim_{x\to+0}\dfrac{\log x}{x}$ を求めよ。(**例題 21**)

▶***Point 3.5*** を踏まえて 答えを予想してごらん。

[考え方と解答]

(1) $\lim_{x\to\infty}\dfrac{\log x}{x}$ を求めよ。

x の方が $\log x$ よりも早く ∞ にいくので　◀ *Point 3.5* ①
(つまり，$\log x$ が a [有限な値] のとき，x は既に ∞ になっている!!)
$\dfrac{a}{\infty}$ のようになり，$\lim_{x\to\infty}\dfrac{\log x}{x}=\mathbf{0}$ になる！

「直感的な話」なので，分からなくてもよい。

(2) $\lim_{x\to\infty}\dfrac{e^x}{x^n}$ を求めよ。

e^x の方が x^n よりも早く ∞ にいくので　◀ *Point 3.5* ②
$\lim_{x\to\infty}\dfrac{e^x}{x^n}=\boldsymbol{\infty}$ になる！

(3) $\lim_{x\to\infty}\dfrac{x^2-x+1}{e^x}$ を求めよ。

e^x の方が x^2-x+1 よりも早く ∞ にいくので　◀ Point 3.5 ②

$\displaystyle\lim_{x\to\infty}\frac{x^2-x+1}{e^x}=\mathbf{0}$ になる!

(4) $\displaystyle\lim_{x\to-\infty}(x^2-3)e^x$ を求めよ。

$x\to-\infty$ のとき e^x は $e^{-\infty}=\dfrac{1}{e^{\infty}}$ になるので,　◀ $e^{-a}=\dfrac{1}{e^a}$

$\displaystyle\lim_{x\to-\infty}e^x=\lim_{x\to\infty}\frac{1}{e^x}$ ……① がいえるよね。

また,

$x\to-\infty$ のとき x^2-3 は $(-\infty)^2-3=\infty^2-3$ になるので,　◀ $(-a)^2=a^2$

$\displaystyle\lim_{x\to-\infty}(x^2-3)=\lim_{x\to\infty}(x^2-3)$ ……② がいえるよね。

よって, ①と②より,

$\displaystyle\lim_{x\to-\infty}(x^2-3)e^x=\lim_{x\to\infty}\frac{(x^2-3)}{e^x}$ がいえる よね!　◀ 考えにくい $\displaystyle\lim_{x\to-\infty}$ の問題を考えやすい $\displaystyle\lim_{x\to\infty}$ の問題に変えることができた!

$\displaystyle\lim_{x\to\infty}\frac{(x^2-3)}{e^x}$ だったら簡単に求めることができるよね。

e^x の方が x^2-3 よりも早く ∞ にいくので　◀ Point 3.5 ②

$\displaystyle\lim_{x\to\infty}\frac{x^2-3}{e^x}=\mathbf{0}$ になる!

(5) $\displaystyle\lim_{x\to-\infty}\frac{x^2-x+1}{e^x}$ を求めよ。

$\begin{cases}\displaystyle\lim_{x\to-\infty}(x^2-x+1)=\infty\\ \displaystyle\lim_{x\to-\infty}\frac{1}{e^x}=\infty\end{cases}$ より,　◀ $\dfrac{1}{e^{-\infty}}=e^{\infty}=\infty$

$$\lim_{x\to-\infty}\frac{x^2-x+1}{e^x}=\lim_{x\to-\infty}(x^2-x+1)\cdot\frac{1}{e^x}$$

$$=\boldsymbol{\infty}$$ ◀ $\infty\cdot\infty$

(6) $\displaystyle\lim_{x\to+0}\frac{\log x}{x}$ を求めよ。

$\begin{cases}\displaystyle\lim_{x\to+0}\log x=-\infty \\ \displaystyle\lim_{x\to+0}\frac{1}{x}=\infty\end{cases}$ より，

$$\lim_{x\to+0}\frac{\log x}{x}=\lim_{x\to+0}\log x\cdot\frac{1}{x}$$

$$=-\infty$$ ◀ $-\infty\cdot\infty$

◀ 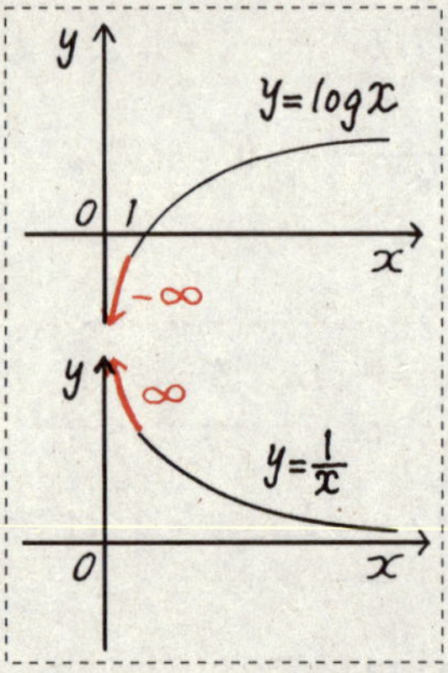

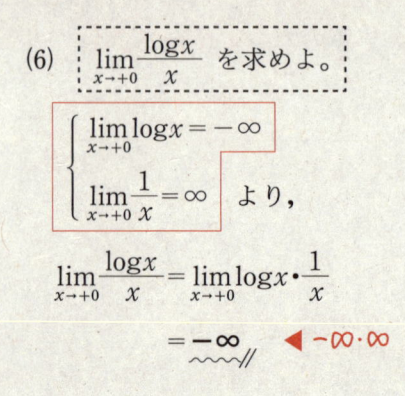

例題 22 

$y=\dfrac{x^2-x+1}{e^x}$ のグラフをかけ。

[考え方と解答]

$y=\dfrac{x^2-x+1}{e^x}$ より，

$$y'=\frac{(x^2-x+1)'e^x-(x^2-x+1)(e^x)'}{(e^x)^2}$$ ◀ $\left\{\dfrac{f(x)}{g(x)}\right\}'=\dfrac{f'(x)g(x)-f(x)g'(x)}{\{g(x)\}^2}$

$$=\frac{(2x-1)e^x-(x^2-x+1)e^x}{(e^x)^2}$$ ◀ $\begin{cases}(x^2-x+1)'=2x-1 \\ (e^x)'=e^x\end{cases}$

$$=\frac{(2x-1)-(x^2-x+1)}{e^x}$$ ◀ 分母分子の e^x を約分した

$$=\frac{-x^2+3x-2}{e^x}$$ ◀ $2x-1-x^2+x-1=-x^2+3x-2$

$$=\frac{-(x-2)(x-1)}{e^x}$$ が得られるよね。 ◀ $-x^2+3x-2=-(x^2-3x+2)$ $=-(x-2)(x-1)$

$e^x>0$ より，y' の符号は $-(x-2)(x-1)$ によって決まる よね。

よって，$y=-(x-2)(x-1)$ のグラフを考え，

$y=\dfrac{x^2-x+1}{e^x}$ の増減表は 次のようになる。

x		1		2	
y'	$-$	0	$+$	0	$-$
y	↘	$\dfrac{1}{e}$	↗	$\dfrac{3}{e^2}$	↘

◀ 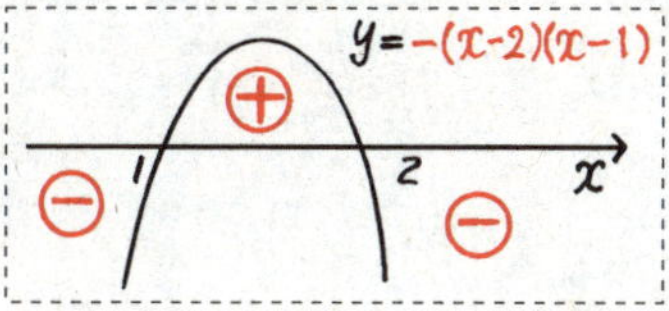

さらに，　◀ Point 3.3 より，$x\to\pm\infty$ のときを考える！

$$\begin{cases}\displaystyle\lim_{x\to\infty}\frac{x^2-x+1}{e^x}=0 \\ \displaystyle\lim_{x\to-\infty}\frac{x^2-x+1}{e^x}=\infty\end{cases}$$

◀ P.74の補題(3)

◀ P.74の補題(5)

を考え，

$y=\dfrac{x^2-x+1}{e^x}$ のグラフは

右図のようになることが
分かった。

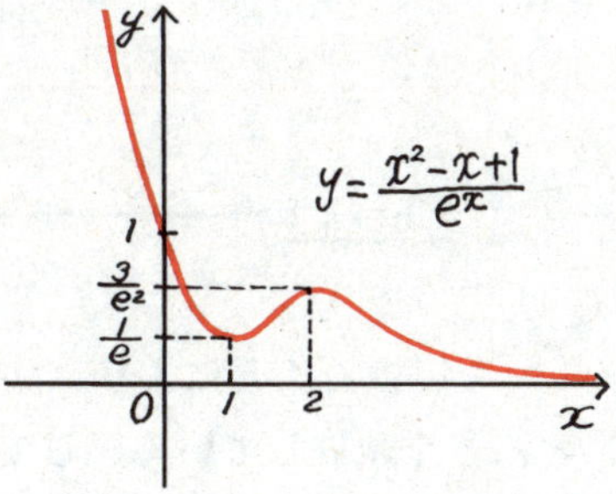

練習問題 8

$y=(x^2-3)e^x$ のグラフをかけ。

さて，最後に
有名な $e^{-x}\sin x$ のグラフについて解説しよう。

例題 23

$y=e^{-x}\sin x$ $(x\geqq 0)$ のグラフをかけ。

[考え方と解答]

この $e^{-x}\sin x$ は頻出なので，必ず 次のことを覚えておくこと！

Point 3. 6 **〈$y=e^{-x}\sin x$ のグラフ〉**

$y=e^{-x}\sin x$ は「**減衰関数**《げんすい》」といい，グラフは 次のようになる。

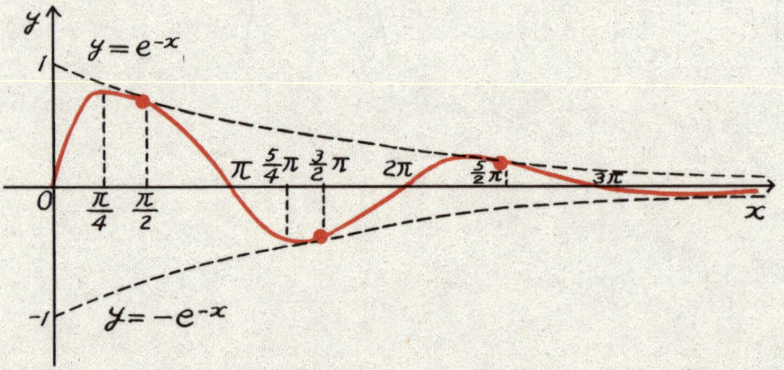

Check 1

$y=e^{-x}\sin x$ のグラフのイメージは，$\lim_{x\to\infty} e^{-x}=0$ より，

e^{-x} を掛けることにより，**$y=\sin x$ のグラフの幅をどんどん減らしていく**感じである！

Check 2

$y=e^{-x}\sin x$ が x 軸と交わる座標は，$e^{-x}>0$ より，

$y=\sin x$ と同じで，$x=0$，π，2π，3π，…… である！

Check 3

$y=e^{-x}\sin x$ は，

$\boldsymbol{x=\frac{\pi}{2},\ \frac{5}{2}\pi,\ \frac{9}{2}\pi,\ \cdots\cdots}$ で $\boldsymbol{y=e^{-x}}$ **と接して，**

$\boldsymbol{x=\frac{3}{2}\pi,\ \frac{7}{2}\pi,\ \frac{11}{2}\pi,\ \cdots\cdots}$ で $\boldsymbol{y=-e^{-x}}$ **と接する！**

▶ $x=\frac{\pi}{2},\ \frac{5}{2}\pi,\ \frac{9}{2}\pi,\ \cdots\cdots$ のとき $\sin x=1$ なので，

$y=e^{-x}\sin x$ は $y=e^{-x}$ と等しい！

また，$x=\frac{3}{2}\pi,\ \frac{7}{2}\pi,\ \frac{11}{2}\pi,\ \cdots\cdots$ のとき $\sin x=-1$ なので，

$y=e^{-x}\sin x$ は $y=-e^{-x}$ と等しい！

Check 4

$y=e^{-x}\sin x$ が極値をとる x 座標は，

$\boldsymbol{x=\frac{\pi}{4},\ \frac{5}{4}\pi,\ \frac{9}{4}\pi,\ \cdots\cdots}$ である！　◀練習問題9(2)を参照！

[▶ $y=\sin x$ と同じではない!!]

以上のことを頭に入れて 次の問題をやってごらん。

練習問題 9

$y=e^{-x}\sin x$ の $x\geqq 0$ の部分について，

(1)　この関数のグラフの概形をかけ。

(2)　左から第 n 番目の極値を y_n とするとき，

$\sum_{n=1}^{\infty} y_n$ の値を求めよ。

<メモ>

Section 4　極大値と極小値について

この章から，
Section 2, 3 の基本事項を踏まえて
入試問題を解説していく。
まず，この章では「極大値と極小値の問題」
について解説する。
とりあえず，問題を解く前に
次の定義は必ず覚えておくこと！

極大値の定義

連続関数で**増加から減少に変わる点**の y 座標を
「**極大値**」という。

極小値の定義

連続関数で**減少から増加に変わる点**の y 座標を
「**極小値**」という。

まず，次の**例題**をやってごらん。

例題 24

関数 $f(x)=(x^2+ax+a)e^{-x}$ は極値をもつものとする。

(1) 極小値が 0 となるように a の値を定めよ。

(2) 極大値が 3 となるのは $a=3$ のときに限ることを示せ。

[考え方]

(1) とりあえず問題文から $f(x)=(x^2+ax+a)e^{-x}$ は極値をもつことが分かっているので，

まずは極値を求めるために微分しよう！

$f(x)=(x^2+ax+a)e^{-x}$ より，

$f'(x)=(2x+a)e^{-x}-(x^2+ax+a)e^{-x}$ ◀ $(x^2+ax+a)'e^{-x}+(x^2+ax+a)(e^{-x})'$

$=(-x^2-ax+2x)e^{-x}$ ◀ e^{-x} でくくった

$=-x(x+a-2)e^{-x}$ ◀ $-x$ でくくった

$e^{-x}>0$ より，$f'(x)$ の符号は $-x(x+a-2)$ によって決まるよね。

そこで，$y=-x(x+a-2)$ のグラフの概形をかいてみよう。

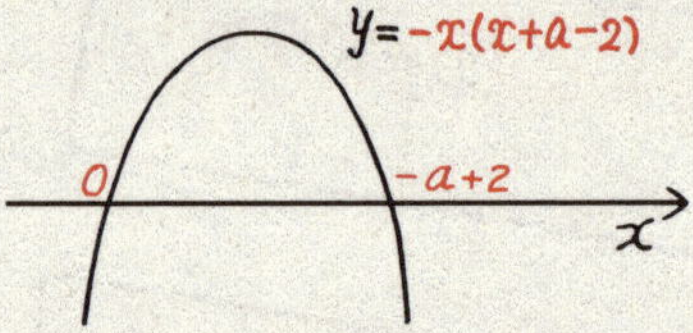

とりあえず，左図のようなグラフをかいてみたけど，これは正しい図かい？

0 と $-a+2$ の大小関係が分からないので，

(i) $-a+2<0$ のとき ◀ $a>2$ のとき

(ii) $-a+2>0$ のとき ◀ $a<2$ のとき

のような場合分けが必要だよね！

(i)　$a>2$ のとき　◀ $-a+2<0$ のとき

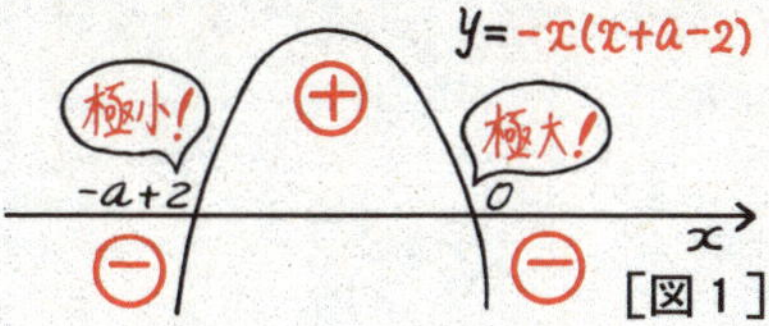

[図１]

$y=-x(x+a-2)$ のグラフより，
次の増減表が得られるよね。

x		$-a+2$		0	
$f'(x)$	$-$	0	$+$	0	$-$
$f(x)$	↘	$f(-a+2)$	↗	$f(0)$	↘

$x=-a+2$ のところで $f'(x)$ の符号が $-$ から $+$ に変わるので，
$x=-a+2$ で極小値をとることが分かるよね。

よって，極小値は $\boldsymbol{f(-a+2)}$ であることが分かった！

(ii)　$a<2$ のとき　◀ $-a+2>0$ のとき

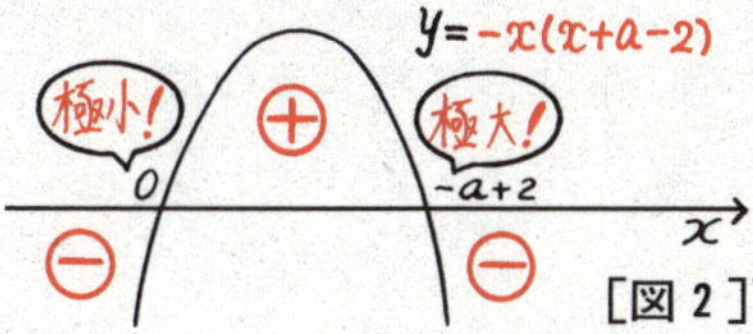

[図２]

同様に，
$y=-x(x+a-2)$ のグラフより，
次の増減表が得られるよね。

x		0		$-a+2$	
$f'(x)$	$-$	0	$+$	0	$-$
$f(x)$	↘	$f(0)$	↗	$f(-a+2)$	↘

$x=0$ のところで $f'(x)$ の符号が $-$ から $+$ に変わるので，
$x=0$ で極小値をとることが分かるよね。

よって，極小値は $\boldsymbol{f(0)}$ であることが分かった！

《注》

$\boldsymbol{a=2}$ の場合は考えなくてもいいことは分かるかい？

$\boldsymbol{a=2}$ のときは，
$-x(x+a-2)=\boldsymbol{-x^2}$ となり，$f'(x)=0$ の解は $x=0$ になるよね。
だけど，$x=0$ は**重解**になるので**極値にはならない**よね！　◀ 次ページを見よ

重要事項

$f'(x)=(\boldsymbol{x-a})^2$ [$\geqq 0$] のとき，　◀ $f'(x)=0$ の解が重解のとき！

$\boldsymbol{x=a}$ **は** $\boldsymbol{f(x)}$ **の極値にはならない！**

▶《理由》

x		a	
$f'(x)$	＋	0	＋
$f(x)$	↗		↗

$f'(x)=(x-a)^2$ のとき，
増減表は左図のようになり，$x=a$ の周辺で $f'(x)$ の符号の変化が起こらないから！
（＋→＋ なので 極大でも極小でもない！）

[解答]

(1)　$f(x)=(x^2+ax+a)e^{-x}$ より，

$f'(x)=-x(x+a-2)e^{-x}$　◀ [考え方]参照

$e^{-x}>0$ より $f'(x)$ の符号は $-x(x+a-2)$ によって決まるので，
$y=-x(x+a-2)$ について考える。

(i)　$\boldsymbol{a>2}$ のとき　◀ $-a+2<0$ のとき

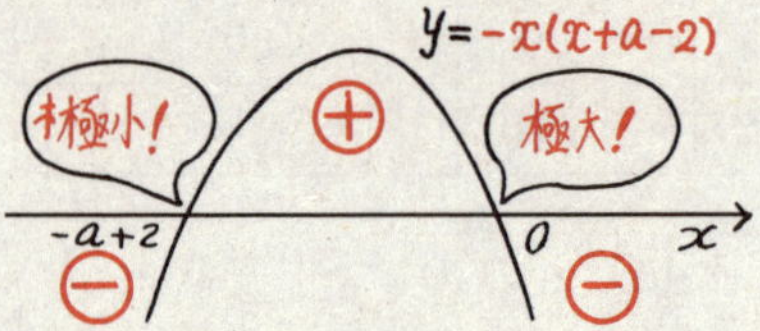

$x=-a+2$ のとき極小値をとる ので，
問題文の（極小値）$=0$ を考え

$f(-a+2)=0$　◀（極小値）$=0$

$\Leftrightarrow \{(-a+2)^2+a(-a+2)+a\}e^{a-2}=0$

$\Leftrightarrow (-a+4)e^{a-2}=0$　◀ 展開して整理した

$\Leftrightarrow -a+4=0$　◀ 両辺を e^{a-2} [>0] で割った

$\therefore$　$\boldsymbol{a=4}$　◀ これは $a>2$ を満たしているので解になる！

(ii)　$\boldsymbol{a<2}$ のとき　◀ $-a+2>0$ のとき

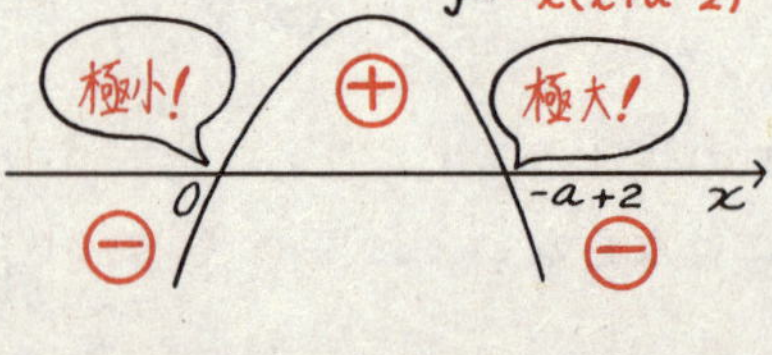

$x=0$ のとき極小値をとる ので，
問題文の（極小値）$=0$ を考え

$f(0)=0$　◀（極小値）$=0$

$\therefore$　$\boldsymbol{a=0}$　◀ これは $a<2$ を満たしているので解になる！

以上より，$\boldsymbol{a=0,\ 4}$ //

[考え方]

(2)　まず(1)の増減表より，$f(x)=(x^2+ax+a)e^{-x}$ は

(i) $\boldsymbol{a>2}$ のとき $x=0$ で極大値 $f(0)=\boldsymbol{a}$ をとり，
(ii) $\boldsymbol{a<2}$ のとき $x=-a+2$ で極大値 $f(-a+2)=\boldsymbol{(-a+4)e^{a-2}}$ をとる ことが分かるよね。

そこで，(i)　$\boldsymbol{a>2}$ のとき と (ii)　$\boldsymbol{a<2}$ のとき のように
場合分けをして考えよう。

(i)　$\boldsymbol{a>2}$ のとき　◀ 極大値が $f(0)=a$ のとき

問題文の (極大値)$=3$ より，
$f(0)=a=3$ となり，$\boldsymbol{a=3}$ が得られるね。
$a=3$ は $\boldsymbol{a>2}$ を満たしているので答えになる よね。

(ii)　$\boldsymbol{a<2}$ のとき　◀ 極大値が $f(-a+2)=(-a+4)e^{a-2}$ のとき

問題文の (極大値)$=3$ より，
$(-a+4)e^{a-2}=3$ ……($*$) という方程式が得られるね。　◀ $f(-a+2)=3$

そこで，$(-a+4)e^{a-2}=3$ ……($*$) という方程式について考えてみよう。
まず，結論からいうと，
$(-a+4)e^{a-2}=3$ ……($*$) を満たす解 a は存在しない
ということが すぐに分かるんだけれど，
それは なぜだか分かるかい？

よく分からない人は もう一度 問題文をしっかり読んでごらん。

問題文では，「(極大値)$=3$ となるのは(i)の $a=3$ のときだけ」といっている
よね。つまり，(ii)の $a<2$ の場合でも (極大値)$=3$ となる a が存在したら，
問題文の「$a=3$ のときだけ」というのは おかしくなるよね。

そこで,

> 問題文の「(極大値)=3 となる a は(i)の $a=3$ のときだけ」
> ということを示すために,以下
> 「(ii)の $(-a+4)e^{a-2}=3$ ……(＊) を満たす a が存在しない」
> ということを示そう!

さて,「$(-a+4)e^{a-2}=3$ ……(＊) を満たす a が存在しない」ということを示すためには 何をすればいいか分かるかい?

> 「$(-a+4)e^{a-2}=3$ ……(＊) を満たす a が存在しない」
> ということは,
> 「$y=(-a+4)e^{a-2}$ のグラフと $y=3$ のグラフが交わらない」
> ということを意味している よね。

そこで,まずは $y=(-a+4)e^{a-2}$ $[a<2]$ のグラフをかいてみよう。

$y=(-a+4)e^{a-2}$ より,

$y'=-e^{a-2}+(-a+4)e^{a-2}$ ◀ $(-a+4)'=-1$, $(e^{a-2})'=e^{a-2}$

$=(-a+3)e^{a-2}$ ◀ e^{a-2} でくくった

$e^{a-2}>0$ を考え,y' の符号は $(-a+3)$ によって決まる よね。

そこで,$y=(-a+3)$ のグラフを考え, ◀ y'の符号が分かる!
増減表は 次のようになるよね。 ◀ $a<2$ に注意!

a		2
y'	+	
y	↗	2

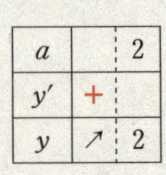

◀
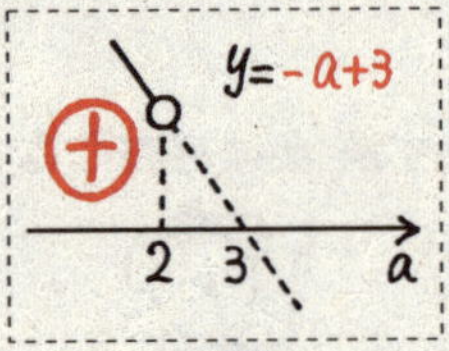

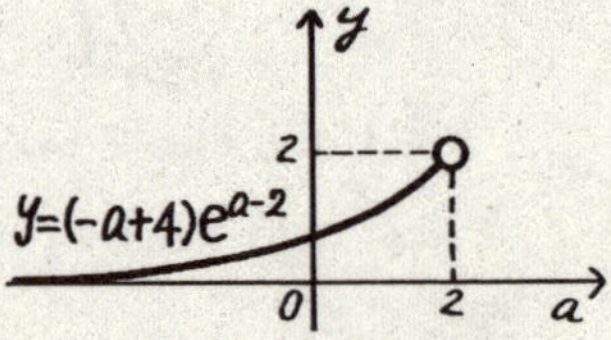

[図1]

よって,増減表と

$\lim_{a\to-\infty}(-a+4)e^{a-2}=\mathbf{0}$ ← 補題(4)[P.74]を参考に計算してみよ!

を考え, ◀ Point 3.3

$y=(-a+4)e^{a-2}$ $[a<2]$ のグラフは[図1]のようになるよね。

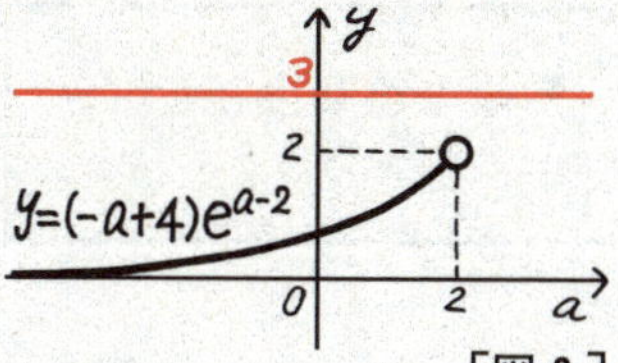

［図２］

よって，［図２］のように

「$y=(-a+4)e^{a-2}$ と $y=3$ は交わらない」

ことが分かる。つまり，

「$(-a+4)e^{a-2}=3$ を満たす a は存在しない」

ことが分かった！

［解答］

(2) (i) $a>2$ のとき

(1)より，$f(0)=a$ で極大値をとるので，◀問題文より（極大値）=3

$a=3$ ◀これは $a>2$ を満たしているので解になる！

(ii) $a<2$ のとき

(1)より，$f(-a+2)=(-a+4)e^{a-2}$ で極大値をとるので，

$(-a+4)e^{a-2}=3$ ……(＊) ◀問題文より（極大値）=3

以下，$a<2$ において

$(-a+4)e^{a-2}=3$ ……(＊) を満たす a が存在しないことを示す。

$g(a)=(-a+4)e^{a-2}$ とおくと，

$g'(a)=-e^{a-2}+(-a+4)e^{a-2}$ ◀$(-a+4)'e^{a-2}+(-a+4)(e^{a-2})'$

$=(-a+3)e^{a-2}$ となるので ◀e^{a-2} でくくった

下の増減表が得られる。

a		2
$g'(a)$	+	
$g(a)$	↗	2

増減表より $g(a)<2$ がいえるので，

$g(a)=3$ ……(＊) を満たす a は存在しない。

よって，(ii) $a<2$ のとき（極大値）=3 となる a は存在しない。

(i)，(ii)より，

（極大値）=3 となるのは $a=3$ のときだけ // である。（$q.e.d.$）

練習問題 10

$f(x)=(x^2-px+p)e^{-x}$ が極小値をもつとき，

その極小値 $g(p)$ のグラフをかけ。

例題 25

$f(x)=x+a\cos x\ (a>1)$ は $0<x<\pi$ において極小値 0 をとる。
この範囲における $f(x)$ の極大値を求めよ。

[考え方]

極大値や極小値について考えるので，とりあえず微分しよう。

$f(x)=x+a\cos x$ より，

$$f'(x)=1-a\sin x$$ ◀ $(\cos x)'=-\sin x$

$$=a\left(\frac{1}{a}-\sin x\right)\ \cdots\cdots(*)$$ ◀ a でくくった

さて，$f'(x)=0$ を解くと $\sin x=\dfrac{1}{a}$ が得られるよね。

だから $\sin x=\dfrac{1}{a}$ の解を求めれば極大値と極小値が求められるんだけど，

$\sin x=\dfrac{1}{a}$ の解なんて分からないよね。

つまり，この問題では極値をとる x の座標を具体的に求めるのは不可能なんだよ。

ただ，$\sin x=\dfrac{1}{a}$ を満たす解についての情報が全くないと極大値や極小値を求めようがないよね。

そこで，

$$\sin x=\frac{1}{a}\ \Leftrightarrow\ \begin{cases} y=\sin x \\ y=\dfrac{1}{a} \end{cases}$$ ◀ $f(x)=g(x) \Leftrightarrow \begin{cases} y=f(x) \\ y=g(x) \end{cases}$

を考え， ◀ $y=\sin x$ と $y=\frac{1}{a}$ のグラフなら簡単にかくことができる！

$y=\sin x$ と $y=\dfrac{1}{a}$ のグラフについて考えよう！

まず，$y=\sin x$ と $y=\dfrac{1}{a}$ を図示すると［図 1］のようになるよね。

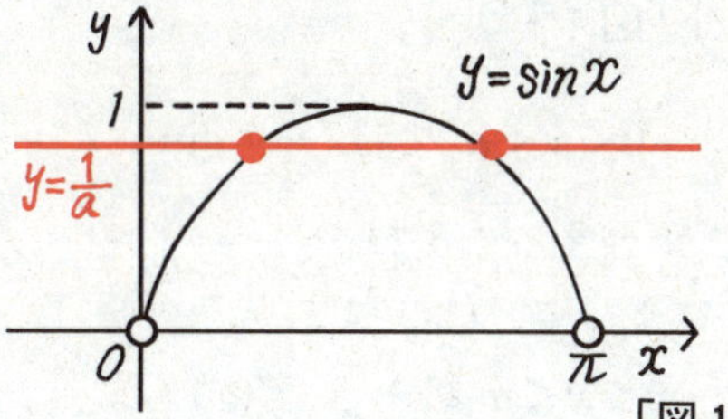

[図1]

◀ $a>1$ より，$0<\frac{1}{a}<1$ に注意！

［図1］から，$f'(x)=0$ の解は2つあることが分かったね！

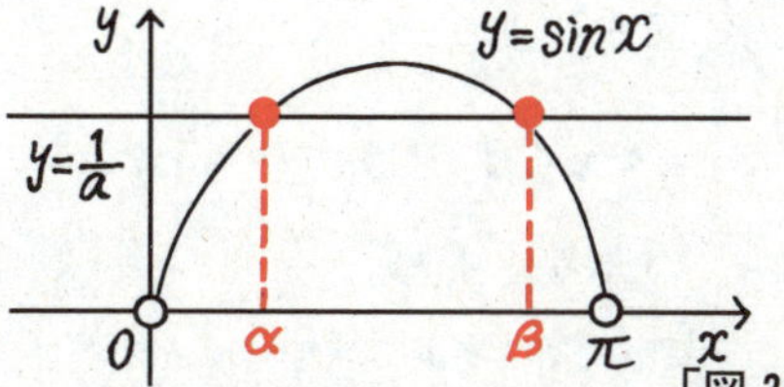

[図2]

そこで，

$f'(x)=0$ の解を［図2］のように $x=\alpha,\ \beta$ とおこう。

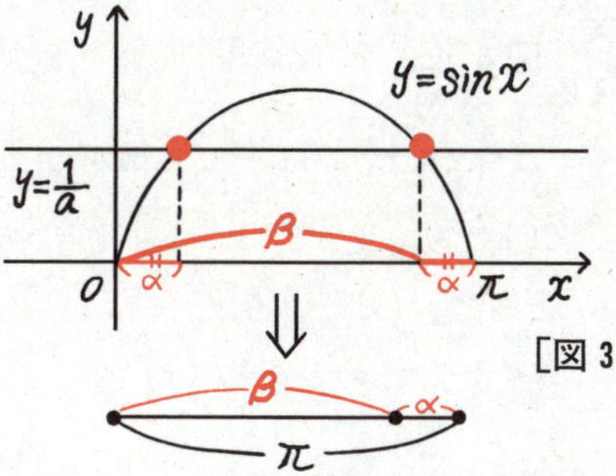

[図3]

すると，［図3］のように

"グラフの等間隔性" より，
$\alpha+\beta=\pi$ ……① がいえる

ことが分かるよね！

さて ここで，$x=\alpha,\ \beta$ で 極大値をとるのか 極小値をとるのかを判別するために 増減表をかこう！

$$f'(x)=a\left(\frac{1}{a}-\sin x\right) \cdots\cdots(*)$$

$(*)$ より，$f'(x)$ の符号は $\frac{1}{a}$ と $\sin x$ の大小関係によって決まる ことが分かるよね。

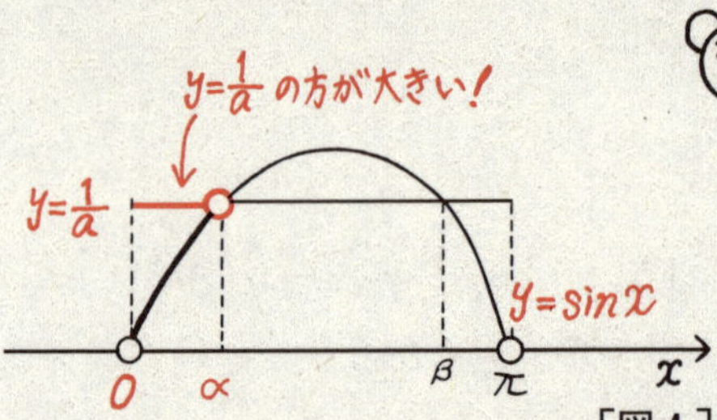

[図 4]

[図 4] より,

$0<x<\alpha$ では $\frac{1}{a}>\sin x$ がいえる よね。

よって,(*) より

$0<x<\alpha$ のとき $f'(x)>0$

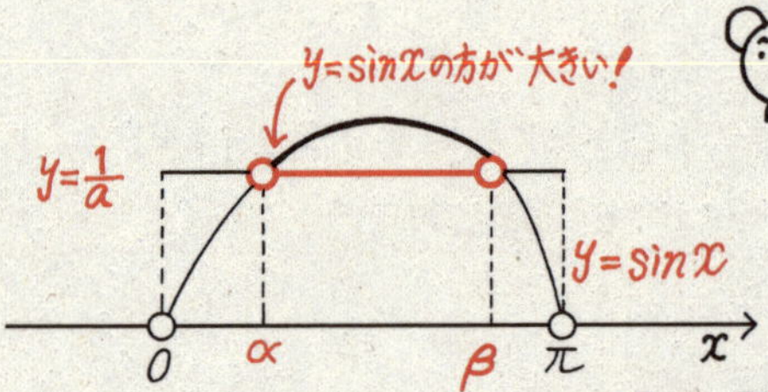

[図 5]

[図 5] より,

$\alpha<x<\beta$ では $\frac{1}{a}<\sin x$ がいえる よね。

よって,(*) より

$\alpha<x<\beta$ のとき $f'(x)<0$

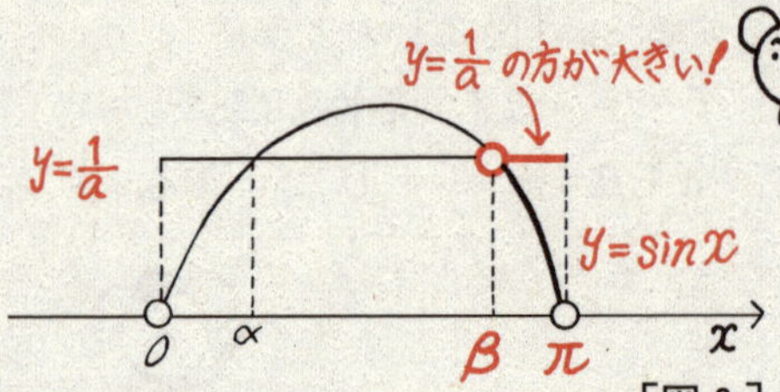

[図 6]

[図 6] より,

$\beta<x<\pi$ では $\frac{1}{a}>\sin x$ がいえる よね。

よって,(*) より

$\beta<x<\pi$ のとき $f'(x)>0$

x	0		α		β		π
$f'(x)$		+	0	−	0	+	
$f(x)$		↗	極大値	↘	極小値	↗	

以上より,増減表は左図のようになることが分かった!

[まとめ]

この問題のように,「$f'(x)$ の符号を調べる(➡極大,極小を判別する!)」ときには,$f'(x)=g(x)-h(x)$ のように「**関数の差の形**」にしておけば,$y=g(x)$ と $y=h(x)$ **の上下関係を調べる**だけで,$f'(x)$ の符号変化が分かるのである!

Point 4. 1　**〈$f'(x)$ の符号の調べ方〉**

$f'(x)$ の符号を調べるとき，すぐに符号が分からない場合は
$f'(x)=g(x)-h(x)$ のように**「関数の差の形」**にして
$y=g(x)$ と $y=h(x)$ のグラフの上下関係を調べよ！

さて，増減表より
極大値は $f(\alpha)=\alpha+a\cos\alpha$ で，極小値は $f(\beta)=\beta+a\cos\beta$ である
ことが分かるよね。
問題文より，「極小値は 0」なので，
$\beta+a\cos\beta=0$ …… ② がいえるよね。　◀ $f(x)=x+a\cos x$

そこで，以下
$$\begin{cases}\alpha+\beta=\pi & \cdots\cdots ①\\ \beta+a\cos\beta=0 & \cdots\cdots ②\end{cases}$$
を使って，
極大値 $f(\alpha)=\alpha+a\cos\alpha$ を求めよう！

$f(\alpha)=\alpha+a\cos\alpha$　◀ ①を使って α を消去すれば，②が使える形になりそう！
$=(\pi-\beta)+a\cos(\pi-\beta)$　◀ $\alpha+\beta=\pi$ ……① ➡ $\alpha=\pi-\beta$
$=\pi-\beta-a\cos\beta$　◀ $\cos(\pi-\beta)=\underset{-1}{\boxed{\cos\pi}}\cos\beta+\underset{0}{\boxed{\sin\pi}}\sin\beta$
$=\pi-(\beta+a\cos\beta)$
$=\pi$ //　◀ $\beta+a\cos\beta=0$ ……② より！

[解答]

$f(x)=x+a\cos x$ より，
$f'(x)=1-a\sin x$
$=a\left(\dfrac{1}{a}-\sin x\right)$　◀ $f'(x)=g(x)-h(x)$ の形！

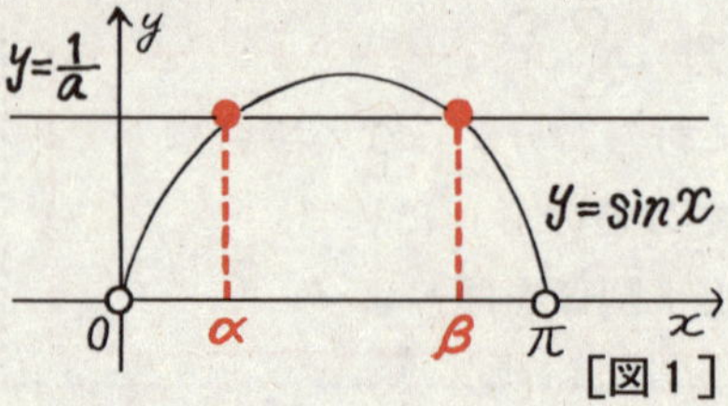

[図1]

x	0		α		β		π
$f'(x)$		+	0	−	0	+	
$f(x)$		↗	極大値	↘	極小値	↗	

[図1] のように

$y=\dfrac{1}{a}$ と $y=\sin x$ の交点の x 座標を α，β とおく と，

$\alpha+\beta=\pi$ …… ①　◀グラフの等間隔性より！

が得られる。　◀[考え方]参照

また，増減表より，$x=\beta$のとき極小値をとるので，問題文より

$\beta+a\cos\beta=0$ …… ②　◀$f(\beta)=0$

がいえる。

よって，

極大値 $f(\alpha)=\alpha+a\cos\alpha$　◀$x=\alpha$で極大値をとる！

$=(\pi-\beta)+a\cos(\pi-\beta)$　◀$\alpha+\beta=\pi$…①を使ってαを消去した！

$=\pi-\beta-a\cos\beta$　◀加法定理！

$=\boldsymbol{\pi}$ //　◀$\pi-\underbrace{(\beta+a\cos\beta)}_{0}$ （②より！）

練習問題 11

a は正の定数とする。

(1) $f(x)=e^{-ax}\sin 2x$ は $0\leqq x\leqq\dfrac{3}{2}\pi$ において 2つの極大値をもつことを示せ。

(2) (1)の極大値を q_1，q_2（ただし，$q_1>q_2$）とおくとき，$\dfrac{q_2}{q_1}$ を求めよ。

例題 26

$f(x)=ax+e^{-x}\sin x$，$g(x)=e^{-x}(\cos x-\sin x)$ とする。

(1) $y=g(x)$（$0\leqq x\leqq 2\pi$）のグラフの概形をかけ。

(2) $f(x)$ が区間 $0\leqq x\leqq 2\pi$ で極大値と極小値をそれぞれ いくつもつか答えよ。

[解答]

(1)　$g(x)=e^{-x}(\cos x-\sin x)$ より，

$g'(x)=-e^{-x}(\cos x-\sin x)+e^{-x}(-\sin x-\cos x)$　◀ Point 2.1 ①

$=-2e^{-x}\cos x$　◀ $2e^{-x}>0$ より，$g'(x)$ の符号は $-\cos x$ によって決まる！

x	0		$\frac{\pi}{2}$		$\frac{3}{2}\pi$		2π
$g'(x)$		−	0	+	0	−	
$g(x)$	1	↘	$-e^{-\frac{\pi}{2}}$	↗	$e^{-\frac{3}{2}\pi}$	↘	$e^{-2\pi}$

◀ 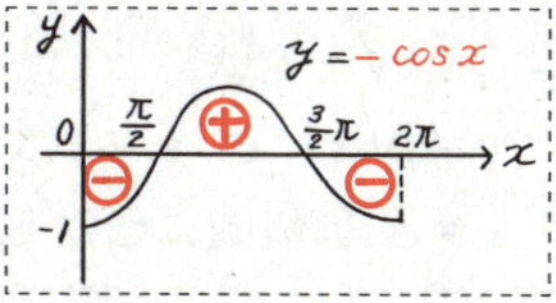

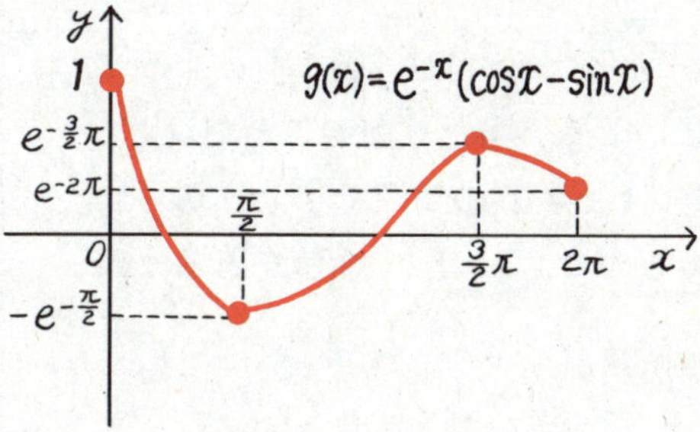

増減表より，

$g(x)=e^{-x}(\cos x-\sin x)$ の

グラフの概形は左図のようになる。

◀ $0\leqq x\leqq 2\pi$ に注意！

[考え方]

(2)　$f(x)$ の極値について考えるので，とりあえず微分しよう。

$f(x)=ax+e^{-x}\sin x$ より，

$f'(x)=a-e^{-x}\sin x+e^{-x}\cos x$　◀ Point 2.1 ①

$=a+e^{-x}(\cos x-\sin x)$　◀ e^{-x} でくくった

$=a+g(x)$　◀ $g(x)=e^{-x}(\cos x-\sin x)$

$a+g(x)$ は「関数の差の形」になっていないので，式変形が必要だね。　◀ Point 4.1

そこで，(1)の $y=g(x)$ のグラフを使うために $f'(x)=g(x)+a$ を

$f'(x)=g(x)-(-a)$ と書き直そう！　◀ $f'(x)=g(x)-h(x)$ の形！

さて，ちょっと ここで「基本事項」を確認しておこう。
「極値」については 次のことは“常識”にしておくこと！

Point 4. 2 **〈極値について〉**

① **$a \leqq x \leqq b$** において，端点の **$x=a$ と $x=b$ では極値をとらない！**

② $f'(x)=g(x)-h(x)$ において，

$y=g(x)$ と $y=h(x)$ が $x=\alpha$ で接するとき，

$x=\alpha$ は極値にはならない！ ◀ $f'(\alpha)=0$ を満たしていたとしても！

▶①について

x		a	
$f'(x)$	$+$	0	$-$
$f(x)$	↗		↘

［図 1］

例えば，$x=a$ で増減表が［図 1］のようになっているとしよう。当たり前のことだけど，［図 1］の場合は **$x=a$ の周辺で $f'(x)$ の符号変化がある**ので，$x=a$ で極値をとるよね。

x	a	
$f'(x)$	0	$-$
$f(x)$		↘

［図 2］

しかし，x の範囲が
$a \leqq x \leqq b$ のようになっている場合は，
増減表が［図 2］のようになり，◀ $x<a$ の部分がない！
［図 2］からは $x<a$ での $f'(x)$ の符号が分からないのである！

［▶実際には［図 1］のようになっているのだが，［図 2］からは分からない！］

つまり，x の範囲が $a \leqq x \leqq b$ のようになっている場合は，
たとえ $f'(a)=0$ or $f'(b)=0$ がいえても，
$x=a$ と $x=b$ の周辺での $f'(x)$ の符号変化が分からないので，
極値かどうかは判別できないのである！

よって，**端点は極値にはなれない！**

▶②について

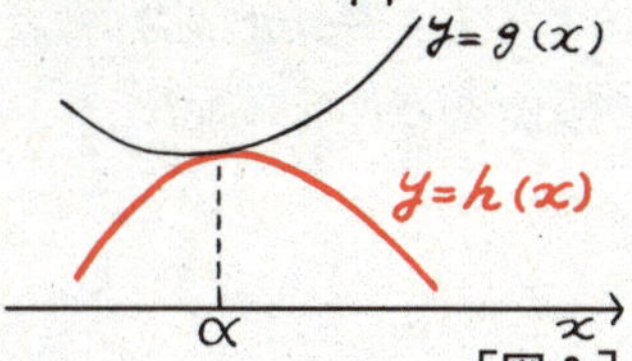

［図３］

$y=\boldsymbol{g(x)}$ と $y=\boldsymbol{h(x)}$ が［図３］のように **$x=\alpha$ で接している**とする。
このとき増減表は，
$f'(x)=\boldsymbol{g(x)}-\boldsymbol{h(x)}$ を考え，
［図４］のようになるよね。

x		α	
$f'(x)$	＋	0	＋
$f(x)$	↗		↗

［図４］

［図４］を見れば分かるように，
$x=\alpha$ の周辺では，$f'(x)$ の符号変化が起こらないので，$x=\alpha$ は $f'(x)=0$ の解であっても極値にはならないのである！

さて，この ***Point 4.2*** を踏まえて，
$f'(x)=g(x)-(-a)$ の符号変化を調べていこう！

まず，$f'(x)=g(x)-(-a)$ より，
$\boldsymbol{g(x)>-a}$ ならば $\boldsymbol{f'(x)>0}$
$\boldsymbol{g(x)<-a}$ ならば $\boldsymbol{f'(x)<0}$ である。

$y=g(x)$ のグラフについては すでに(1)でかいているので，
$y=-a$ のグラフについて考えればいいよね。
$y=-a$ のグラフについては 次のように場合分けをすればよい！

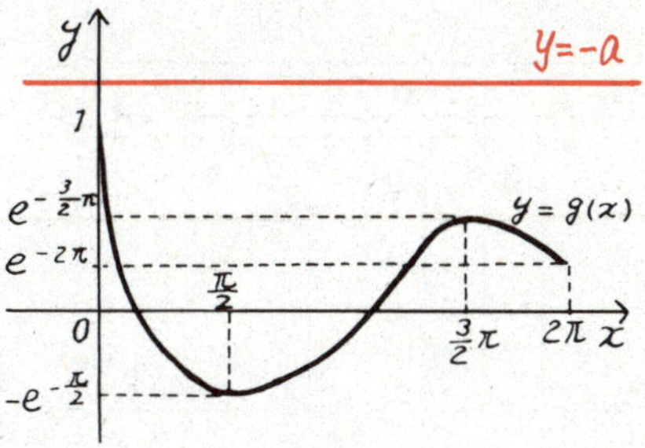

(i) $\boldsymbol{-a>1}$ のとき

$f'(x)$ は常に負なので，　◀ $g(x)<-a$
極値はとれないよね。

(ii) $-a=1$ のとき

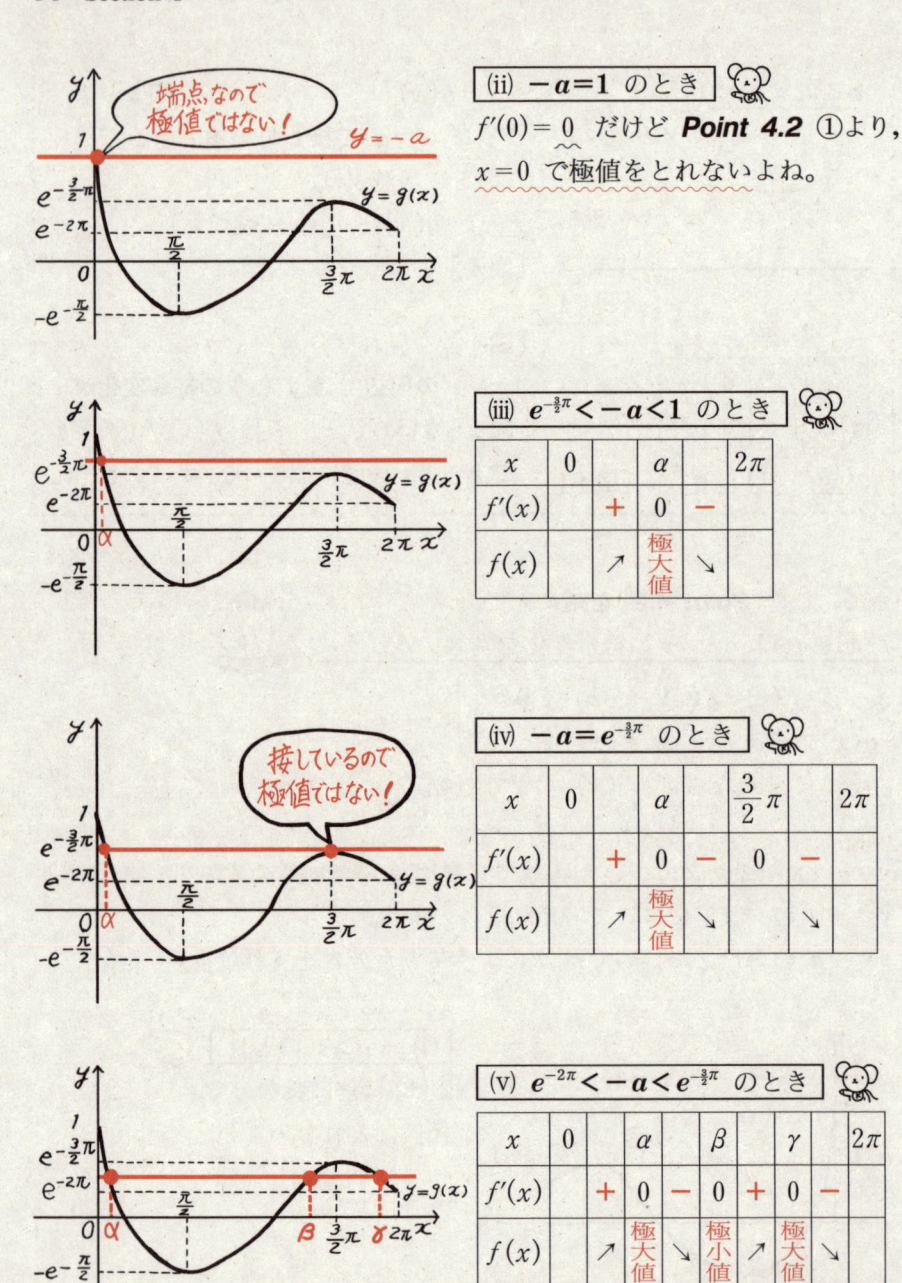

$f'(0)=0$ だけど ***Point 4.2*** ①より，

$x=0$ で極値をとれないよね。

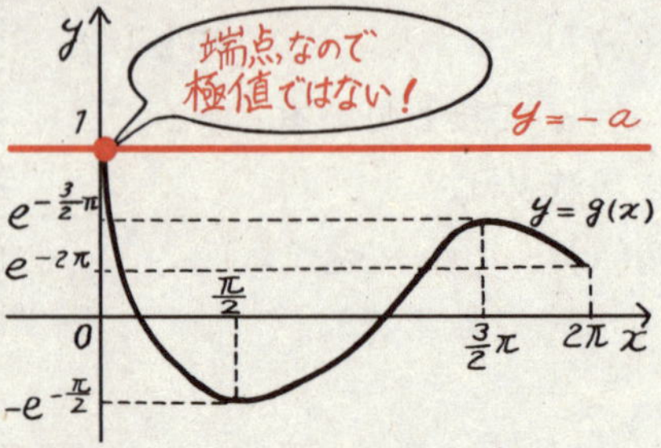

(iii) $e^{-\frac{3}{2}\pi}<-a<1$ のとき

x	0		α		2π
$f'(x)$		$+$	0	$-$	
$f(x)$		↗	極大値	↘	

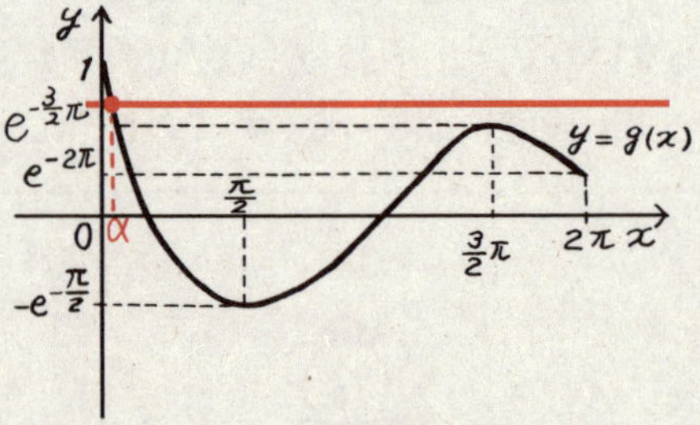

(iv) $-a=e^{-\frac{3}{2}\pi}$ のとき

x	0		α		$\frac{3}{2}\pi$		2π
$f'(x)$		$+$	0	$-$	0	$-$	
$f(x)$		↗	極大値	↘		↘	

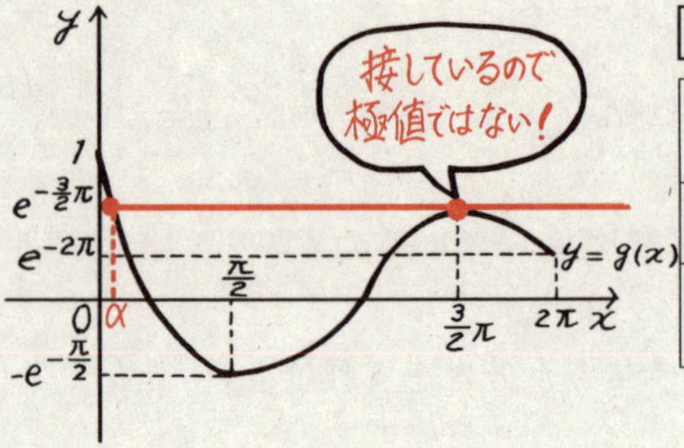

(v) $e^{-2\pi}<-a<e^{-\frac{3}{2}\pi}$ のとき

x	0		α		β		γ		2π
$f'(x)$		$+$	0	$-$	0	$+$	0	$-$	
$f(x)$		↗	極大値	↘	極小値	↗	極大値	↘	

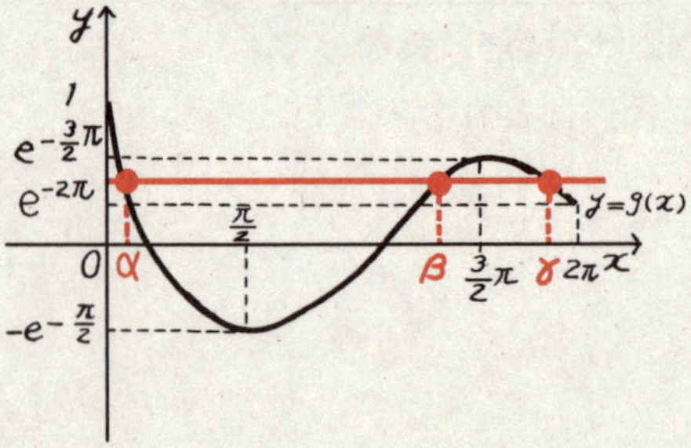

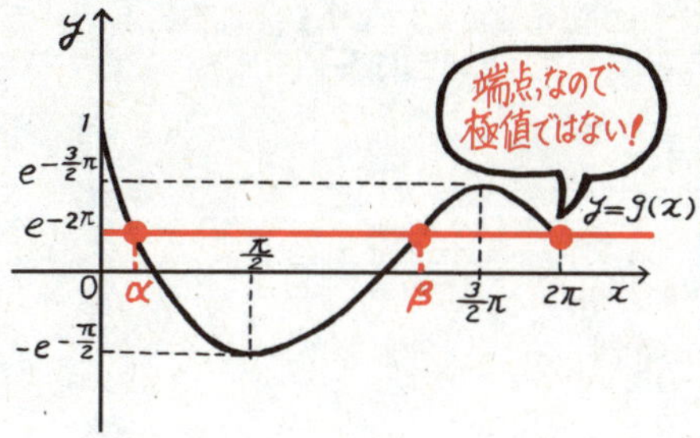

(vi) $-a=e^{-2\pi}$ のとき

x	0		α		β		2π
$f'(x)$		+	0	−	0	+	0
$f(x)$		↗	極大値	↘	極小値	↗	

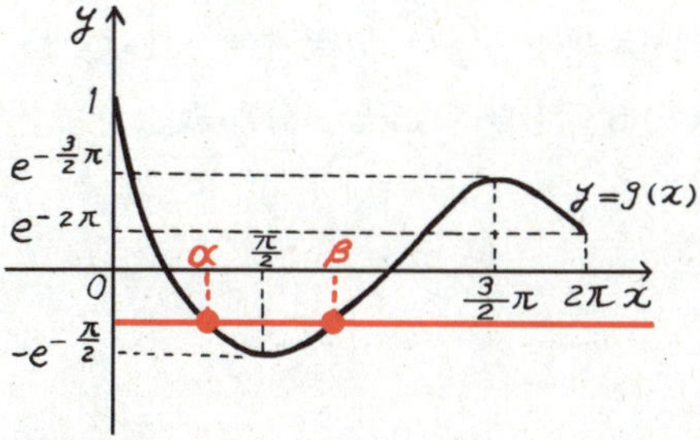

(vii) $-e^{-\frac{\pi}{2}}<-a<e^{-2\pi}$ のとき

x	0		α		β		2π
$f'(x)$		+	0	−	0	+	
$f(x)$		↗	極大値	↘	極小値	↗	

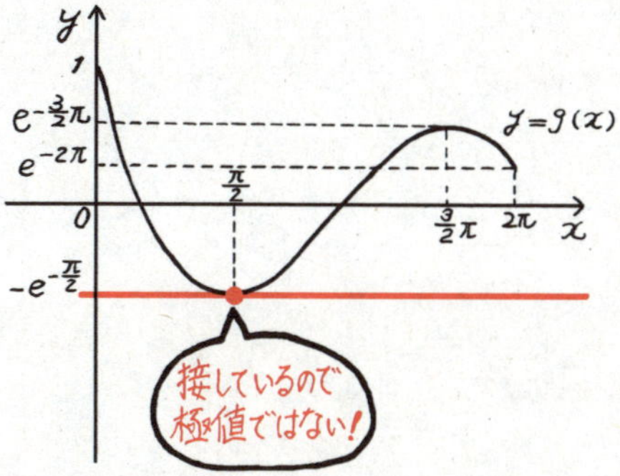

(viii) $-a=-e^{-\frac{\pi}{2}}$ のとき

$f'\left(\frac{\pi}{2}\right)=0$ だけど,

Point 4.2 ②より,

$x=\frac{\pi}{2}$ で極値をとれないよね。

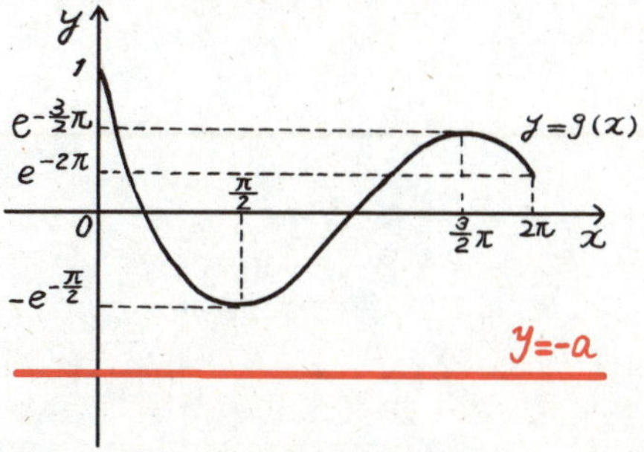

(ix) $-a<-e^{-\frac{\pi}{2}}$ のとき

$f'(x)$ は常に正なので,　◀ $g(x)>-a$

極値はとれないね。

以上をまとめると，次の**[解答]** のようになる！

[解答]

(2) $f(x)=ax+e^{-x}\sin x$ より，

$f'(x)=a-e^{-x}\sin x+e^{-x}\cos x$ ◀ Point 2.1 ①

$=a+g(x)$ ◀ $g(x)=e^{-x}(\cos x-\sin x)$

$=g(x)-(-a)$ ◀ Point 4.1

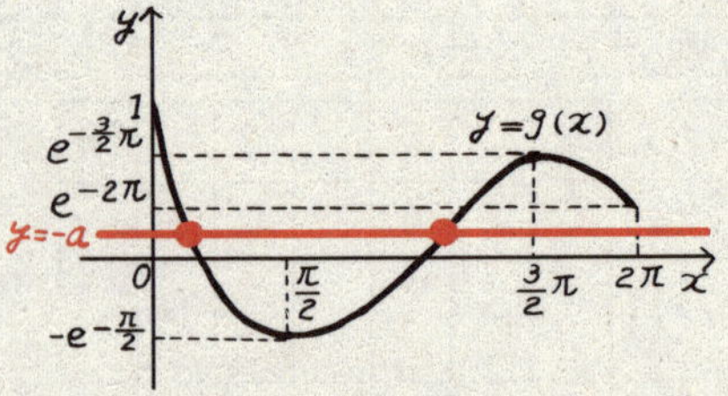

左図を考え，$f(x)$ の極値については次の 5 通りあることが分かる。

(I) $\boldsymbol{a \leqq -1}$ のとき， ◀ (i)と(ii)のとき

極値はなし//

(II) $\boldsymbol{-1 < a \leqq -e^{-\frac{3}{2}\pi}}$ のとき， ◀ (iii)と(iv)のとき

極大値 1 個，極小値はなし//

(III) $\boldsymbol{-e^{-\frac{3}{2}\pi} < a < -e^{-2\pi}}$ のとき， ◀ (v)のとき

極大値 2 個，極小値 1 個//

(IV) $\boldsymbol{-e^{-2\pi} \leqq a < e^{-\frac{\pi}{2}}}$ のとき， ◀ (vi)と(vii)のとき

極大値 1 個，極小値 1 個//

(V) $\boldsymbol{a \geqq e^{-\frac{\pi}{2}}}$ のとき， ◀ (viii)と(ix)のとき

極値はなし//

例題 27

k は実数とし，$f(x)=\dfrac{1}{2}(x+k)^2+\cos^2 x$ とおいたとき，

$0<x<\dfrac{\pi}{2}$ の範囲で $y=f(x)$ が極大値をとる点はいくつあるか。

また，極小値をとる点はいくつあるか。

[考え方]

極値について考える問題なので，とりあえず微分しよう。

$f(x)=\dfrac{1}{2}(x+k)^2+\cos^2 x$ より，

$f'(x)=(x+k)-2\sin x\cos x$ ◀ $\{(x+k)^n\}'=n(x+k)^{n-1}$，$(\cos^n x)'=n(\cos x)'\cdot\cos^{n-1}x$

が得られるので，

とりあえず，簡単に $f'(x)=g(x)-h(x)$ の形になったね。

そこで，***Point 4.1*** に従って

以下，$y=x+k$ と $y=2\sin x\cos x$ のグラフについて考えよう。

まず，

$y=x+k$ のグラフは傾きが1の直線だから グラフが簡単にかける よね。？

だけど，

$y=2\sin x\cos x$ のグラフはよく分からない，という人もいるだろう。

実は $y=2\sin x\cos x$ のグラフは $2\sin x\cos x=\sin 2x$ という公式を使えば

次のように 簡単にグラフがかけるんだよ！ ◀ 必ず覚えておくこと！

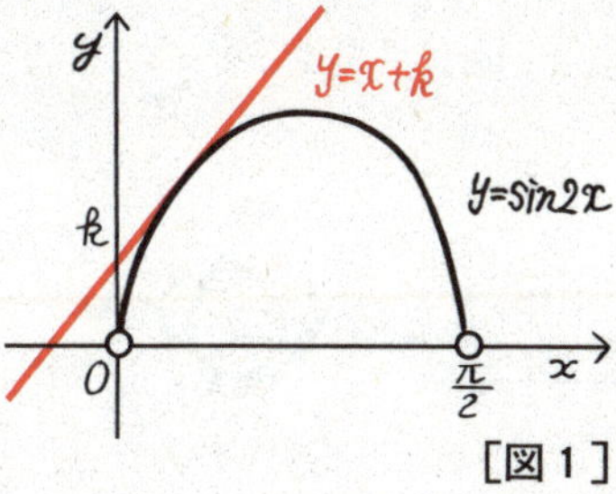

[図1]

あとは，**例題 26** と同様に，

k を動かして $y=x+k$ と $y=\sin 2x$ の上下関係を調べ，増減表をかけば終わりである！

◀ k は直線 $y=x+k$ の y 切片！

まず，［図１］ のように $y=x+k$ と $y=\sin 2x$ が接するときの k を求めよう。

［▶ $y=\sin 2x$ の接線が $y=x+k$ と一致するときの k を求めればよい！］

$y=\sin 2x \Rightarrow y'=2\cos 2x$ より，

$(t,\ \sin 2t)$ における $y=\sin 2x$ の接線は

$y-\sin 2t=2\cos 2t\,(x-t)$ ◀Point 2.5

$\Leftrightarrow$ $y=2\cos 2t\cdot x-2t\cos 2t+\sin 2t$ ……(＊) なので，

(＊) と $y=x+k$ が一致するとき， ◀「$y=ax+b$ と $y=cx+d$ が一致」

$$\begin{cases} 2\cos 2t=1 & \cdots\cdots ① \\ -2t\cos 2t+\sin 2t=k & \cdots\cdots ② \end{cases}$$

➡ $\begin{cases} a=c \\ b=d \end{cases}$ ◀傾きが等しい！ ◀ y切片が等しい！

がいえるよね。

①より， $\cos 2t=\dfrac{1}{2}$ ◀ $\cos\theta=\dfrac{1}{2} \Rightarrow \theta=\dfrac{\pi}{3}$

$\Leftrightarrow\ 2t=\dfrac{\pi}{3}$ $\quad\therefore\ \boldsymbol{t=\dfrac{\pi}{6}}$

これを②に代入すると，

$$-2\cdot\frac{\pi}{6}\cdot\cos\frac{\pi}{3}+\sin\frac{\pi}{3}=k$$

$$\Leftrightarrow\ -\frac{\pi}{3}\cdot\frac{1}{2}+\frac{\sqrt{3}}{2}=k \qquad \therefore\ \boldsymbol{k=-\frac{\pi}{6}+\frac{\sqrt{3}}{2}}$$

以上より， $\boldsymbol{k=-\dfrac{\pi}{6}+\dfrac{\sqrt{3}}{2}}$ のときに

$y=x+k$ と $y=\sin 2x$ が接することが分かったので，

このことを踏まえて，以下 k を動かして

$y=x+k$ と $y=\sin 2x$ のグラフの上下関係を調べよう。

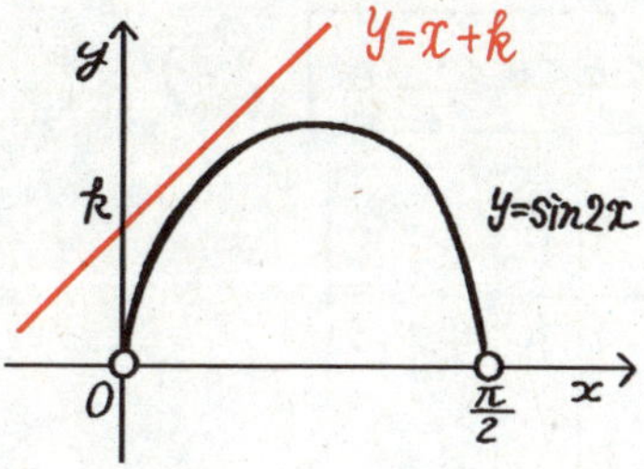

(i)　$k>-\frac{\pi}{6}+\frac{\sqrt{3}}{2}$ のとき

左図のように
$(x+k)>\sin 2x$ がいえるので，
$f'(x)>0$　◀ $f'(x)=(x+k)-\sin 2x$
となり，極値は存在しない。

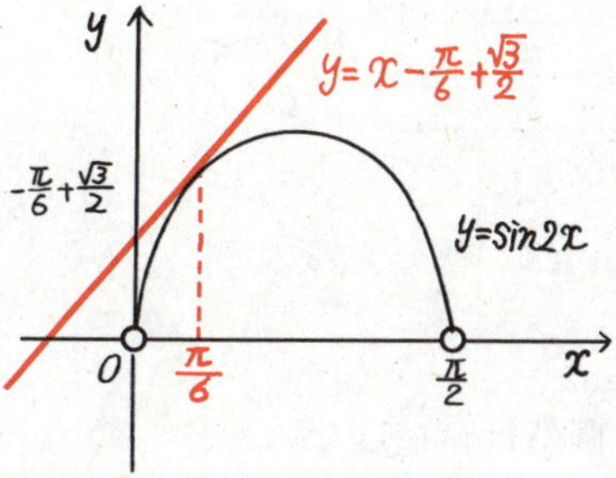

(ii)　$k=-\frac{\pi}{6}+\frac{\sqrt{3}}{2}$ のとき

$x=\frac{\pi}{6}$ は $f'(x)=0$ の解になっている
けれど，$y=x+k$ と $y=\sin 2x$ が
接しているので 極値ではないよね。
(▶ ***Point 4.2*** ②)

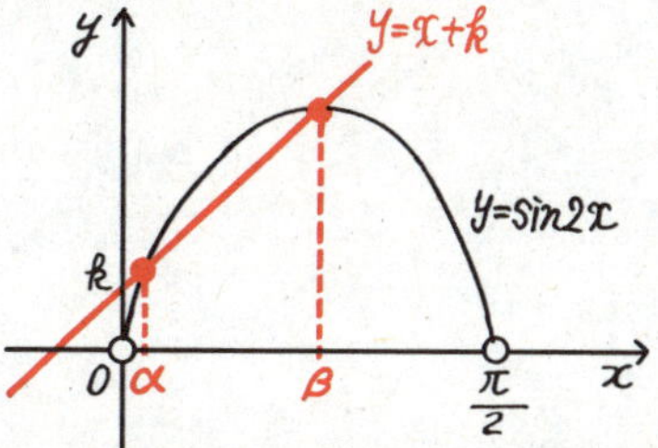

(iii)　$0<k<-\frac{\pi}{6}+\frac{\sqrt{3}}{2}$ のとき

x	0		α		β		$\frac{\pi}{2}$
$f'(x)$		$+$	0	$-$	0	$+$	
$f(x)$		↗	極大値	↘	極小値	↗	

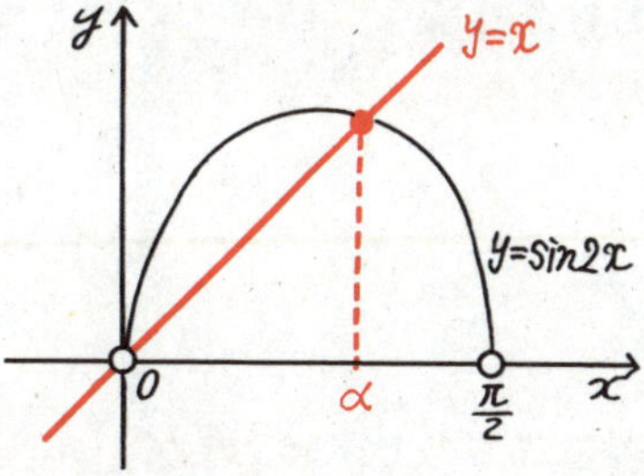

(iv)　$k=0$ のとき

x	0		α		$\frac{\pi}{2}$
$f'(x)$		$-$	0	$+$	
$f(x)$		↘	極小値	↗	

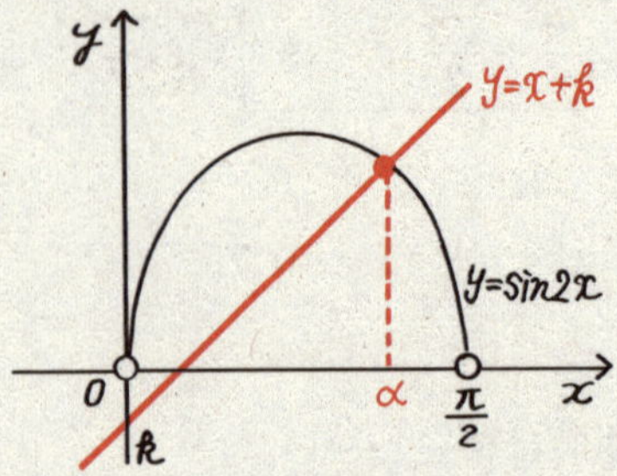

(v) $-\frac{\pi}{2}<k<0$ のとき

x	0		α		$\frac{\pi}{2}$
$f'(x)$		$-$	0	$+$	
$f(x)$		↘	極小値	↗	

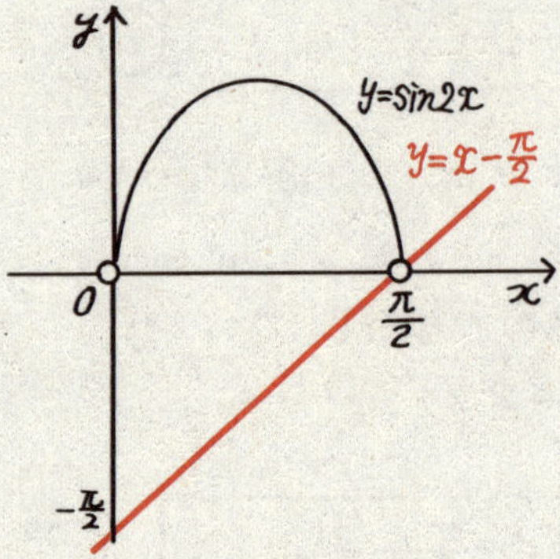

(vi) $k \leqq -\frac{\pi}{2}$ のとき

左図のように

$(x+k)<\sin 2x$ がいえるので，

$f'(x)<0$ ◀ $f'(x)=(x+k)-\sin 2x$

となり，極値は存在しない。

[解答]

$f(x)=\frac{1}{2}(x+k)^2+\cos^2 x$ より，

$f'(x)=(x+k)-2\sin x\cos x$

$\quad=(x+k)-\sin 2x$ ……(★) ◀ $2\sin x\cos x=\sin 2x$

ここで，$y=\sin 2x$ 上の点 $(t,\ \sin 2t)$ における接線

$y=2\cos 2t\cdot x-2t\cos 2t+\sin 2t$ が ◀[考え方]参照

$y=x+k$ と一致するとき，

$$\begin{cases} 2\cos 2t=1 & \cdots\cdots ① \\ -2t\cos 2t+\sin 2t=k & \cdots\cdots ② \end{cases}$$ がいえる。

①，②より，$k=-\frac{\pi}{6}+\frac{\sqrt{3}}{2}$ ……(＊) が得られるので， ◀[考え方]参照

下図のように $k=-\frac{\pi}{6}+\frac{\sqrt{3}}{2}$ ……（＊）のときに

$y=\sin 2x$ と $y=x+k$ が接することが分かった。

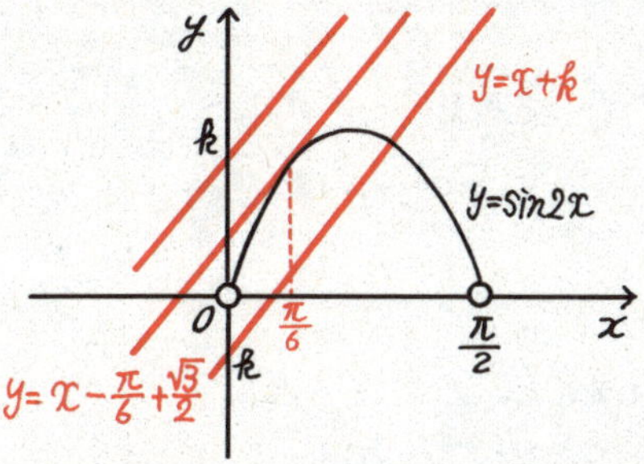

よって（★）を考え，
左図のように
$y=x+k$ と $y=\sin 2x$ の
上下関係を調べることにより，
次の結果が得られる。◀［考え方］参照

$k \geqq -\frac{\pi}{6}+\frac{\sqrt{3}}{2}$ のとき，　**極値は存在しない**// ◀(i)と(ii)の場合

$0<k<-\frac{\pi}{6}+\frac{\sqrt{3}}{2}$ のとき，**極大値１個，極小値１個**// ◀(iii)の場合

$-\frac{\pi}{2}<k \leqq 0$ のとき，　**極小値１個**// ◀(iv)と(v)の場合

$k \leqq -\frac{\pi}{2}$ のとき，　**極値は存在しない**// ◀(vi)の場合

［別解について］

$f'(x)=(x+k)-\sin 2x$ を
$f'(x)=k-(\sin 2x-x)$ のように書き直して，
$y=k$ と $y=\sin 2x-x$ のグラフをかいて求めてもよい！

［別解］

$f(x)=\frac{1}{2}(x+k)^2+\cos^2 x$ より，

$f'(x)=(x+k)-2\sin x\cos x$

$=(x+k)-\sin 2x$ ◀ $2\sin x\cos x=\sin 2x$

$=k-(\sin 2x-x)$ を考え，◀Point 4.1

以下，$y=k$ と $y=\sin 2x-x$ のグラフについて考える。

$y=\sin 2x-x$ より，

$y'=2\cos 2x-1$

$\quad=2\left(\cos 2x-\frac{1}{2}\right)$ がいえるので，$0<x<\frac{\pi}{2}$ を考え

$y=\sin 2x-x$ についての増減表は 次のようになる。

x	0		$\frac{\pi}{6}$		$\frac{\pi}{2}$
y'		$+$	0	$-$	
y	0	$\nearrow$	$\frac{\sqrt{3}}{2}-\frac{\pi}{6}$	$\searrow$	$-\frac{\pi}{2}$

よって，
$y=\sin 2x-x$ のグラフは
次のようになる。

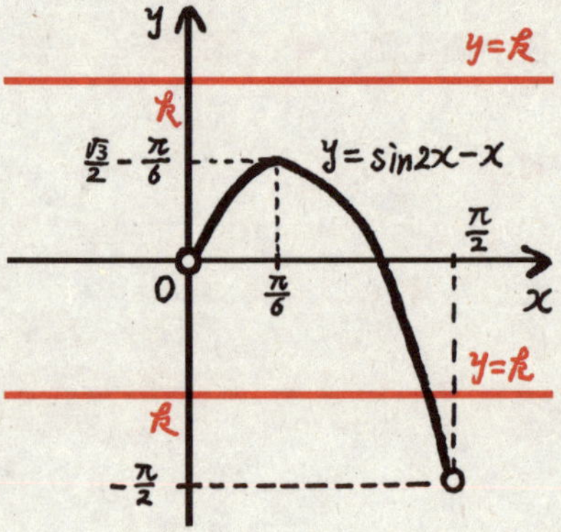

よって，
$y=k$ と $y=\sin 2x-x$ の
上下関係を調べることにより，
次の結果が得られる。

$k\geqq\frac{\sqrt{3}}{2}-\frac{\pi}{6}$ のとき，　極値は存在しない//

$0<k<\frac{\sqrt{3}}{2}-\frac{\pi}{6}$ のとき，極大値 1 個，極小値 1 個//

$-\frac{\pi}{2}<k\leqq 0$ のとき，　極小値 1 個//

$k\leqq-\frac{\pi}{2}$ のとき，　極値は存在しない//

例題 28

$f(x)=\cos 4x-16\sqrt{2}\cos x-16\sqrt{2}\sin x$ が $x=\frac{\pi}{4}$ で

極小値をもつことを示せ。

[考え方]

まず，$f(x)=\cos 4x-16\sqrt{2}\cos x-16\sqrt{2}\sin x$ が $x=\frac{\pi}{4}$ で

極値をもつことを示すのは とても簡単だよね。

だって，単に 次のように $\boldsymbol{f'\left(\frac{\pi}{4}\right)=0}$ を示すだけでしょ！

$f(x)=\cos 4x-16\sqrt{2}\cos x-16\sqrt{2}\sin x$ より

$f'(x)=-4\sin 4x+16\sqrt{2}\sin x-16\sqrt{2}\cos x$ がいえるので，

$$f'\left(\frac{\pi}{4}\right)=-4\sin\pi+16\sqrt{2}\sin\left(\frac{\pi}{4}\right)-16\sqrt{2}\cos\left(\frac{\pi}{4}\right)$$ ◀ $x=\frac{\pi}{4}$ を代入した

$$=0+16-16$$ ◀ $\sin\pi=0$, $\sin\frac{\pi}{4}=\cos\frac{\pi}{4}=\frac{1}{\sqrt{2}}$

$$=0$$

このように，$x=\frac{\pi}{4}$ で 極値をもつことは簡単に示せるんだけど，

極小値であることを示すのは面倒くさそうだよね。

▶ $f'(x)=(16\sqrt{2}\sin x-16\sqrt{2}\cos x)-(4\sin 4x)$ より，

$g(x)=16\sqrt{2}\sin x-16\sqrt{2}\cos x$ と $h(x)=4\sin 4x$ の上下関係を

調べればいいんだけど，$g(x)$ と $h(x)$ は三角関数なので，

グラフをかいたり，交点を求めたりするのが

ちょっと面倒くさそうだよね。

そこで，このような

“すぐには 極大値か 極小値かを判別できない問題” においては，

次の ***Point*** が重要になるんだよ。

この ***Point*** を使えば 機械的で簡単な計算だけで
極大値か 極小値なのかを 簡単に判別することができるんだよ！

Point 4. 3 **〈極大値と極小値〉**

① $f'(\alpha)=0$, $f''(\alpha)<0$ のとき，$f(x)$ は $x=\alpha$ で**極大値**をもつ。

② $f'(\beta)=0$, $f''(\beta)>0$ のとき，$f(x)$ は $x=\beta$ で**極小値**をもつ。

▶ **覚え方** $y=-x^2$ と $y=x^2$ を思い浮かべればよい！

①について

$y=-x^2$ ならグラフは 

で，$x=0$ で極大値をとる。

$y'=-2x$ ➡ $y''=-2<0$ より，
極大値のとき $y''<0$ だと分かる！

②について

$y=x^2$ ならグラフは 

で，$x=0$ で極小値をとる。

$y'=2x$ ➡ $y''=2>0$ より，
極小値のとき $y''>0$ だと分かる！

[解答]

$f(x)=\cos 4x-16\sqrt{2}\cos x-16\sqrt{2}\sin x$ より
$f'(x)=-4\sin 4x+16\sqrt{2}\sin x-16\sqrt{2}\cos x$ がいえるので，

$x=\frac{\pi}{4}$ を代入する と， ◀ $f'\left(\frac{\pi}{4}\right)=0$ を示す！

$$f'\left(\frac{\pi}{4}\right)=-4\sin\pi+16\sqrt{2}\sin\left(\frac{\pi}{4}\right)-16\sqrt{2}\cos\left(\frac{\pi}{4}\right)$$

$$=0 \quad \cdots\cdots ①$$ ◀ $\sin\pi=0$, $\sin\frac{\pi}{4}=\cos\frac{\pi}{4}=\frac{1}{\sqrt{2}}$

また，

$f'(x)=-4\sin 4x+16\sqrt{2}\sin x-16\sqrt{2}\cos x$ より

$f''(x)=-16\cos 4x+16\sqrt{2}\cos x+16\sqrt{2}\sin x$ がいえるので，

$x=\dfrac{\pi}{4}$ を代入する と，◀ $f''\left(\dfrac{\pi}{4}\right)>0$ を示す!

$$f''\left(\frac{\pi}{4}\right)=-16\cos\pi+16\sqrt{2}\cos\left(\frac{\pi}{4}\right)+16\sqrt{2}\sin\left(\frac{\pi}{4}\right)$$

$=16+16+16$　◀ $\cos\pi=-1$，$\cos\dfrac{\pi}{4}=\sin\dfrac{\pi}{4}=\dfrac{1}{\sqrt{2}}$

$=48>0$ ……②

①，②より $f(x)$ は $x=\dfrac{\pi}{4}$ で極小値をもつ。　(*q. e. d.*)

練習問題 12

$f(x)=\cos 4x-16\sqrt{2}\cos x-16\sqrt{2}\sin x$ が

$x=\dfrac{5}{4}\pi$ で極大値をもつことを示せ。

<メモ>

Section 5「定数は分離せよ」について

この章では，入試問題を解く上で重要な考え方の1つである「定数は分離せよ」について解説する。

例えば，通常，

方程式 $f(x)-k=0$ の解の個数について考える問題では，$y=f(x)-k$ のグラフをかけば求められるのだが，$y=f(x)-k$ のように k という定数が入っていると うまくグラフがかけないのである。

ところが，

$f(x)-k=0 \Leftrightarrow f(x)=k$ のように定数 k を“分離”すれば $y=f(x)$ のグラフはかきやすくなるし，$y=k$ のグラフも簡単にかけ，とても考えやすくなるのである！

例題 29

$0<x<2\pi$ であるとき，x についての方程式

$ke^{\sqrt{3}x}=\cos x$ の解の個数を求めよ。

[考え方]

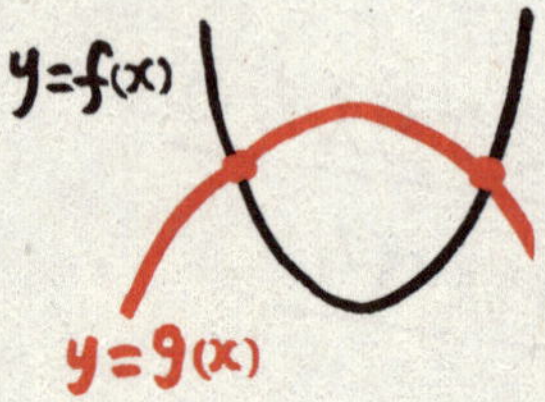

例えば左図を見れば，$f(x)=g(x)$ の解の個数は2つであることが分かるよね。

このように，$ke^{\sqrt{3}x}=\cos x$ の解の個数は $y=ke^{\sqrt{3}x}$ と $y=\cos x$ のグラフをかけば分かるんだよ。

そこで，以下

$y=ke^{\sqrt{3}x}$ と $y=\cos x$ のグラフをかきたいんだけれど，

$y=ke^{\sqrt{3}x}$ のグラフについては

k が入っているので場合分けが必要になって面倒くさいよね。

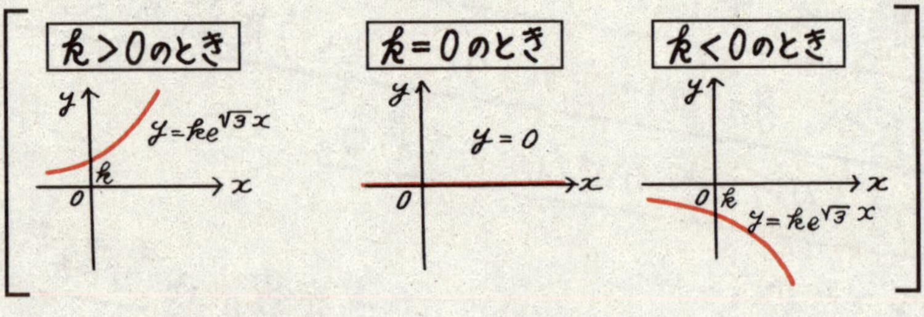

そこで，この問題をうまく解くために

次の ***Point*** が重要になるんだよ。

Point 5.1 **〈文字定数を含む方程式の解法〉**

文字定数を含む方程式では，

定数を分離せよ！（▶定数について解け！）

とりあえずこの ***Point*** に従って

$ke^{\sqrt{3}x}=\cos x$ を k（◀定数！）について解いてみると，

$ke^{\sqrt{3}x}=\cos x$　◀両辺に$e^{-\sqrt{3}x}$を掛けるとkについて解ける

$\Leftrightarrow$ $\boldsymbol{k=e^{-\sqrt{3}x}\cos x}$ ……(＊) になるよね。◀kについて解いた！

$y=k$ は x 軸に平行な直線　で，

$y=e^{-\sqrt{3}x}\cos x$ は k が入っていないので，

それぞれ簡単にグラフがかけるよね！

このように，文字定数を含む方程式では

定数を分離すると非常に考えやすくなるのである！

以下，$y=e^{-\sqrt{3}x}\cos x$ のグラフをかいてみよう。

$y'=-\sqrt{3}e^{-\sqrt{3}x}\cos x-e^{-\sqrt{3}x}\sin x$　◀$(e^{-\sqrt{3}x}\cos x)'=(e^{-\sqrt{3}x})'\cos x+e^{-\sqrt{3}x}(\cos x)'$

$=-e^{-\sqrt{3}x}(\sqrt{3}\cos x+\sin x)$　◀$-e^{-\sqrt{3}x}$でくくった

$=-e^{-\sqrt{3}x}\cdot 2\sin\left(x+\dfrac{\pi}{3}\right)$　◀三角関数の合成！（詳しくはOne Point Lessonを参照）

$=-2e^{-\sqrt{3}x}\sin\left(x+\dfrac{\pi}{3}\right)$

$2e^{-\sqrt{3}x}>0$ より，

y' の符号は $-\sin\left(x+\dfrac{\pi}{3}\right)$ によって決まる　よね。

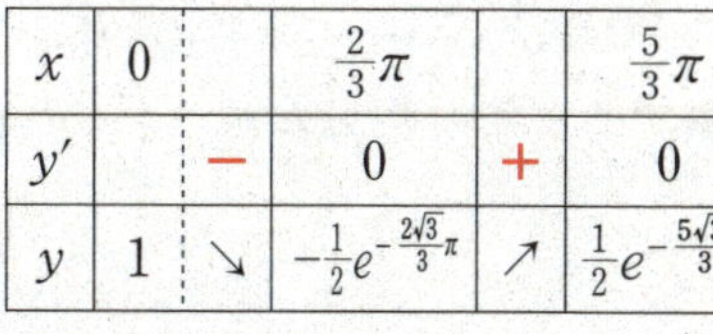

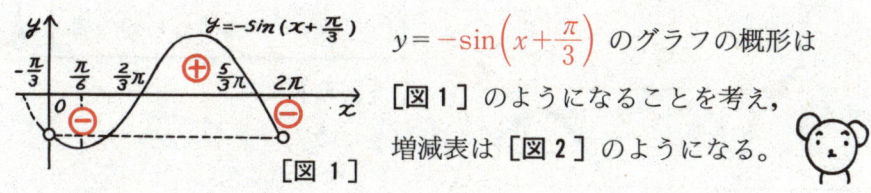

［図 1］

$y=-\sin\left(x+\dfrac{\pi}{3}\right)$ のグラフの概形は

［図 1］のようになることを考え，

増減表は［図 2］のようになる。

x	0		$\frac{2}{3}\pi$		$\frac{5}{3}\pi$		2π
y'		$-$	0	$+$	0	$-$	
y	1	↘	$-\frac{1}{2}e^{-\frac{2\sqrt{3}}{3}\pi}$	↗	$\frac{1}{2}e^{-\frac{5\sqrt{3}}{3}\pi}$	↘	$e^{-2\sqrt{3}\pi}$

［図 2］

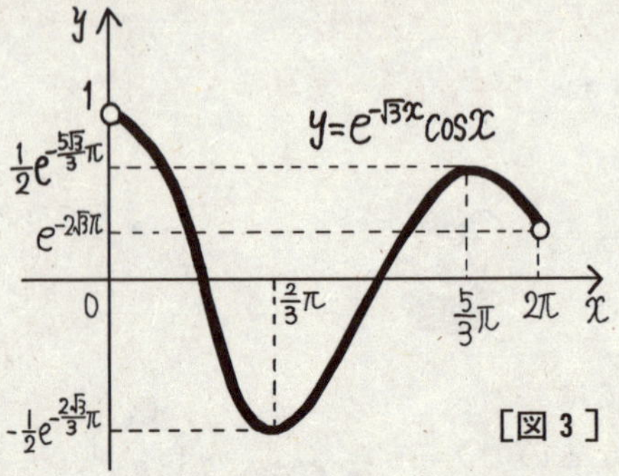

[図 3]

よって，増減表より，
$y=e^{-\sqrt{3}\,x}\cos x$ のグラフは
[図 3] のようになるよね。

あとは，
$y=k$ との交点について考えれば，
$k=e^{-\sqrt{3}\,x}\cos x$ ……（＊）の解の個数
が求められるね！

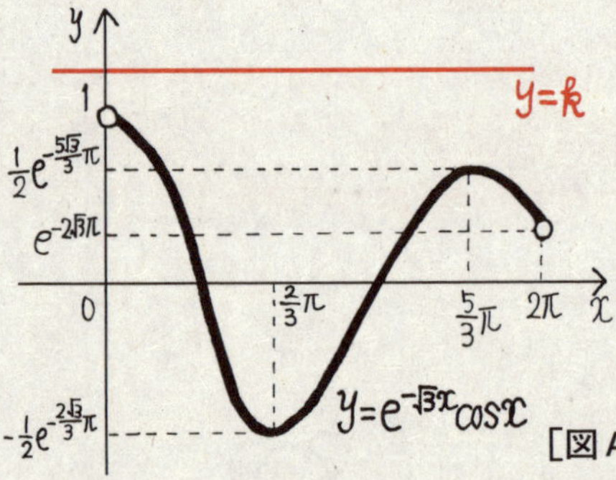

[図A]

ⓐ $1 \leqq k$ のとき

[図A] より，
$y=k$ と $y=e^{-\sqrt{3}\,x}\cos x$ は
交点をもたない ので，
$k=e^{-\sqrt{3}\,x}\cos x$ ……（＊）の解は
0 個であることが分かるよね。

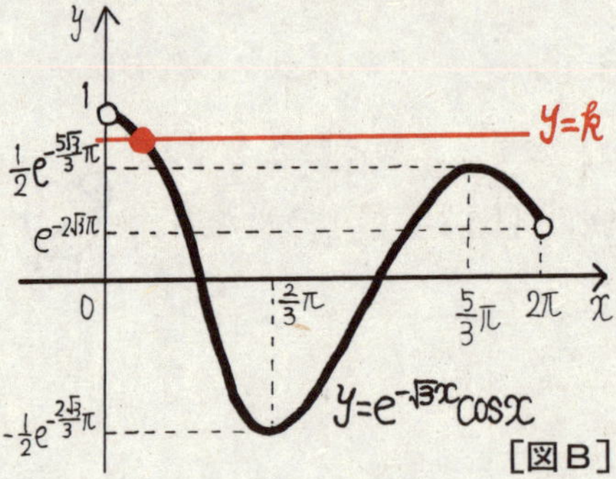

[図B]

ⓑ $\frac{1}{2}e^{-\frac{5\sqrt{3}}{3}\pi} < k < 1$ のとき

[図B] より，
$y=k$ と $y=e^{-\sqrt{3}\,x}\cos x$ は
1 つの交点をもつ ので，
$k=e^{-\sqrt{3}\,x}\cos x$ ……（＊）の解は
1 個であることが分かるよね。

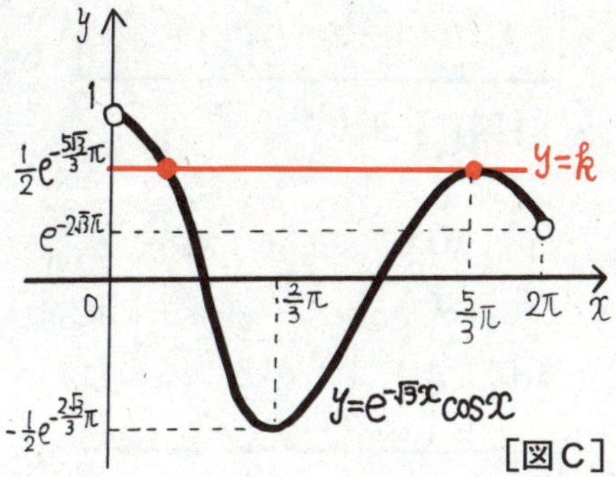

[図C]

ⓒ　$k=\frac{1}{2}e^{-\frac{5\sqrt{3}}{3}\pi}$ のとき

[図C] より，

$y=k$ と $y=e^{-\sqrt{3}x}\cos x$ は

1つの交点をもち

1つの接点をもつ　ので，

$k=e^{-\sqrt{3}x}\cos x$ ……(＊) の解は

2個であることが分かるよね。

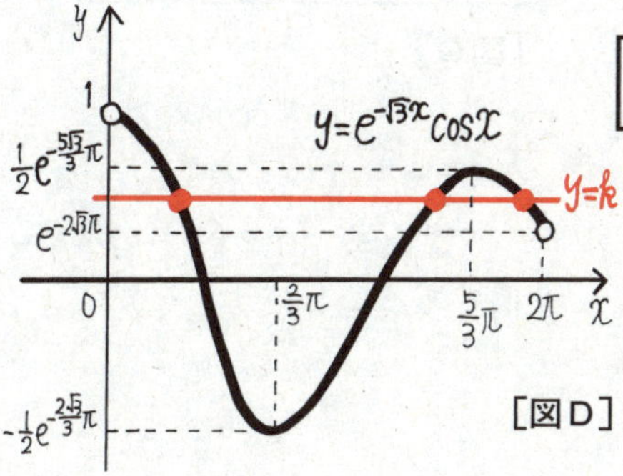

[図D]

ⓓ　$e^{-2\sqrt{3}\pi}<k<\frac{1}{2}e^{-\frac{5\sqrt{3}}{3}\pi}$ のとき

[図D] より，

$y=k$ と $y=e^{-\sqrt{3}x}\cos x$ は

3つの交点をもつ　ので，

$k=e^{-\sqrt{3}x}\cos x$ ……(＊) の解は

3個であることが分かるよね。

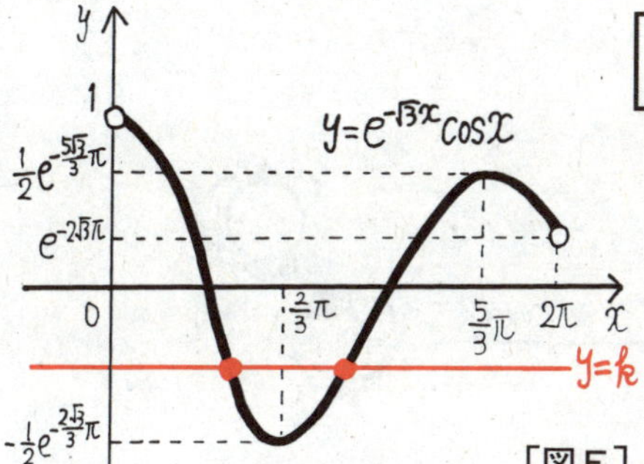

[図E]

ⓔ　$-\frac{1}{2}e^{-\frac{2\sqrt{3}}{3}\pi}<k\leqq e^{-2\sqrt{3}\pi}$ のとき

[図E] より，

$y=k$ と $y=e^{-\sqrt{3}x}\cos x$ は

2つの交点をもつ　ので，

$k=e^{-\sqrt{3}x}\cos x$ ……(＊) の解は

2個であることが分かるよね。

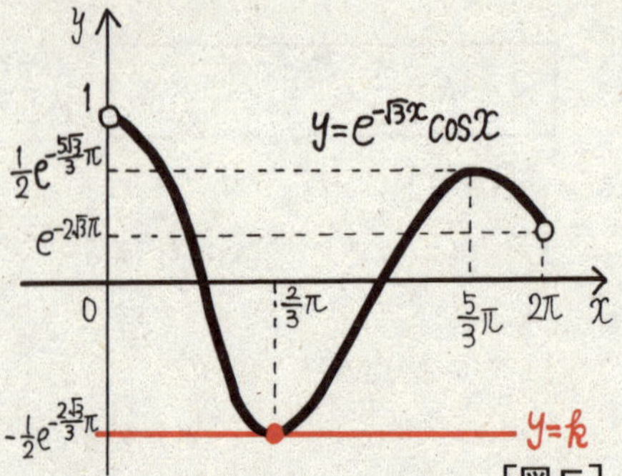

［図Ｆ］

ⓕ $k=-\frac{1}{2}e^{-\frac{2\sqrt{3}}{3}\pi}$ のとき

［図Ｆ］より，

$y=k$ と $y=e^{-\sqrt{3}x}\cos x$ は

1つの接点をもつ ので，

$k=e^{-\sqrt{3}x}\cos x$ ……（＊）の解は

1個であることが分かるよね。

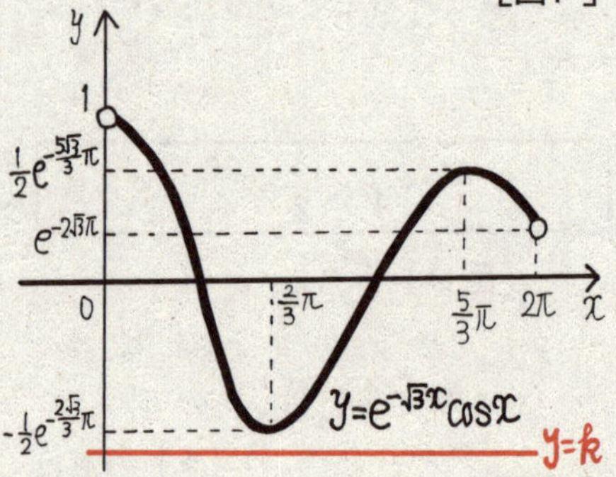

［図Ｇ］

ⓖ $k<-\frac{1}{2}e^{-\frac{2\sqrt{3}}{3}\pi}$ のとき

［図Ｇ］より，

$y=k$ と $y=e^{-\sqrt{3}x}\cos x$ は

交点をもたない ので，

$k=e^{-\sqrt{3}x}\cos x$ ……（＊）の解は

0個であることが分かるよね。

［解答］

$ke^{\sqrt{3}x}=\cos x$

$\Leftrightarrow k=e^{-\sqrt{3}x}\cos x$ ……（＊）　◀ k について解いた！

を考え，以下

$\begin{cases} y=k & \cdots\cdots ① \\ y=e^{-\sqrt{3}x}\cos x & \cdots\cdots ② \end{cases}$ の交点について考える。

まず，$y=e^{-\sqrt{3}x}\cos x$ ……② のグラフをかく。

$y'=-\sqrt{3}e^{-\sqrt{3}x}\cos x-e^{-\sqrt{3}x}\sin x$

$=-e^{-\sqrt{3}x}(\sqrt{3}\cos x+\sin x)$　◀ $-e^{-\sqrt{3}x}$ でくくった

$=-e^{-\sqrt{3}x}\cdot 2\sin\left(x+\frac{\pi}{3}\right)$　◀ 三角関数の合成！（詳しくは One Point Lesson を参照）

$=-2e^{-\sqrt{3}x}\sin\left(x+\frac{\pi}{3}\right)$　◀ $2e^{-\sqrt{3}x}>0$ より，y' の符号は $-\sin\left(x+\frac{\pi}{3}\right)$ によって決まる！

より，増減表は 次のようになる。

x	0		$\frac{2}{3}\pi$		$\frac{5}{3}\pi$		2π
y'		$-$	0	$+$	0	$-$	
y	1	↘	$-\frac{1}{2}e^{-\frac{2\sqrt{3}}{3}\pi}$	↗	$\frac{1}{2}e^{-\frac{5\sqrt{3}}{3}\pi}$	↘	$e^{-2\sqrt{3}\pi}$

◀

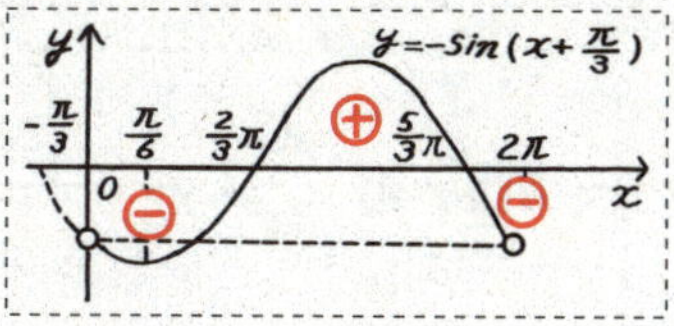

増減表より，$y=e^{-\sqrt{3}x}\cos x$ のグラフは 次のようになる。

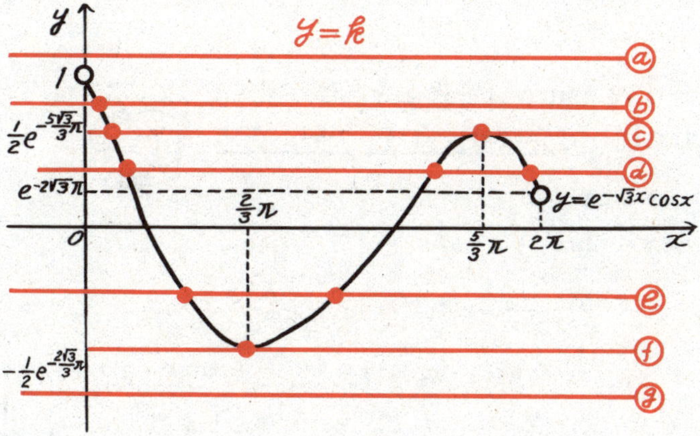

$y=k$ と $y=e^{-\sqrt{3}x}\cos x$ は上図のように交わるので，
$k=e^{-\sqrt{3}x}\cos x$ ……（＊）の解の個数は 次のようになる。

ⓐ　$\boldsymbol{1 \leqq k}$ のとき，　**0個**//

ⓑ　$\boldsymbol{\frac{1}{2}e^{-\frac{5\sqrt{3}}{3}\pi} < k < 1}$ のとき，　**1個**//

ⓒ　$\boldsymbol{k=\frac{1}{2}e^{-\frac{5\sqrt{3}}{3}\pi}}$ のとき，　**2個**//

ⓓ　$\boldsymbol{e^{-2\sqrt{3}\pi} < k < \frac{1}{2}e^{-\frac{5\sqrt{3}}{3}\pi}}$ のとき，　**3個**//

ⓔ　$\boldsymbol{-\frac{1}{2}e^{-\frac{2\sqrt{3}}{3}\pi} < k \leqq e^{-2\sqrt{3}\pi}}$ のとき，　**2個**//

ⓕ　$\boldsymbol{k=-\frac{1}{2}e^{-\frac{2\sqrt{3}}{3}\pi}}$ のとき，　**1個**//

ⓖ　$\boldsymbol{k<-\frac{1}{2}e^{-\frac{2\sqrt{3}}{3}\pi}}$ のとき，　**0個**//

練習問題 13

$x^2+2x+1=ke^x$ の実数解の個数を求めよ。

例題 30

a が 1 でない定数のとき，方程式

$x^2+ax=\sin x$

はちょうど 2 つの実数解をもつことを証明せよ。 ［名大］

[考え方]

まず，$x^2+ax=\sin x$ は定数 a を含む方程式で考えにくいので，

Point 5.1 に従って 定数の a について解こう！

$x^2+ax=\sin x$

$\Leftrightarrow$ $ax=-x^2+\sin x$ ……Ⓐ

$\Rightarrow$ $a=-x+\dfrac{\sin x}{x}$ ……Ⓑ ◀両辺を x で割った

とりあえず a について解いてみたけれど，この変形は正しいかい？

Ⓐ ⇒ Ⓑ で x で割っているけれど，$x=0$ かもしれないよね。

もし $x=0$ だったら 分母が 0 になるので，x で割れないよ！

そこで，次のような場合分けが必要である！

(i) $x=0$ のとき ◀この場合は両辺を x で割ることができない！

$x^2+ax=\sin x$

$\Leftrightarrow$ $\mathbf{0=0}$ ◀$x=0$ を代入した！

となり成立するね。

つまり，$\boldsymbol{x^2+ax=\sin x}$ **は** a にかかわらず $\boldsymbol{x=0}$ **という解をもつ**ことがいえるよね。

$\boldsymbol{x=0}$ **で必ず 1 つの解をもつ**ので，$x^2+ax=\sin x$ の 2 つの解のうちの 1 つは $\boldsymbol{x=0}$ だと分かったね。

よって，あとは

(ii)　$\boldsymbol{x \neq 0}$ のとき，$x^2+ax=\sin x$ が1つの解をもつということがいえたら，証明は終わり　だね！ ◀下を見よ

▶(i) $\boldsymbol{x=0}$ のとき 1 つの解をもち，
(ii) $\boldsymbol{x \neq 0}$ のときも 1 つの解をもつならば，
全部で 2 つなので，$x^2+ax=\sin x$ が
ちょうど2つの解をもつ，といえるから！

(ii)　$x \neq 0$ のとき　◀この場合は両辺をxで割ることができる！

$$x^2+ax=\sin x$$

$$\Leftrightarrow\ ax=-x^2+\sin x$$

$$\Leftrightarrow\ \boldsymbol{a=-x+\frac{\sin x}{x}} \quad \cdots\cdots(\bigstar)$$

◀$x \neq 0$ より，両辺をxで割ってaについて解いた！

あとは，$y=a$ と $f(x)=-x+\dfrac{\sin x}{x}$ の交点について考えればいい　よね。

そこで，$f(x)=-x+\dfrac{\sin x}{x}$ のグラフをかこう。

$f(x)=-x+\dfrac{\sin x}{x}$ より，

$$f'(x)=-1+\frac{x\cos x-\sin x}{x^2}$$

◀$\left(\dfrac{\sin x}{x}\right)'=\dfrac{(\sin x)'x-\sin x\cdot(x)'}{x^2}$

$$=\frac{-x^2+x\cos x-\sin x}{x^2} \quad \cdots\cdots(*)$$

◀分母をそろえた

が得られるので，

$\dfrac{1}{x^2}>0$ を考え，$f'(x)$ の符号は
分子の $-x^2+x\cos x-\sin x$ によって決まる　ことが分かるよね。

だけど，$-x^2+x\cos x-\sin x$ の符号は すぐには分からないよね。

一般に $-x^2+x\cos x-\sin x$ の符号を調べるためには グラフをかけばいい ので，グラフをかくために

$g(x)=-x^2+x\cos x-\sin x$ とおいて，$g(x)$ を微分してみよう！

$g'(x)=-2x+\cos x-x\sin x-\cos x$

$=-2x-x\sin x$ ◀整理した

$=-x(2+\sin x)$ ◀$-x$ でくくった

$-1\leqq\sin x\leqq 1$ より $2+\sin x>0$ がいえるので，
$g'(x)$ の符号は $-x$ によって決まる よね。

そこで，

$y=-x$ のグラフを考え，増減表は 次のようになる。

x		0	
$g'(x)$	+	0	−
$g(x)$	↗	0	↘

◀

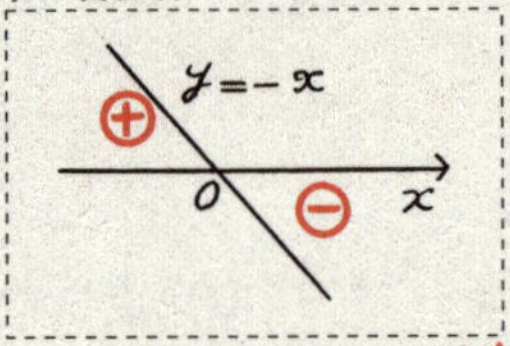

↑(ii)の $x\neq 0$ について考えていることに注意！

増減表から

$g(x)=-x^2+x\cos x-\sin x$ の

グラフの概形は 右図のように

なることが分かるよね。

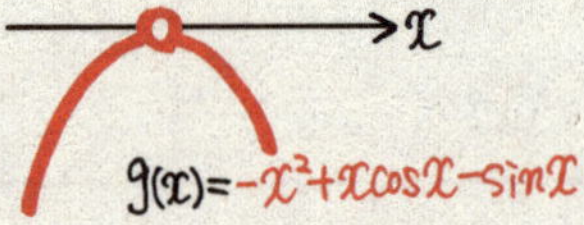

よって，$g(x)<0$ がいえるよね！ ◀$x=0$ は含まれないので，
$g(x)\leqq 0$ にはならない！
[▶(ii) $x\neq 0$ に注意！]

さらに，

$f'(x)=\dfrac{-x^2+x\cos x-\sin x}{x^2}$ ……(＊)

$=\dfrac{g(x)}{x^2}$ より， ◀$g(x)=-x^2+x\cos x-\sin x$

$f'(x)<0$ がいえるので， ◀$g(x)<0$ より！

$f(x)=-x+\dfrac{\sin x}{x}$ は **減少関数** である ことが分かった！

よって，

$f(x) = -x + \dfrac{\sin x}{x}$ のグラフは 次のようになるよね。

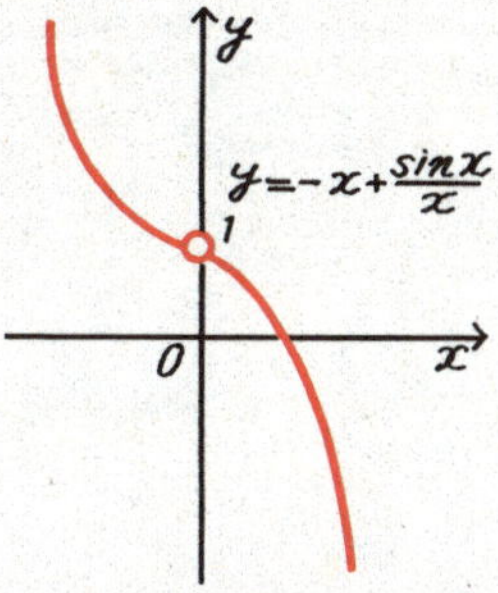

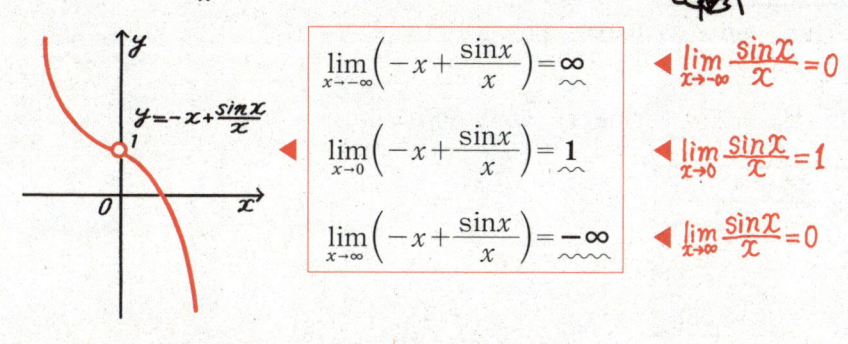

$$\lim_{x\to-\infty}\left(-x+\frac{\sin x}{x}\right)=\infty$$ ◀ $\displaystyle\lim_{x\to-\infty}\frac{\sin x}{x}=0$

$$\lim_{x\to 0}\left(-x+\frac{\sin x}{x}\right)=1$$ ◀ $\displaystyle\lim_{x\to 0}\frac{\sin x}{x}=1$

$$\lim_{x\to\infty}\left(-x+\frac{\sin x}{x}\right)=-\infty$$ ◀ $\displaystyle\lim_{x\to\infty}\frac{\sin x}{x}=0$

以下，$f(x) = -x + \dfrac{\sin x}{x}$ のグラフをもとに

$a = -x + \dfrac{\sin x}{x}$ ……(★) の解について考えよう。

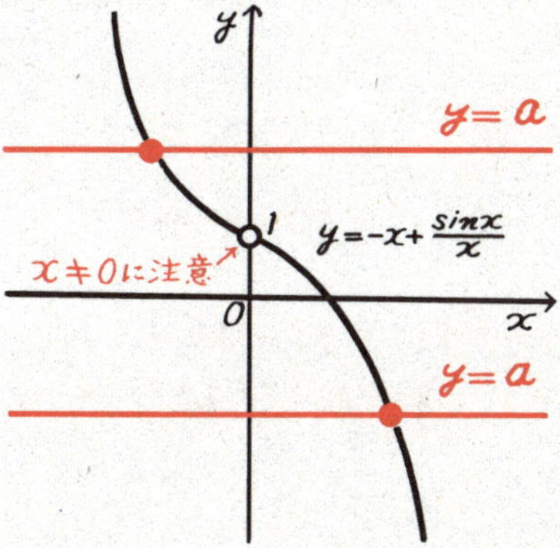

まず，問題文の $a \neq 1$ を考え，

$y = a$ と $y = -x + \dfrac{\sin x}{x}$ は左図のように必ず1つの交点をもつよね。

よって，(ii) **$x \neq 0$ のとき，**

$a = -x + \dfrac{\sin x}{x}$ は

必ず1つの解をもつ！

以上より，(i)と(ii)を考え，解は合計2つになるので， ◀ (i)で1つ，(ii)で1つ

$x^2 + ax = \sin x$ が**2つの解をもつ**ことが示せたね。

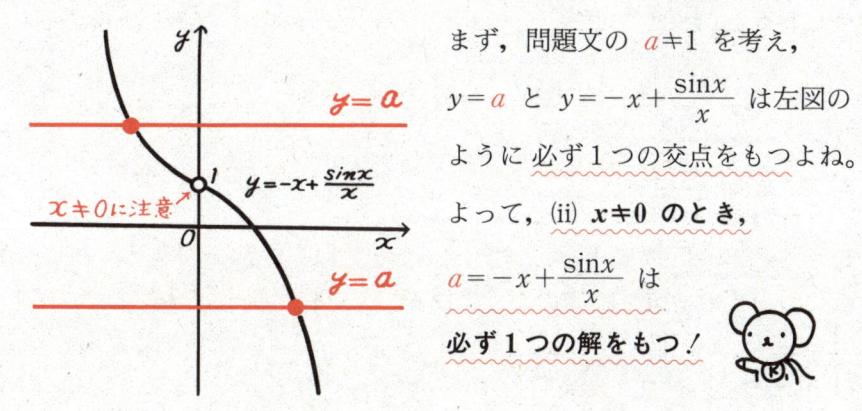

[解答]

(i) $x=0$ のとき

$x^2+ax=\sin x \Leftrightarrow 0=0$ ◀ $x=0$ を代入した!

となり成立する。

よって，$x^2+ax=\sin x$ は **$x=0$ を解にもつ。**

(ii) $x \neq 0$ のとき

$$x^2+ax=\sin x$$

$$\Leftrightarrow ax=-x^2+\sin x$$

$$\Leftrightarrow a=-x+\frac{\sin x}{x}$$

◀ $x \neq 0$ より，両辺を x で割って a について解いた!

を考え，

$f(x)=-x+\dfrac{\sin x}{x}$ のグラフをかく。

$$f'(x)=-1+\frac{x\cos x-\sin x}{x^2}$$

$$=\frac{-x^2+x\cos x-\sin x}{x^2}$$

◀ 分母をそろえた

ここで，$g(x)=-x^2+x\cos x-\sin x$ とおく と， ◀ $f'(x)=\dfrac{g(x)}{x^2}$

$$g'(x)=-2x+\cos x-x\sin x-\cos x$$

$$=-x(2+\sin x)$$ より，

◀ $2+\sin x>0$ より，$g'(x)$ の符号は $-x$ によって決まる!

$g(x)$ についての増減表は 次のようになる。

x		0	
$g'(x)$	+	0	−
$g(x)$	↗	0	↘

◀

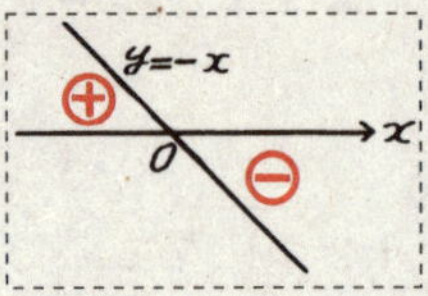

よって，$g(x)<0$ がいえる。

さらに，$f'(x)=\dfrac{g(x)}{x^2}$ より，　◀ $x^2>0$，$g(x)<0$

$f'(x)<0$ がいえるので，$y=f(x)$ は **減少関数**である。　……（★）

$$\begin{cases} \displaystyle\lim_{x\to-\infty}\left(-x+\frac{\sin x}{x}\right)=\infty \\ \displaystyle\lim_{x\to 0}\left(-x+\frac{\sin x}{x}\right)=1 \\ \displaystyle\lim_{x\to\infty}\left(-x+\frac{\sin x}{x}\right)=-\infty \end{cases}$$

◀ $\displaystyle\lim_{x\to-\infty}\frac{\sin x}{x}=0$

◀ $\displaystyle\lim_{x\to 0}\frac{\sin x}{x}=1$

より，◀ $\displaystyle\lim_{x\to\infty}\frac{\sin x}{x}=0$

$y=f(x)$ のグラフは，（★）を考え，次のようになる。

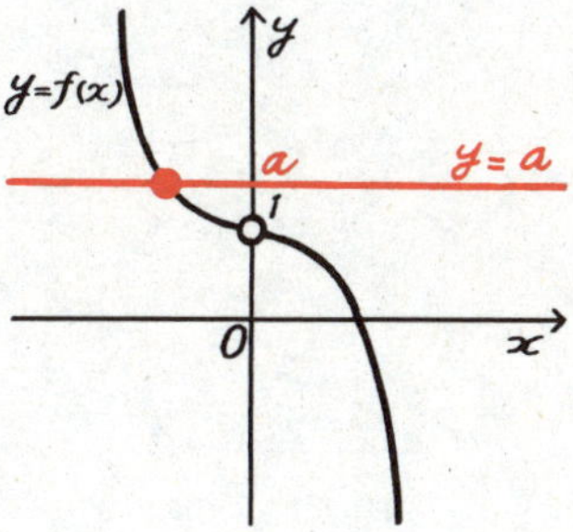

よって，問題文の $a\neq1$ を考えると，左図のように，$y=a$ と $y=f(x)$ は $x\neq0$ のとき 必ず 1 点で交わる。

すなわち，

$x^2+ax=\sin x$ は **$x\neq0$ のとき必ず 1 つの解をもつ。**

以上より，(i)と(ii)を考え，

$x^2+ax=\sin x$ はちょうど **2 つの実数解をもつ。**　(*q. e. d.*)

<メモ>

Section 6 最大値と最小値の問題

この章では 数III の最重要分野の1つである
「最大値と最小値の求め方」について解説するが,
実は,新しく教えることは あまりない。
一般に,最大値と最小値は グラフを見れば
一目で分かるので,基本的に「最大・最小問題」は
単に グラフをかけば終わりだからである!
以上のことをまとめると 次のようになる。

最大値と最小値の求め方

$f(x)$の最大値と最小値の求め方

Step1 微分して $f'(x)$ の符号の変化を調べる。

Step2 Step1の結果を増減表にまとめる。

Step3 増減表を見ながらグラフをかいて最大・最小を求める。

例題 31

$f(x)=\dfrac{x}{x^2+2}$ の $a \leqq x \leqq a+1$ における最小値 $F(a)$ を求めよ。

[考え方]

とりあえず，$f(x)=\dfrac{x}{x^2+2}$ のグラフをかいてみよう。

$$f'(x)=\frac{x^2+2-x\cdot 2x}{(x^2+2)^2}$$ ◀ $\left(\dfrac{x}{x^2+2}\right)'=\dfrac{(x)'(x^2+2)-x(x^2+2)'}{(x^2+2)^2}$

$$=\frac{-x^2+2}{(x^2+2)^2}$$ ◀ $x^2+2-2x^2=-x^2+2$

$$=\frac{-(x-\sqrt{2})(x+\sqrt{2})}{(x^2+2)^2}$$ ◀ $-(x^2-2)=-(x-\sqrt{2})(x+\sqrt{2})$

$(x^2+2)^2>0$ より，$f'(x)$ の符号は $-(x-\sqrt{2})(x+\sqrt{2})$ によって決まる よね。

よって，$y=-(x-\sqrt{2})(x+\sqrt{2})$ のグラフを考え， ◀ $f'(x)$の符号が分かる！

増減表は［図 1］のようになる。

x		$-\sqrt{2}$		$\sqrt{2}$	
$f'(x)$	$-$	0	$+$		$-$
$f(x)$	↘	$-\dfrac{\sqrt{2}}{4}$	↗	$\dfrac{\sqrt{2}}{4}$	↘

［図 1］

◀ 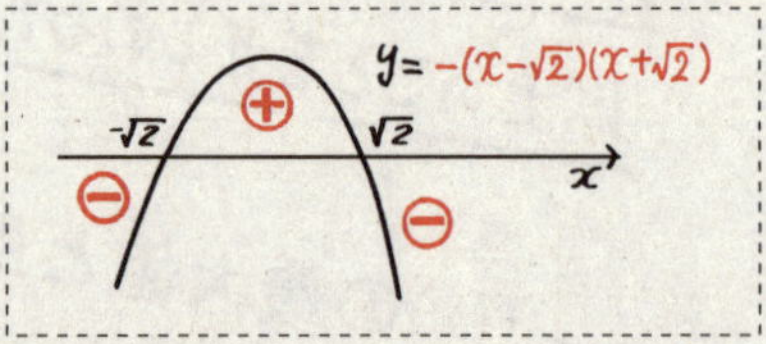

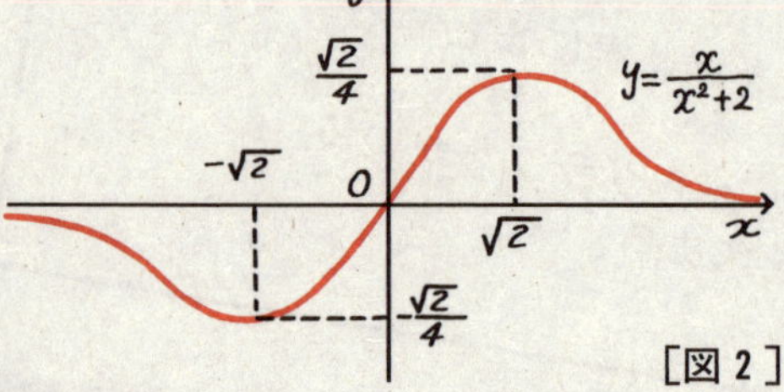

［図 2］

さらに，

$$\begin{cases} \displaystyle\lim_{x\to\infty}\frac{x}{x^2+2}=0 \\ \displaystyle\lim_{x\to-\infty}\frac{x}{x^2+2}=0 \end{cases}$$ を考え，

$f(x)=\dfrac{x}{x^2+2}$ のグラフは［図 2］のようになる。

さて，これから

$f(x)=\dfrac{x}{x^2+2}$ と $a \leqq x \leqq a+1$ の関係について考えよう。

a を動かしていくと，最小値は 次の 4 通りが考えられるよね。 ◀ 必ず自分で グラフをかいて 考えてみること！

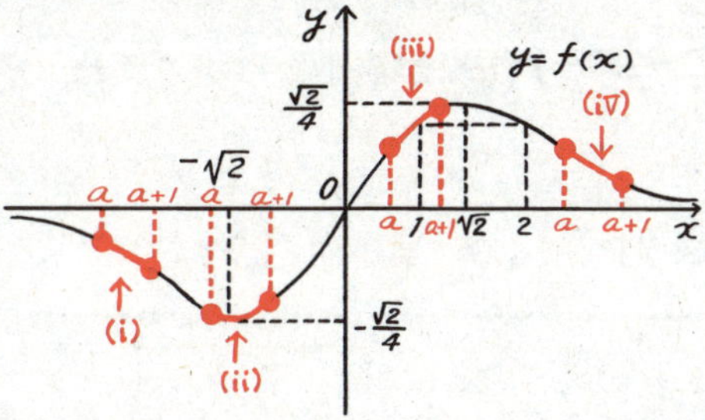

(i)のときは $f(a+1)$ で最小値
(ii)のときは $f(-\sqrt{2})$ で最小値
(iii)のときは $f(a)$ で最小値
(iv)のときは $f(a+1)$ で最小値

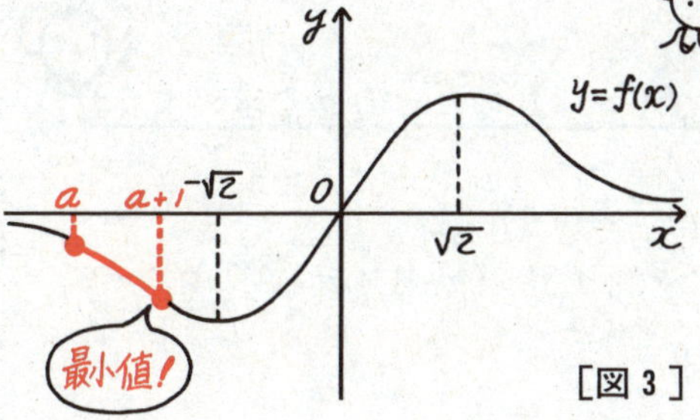

(i)　$a+1 \leqq -\sqrt{2}$ のとき

グラフは［図 3］のようになるので，
$f(a+1)$ が最小値になるよね。

［図 3］ ◀ f(a+1) で最小値をとるとき！

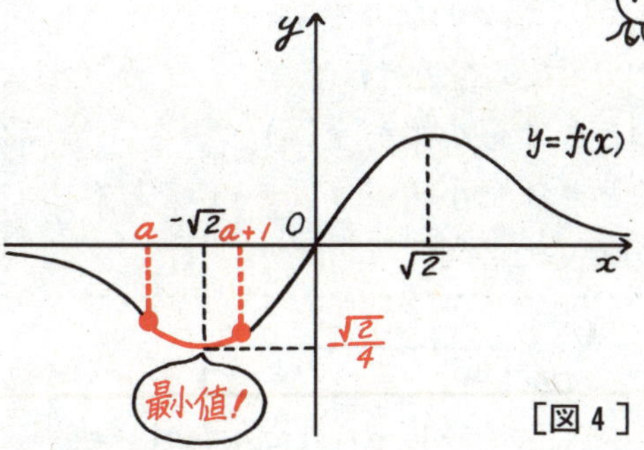

(ii)　$a \leqq -\sqrt{2} \leqq a+1$ のとき

グラフは［図 4］のようになるので，
$f(-\sqrt{2}) = -\dfrac{\sqrt{2}}{4}$ が最小値になるよね。

［図 4］ ◀ f(−√2) で最小値をとるとき！

下の《注》を見よ！

(iii) $-\sqrt{2} \leqq a \leqq 1$ のとき

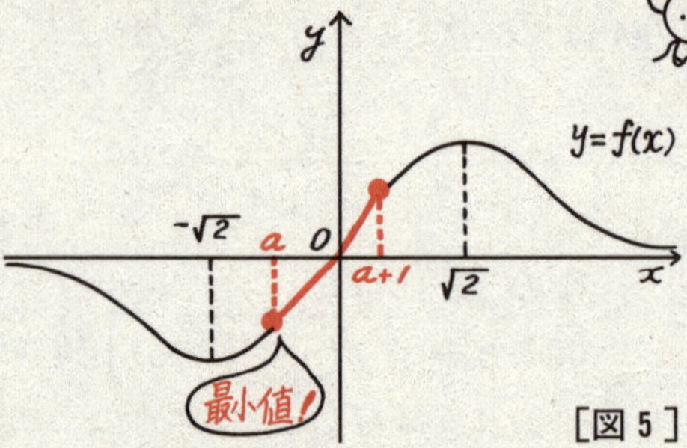

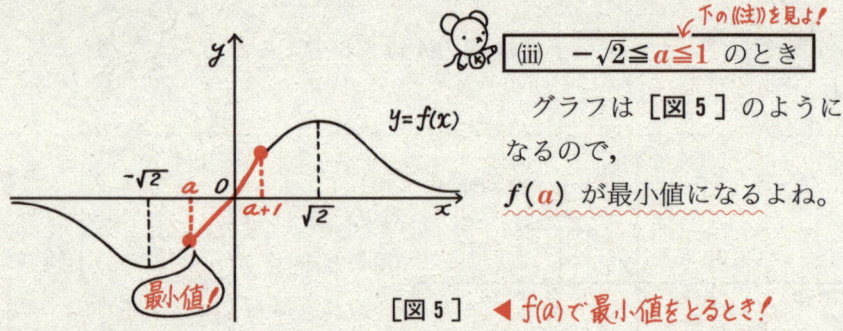

グラフは［図 5］のようになるので，
$f(a)$ が最小値になるよね。

［図 5］ ◀ f(a)で最小値をとるとき！

《注》

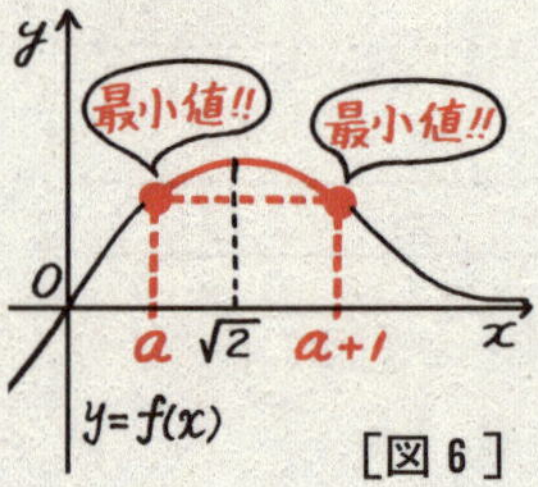

［図 6］

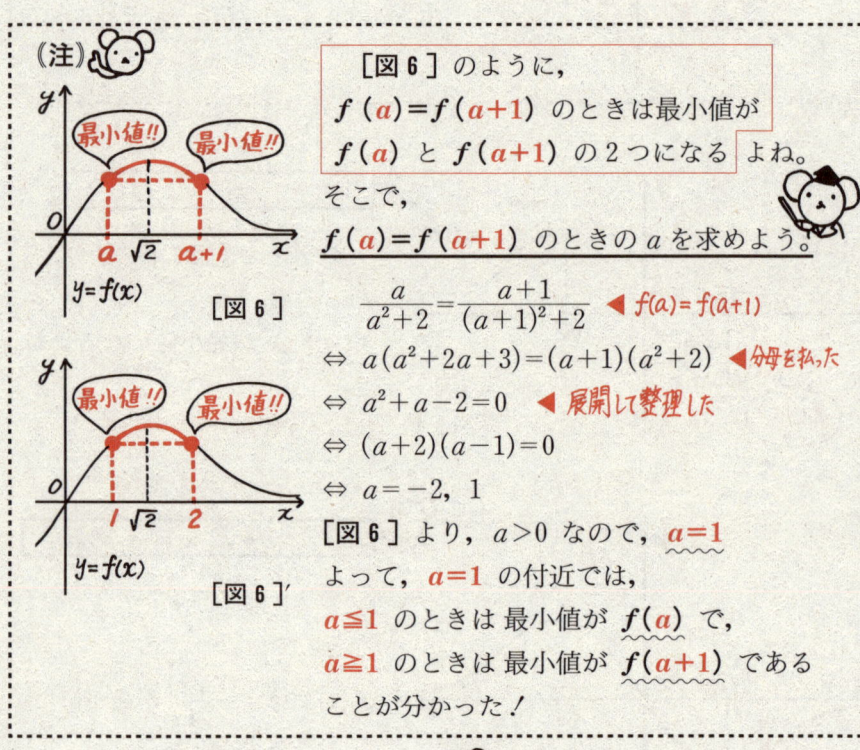

［図 6］のように，
$f(a)=f(a+1)$ のときは最小値が
$f(a)$ と $f(a+1)$ の 2 つになるよね。
そこで，
$f(a)=f(a+1)$ のときの a を求めよう。

$$\frac{a}{a^2+2}=\frac{a+1}{(a+1)^2+2}$$ ◀ f(a)=f(a+1)

$\Leftrightarrow\ a(a^2+2a+3)=(a+1)(a^2+2)$ ◀ 分母を払った

$\Leftrightarrow\ a^2+a-2=0$ ◀ 展開して整理した

$\Leftrightarrow\ (a+2)(a-1)=0$

$\Leftrightarrow\ a=-2,\ 1$

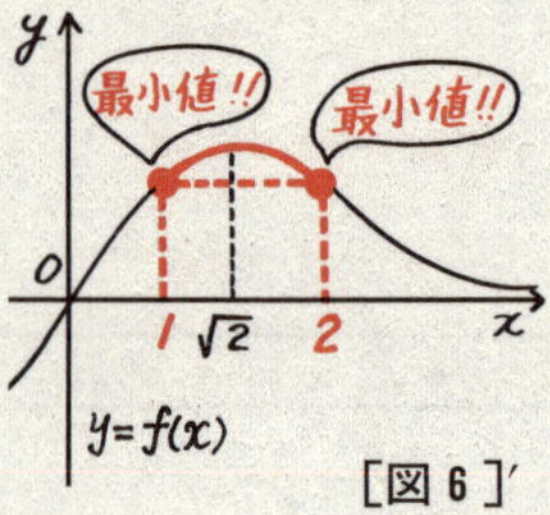

［図 6］′

［図 6］より，$a>0$ なので，$a=1$
よって，$a=1$ の付近では，
$a \leqq 1$ のときは 最小値が $f(a)$ で，
$a \geqq 1$ のときは 最小値が $f(a+1)$ である
ことが分かった！

(iv) $a \geqq 1$ のとき ◀［図6］′を参照！

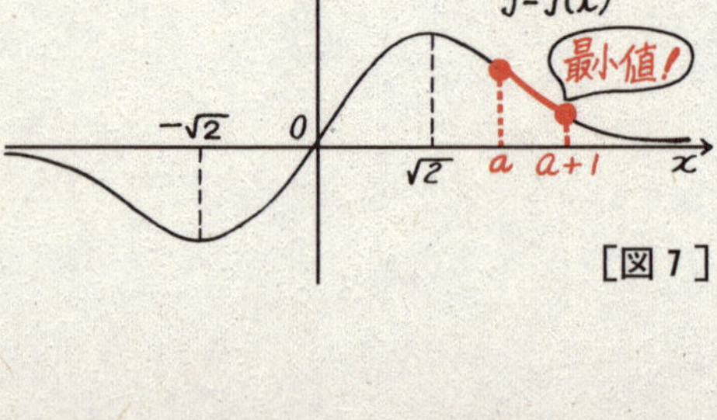

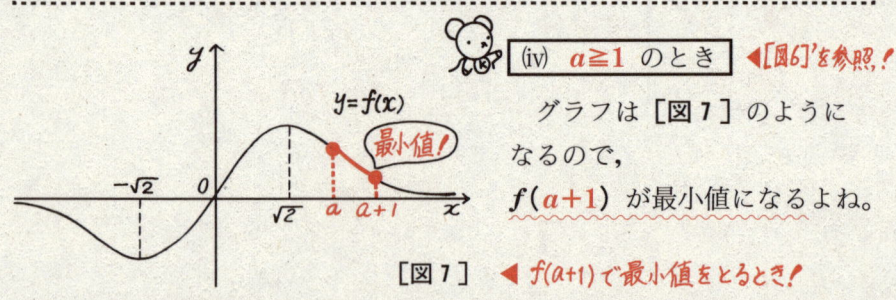

グラフは［図 7］のようになるので，
$f(a+1)$ が最小値になるよね。

［図 7］ ◀ f(a+1)で最小値をとるとき！

[解答]

$f(x)=\dfrac{x}{x^2+2}$ より，

$$f'(x)=\frac{x^2+2-x\cdot 2x}{(x^2+2)^2}$$ ◀ $\left(\dfrac{x}{x^2+2}\right)'=\dfrac{(x)'(x^2+2)-x(x^2+2)'}{(x^2+2)^2}$

$$=\frac{-(x-\sqrt{2})(x+\sqrt{2})}{(x^2+2)^2}$$ ◀ $(x^2+2)^2>0$ より，$f'(x)$ の符号は $-(x-\sqrt{2})(x+\sqrt{2})$ によって決まる！

よって，増減表は次のようになる。

x		$-\sqrt{2}$		$\sqrt{2}$	
$f'(x)$	$-$	0	$+$		$-$
$f(x)$	↘	$-\dfrac{\sqrt{2}}{4}$	↗	$\dfrac{\sqrt{2}}{4}$	↘

◀ 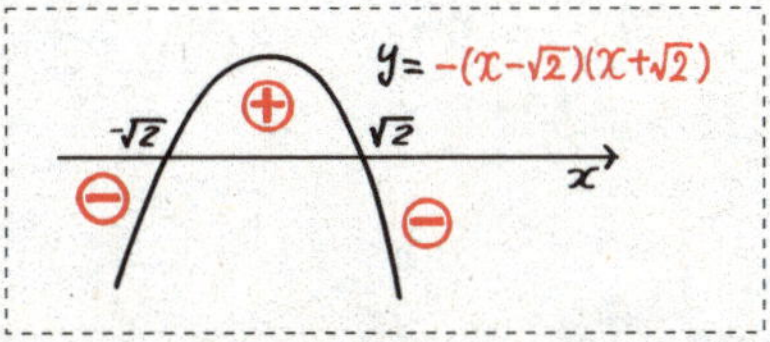

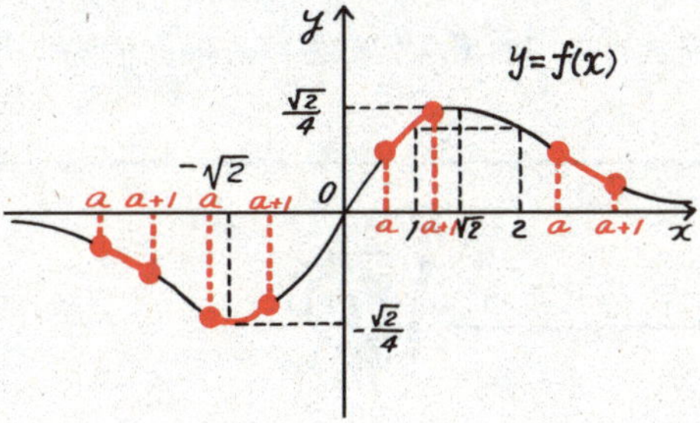

よって，

$$\begin{cases}\displaystyle\lim_{x\to\infty}\frac{x}{x^2+2}=0\\ \displaystyle\lim_{x\to-\infty}\frac{x}{x^2+2}=0\end{cases}$$ を考え，

$f(x)=\dfrac{x}{x^2+2}$ のグラフは左図のようになる。◀ [考え方]参照

上図より，

$a\leqq-\sqrt{2}-1$ のとき ◀ $a+1\leqq-\sqrt{2}$ のとき

最小値 $F(a)=\boldsymbol{f(a+1)}$

$-\sqrt{2}-1\leqq a\leqq-\sqrt{2}$ のとき ◀ $a\leqq-\sqrt{2}\leqq a+1$ のとき

最小値 $F(a)=f(-\sqrt{2})=\boldsymbol{-\dfrac{\sqrt{2}}{4}}$

$-\sqrt{2}\leqq a\leqq 1$ のとき

最小値 $F(a)=\boldsymbol{f(a)}$

$a\geqq 1$ のとき

最小値 $F(a)=\boldsymbol{f(a+1)}$

以上より，

$\boldsymbol{a \leqq -\sqrt{2}-1}$，$\boldsymbol{a \geqq 1}$ のとき，$F(a)=\boldsymbol{f(a+1)}$ //

$\boldsymbol{-\sqrt{2}-1 \leqq a \leqq -\sqrt{2}}$ のとき，$F(a)=\boldsymbol{-\dfrac{\sqrt{2}}{4}}$ //

$\boldsymbol{-\sqrt{2} \leqq a \leqq 1}$ のとき，$F(a)=\boldsymbol{f(a)}$ //

[Comment]

場合分けにおいて すべてに等号を入れているが，一般に 等号が入っていた方が分かりやすいので，特に支障がない限り 私はできる限り等号を入れるようにしている。

例題 32

$y=\log x-a(x-1)$（a は正の定数）の $1 \leqq x \leqq 2$ における最大値を $f(a)$ とするとき，$y=f(a)$ のグラフをかけ。

[考え方]

とりあえず，増減表をかくために微分しよう。

$y=\log x-a(x-1)$ より，

$y'=\dfrac{1}{x}-a$　◀ $y'=g(x)-h(x)$ の形！（Point 4.1）

よって，y' の符号は $g(x)=\dfrac{1}{x}$ と $h(x)=a$ のグラフの上下関係によって決まる よね！

さらに，「aは正の定数」ということしか分かっていないので，

$g(x)=\dfrac{1}{x}$（$1 \leqq x \leqq 2$）と $h(x)=a$（$a>0$）の位置関係は次の 3 通りが考えられるよね。

(i) $0<a\leqq\dfrac{1}{2}$ のとき

◀ $y=\dfrac{1}{x}$ $(1\leqq x\leqq 2)$ よりも $y=a$ が下にある場合

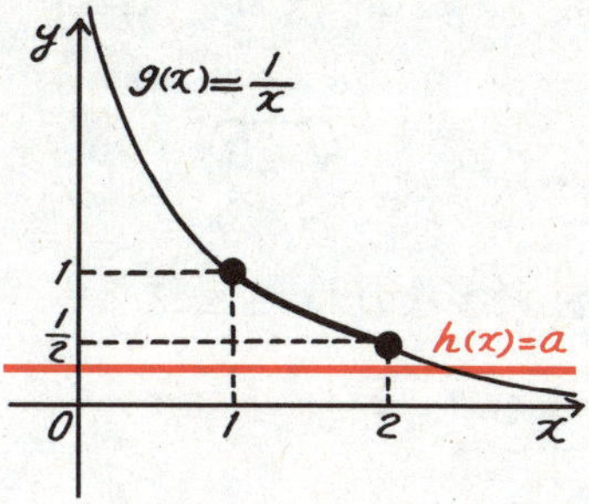

左図のように $\boxed{1\leqq x\leqq 2 \text{ では } \dfrac{1}{x}\geqq a}$

なので，

$y'=\dfrac{1}{x}-a\geqq 0$ だよね。

よって，増減表は次のようになる。

x	1		2
y'		$+$	
y	最小	↗	最大

◀ この場合は $x=2$ で最大値をとる！

(ii) $\dfrac{1}{2}\leqq a\leqq 1$ のとき

◀ $y=\dfrac{1}{x}$ $(1\leqq x\leqq 2)$ と $y=a$ が交わる場合

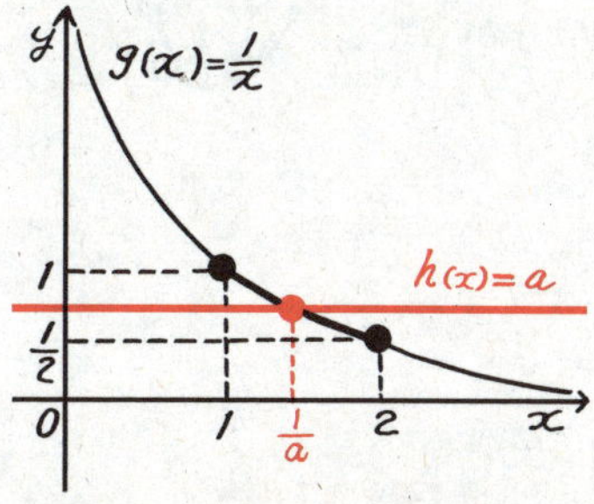

左図のように $\boxed{1\leqq x\leqq \dfrac{1}{a} \text{ では } \dfrac{1}{x}\geqq a}$

なので，

$y'=\dfrac{1}{x}-a\geqq 0$ だよね。

同様に $\boxed{\dfrac{1}{a}\leqq x\leqq 2 \text{ では } \dfrac{1}{x}\leqq a}$ なので，

$y'=\dfrac{1}{x}-a\leqq 0$ だよね。

よって，増減表は次のようになる。

x	1		$\dfrac{1}{a}$		2
y'		$+$	0	$-$	
y		↗	最大	↘	

◀ この場合は $x=\dfrac{1}{a}$ で最大値をとる！

(iii) $1 \leqq a$ のとき ◀ $y=\frac{1}{x}$ $(1 \leqq x \leqq 2)$ よりも $y=a$ が上にある場合

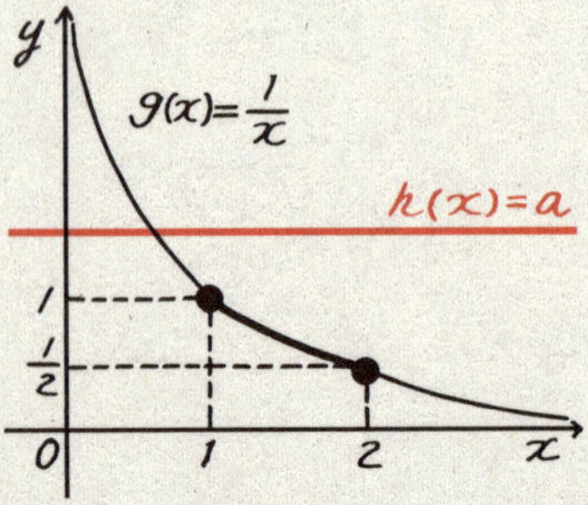

左図のように $1 \leqq x \leqq 2$ では $\frac{1}{x} \leqq a$ なので，

$y'=\frac{1}{x}-a \leqq 0$ だよね。

よって，増減表は次のようになる。

x	1		2
y'		$-$	
y	最大	↘	最小

◀ この場合は $x=1$ で最大値をとる！

以上より，(i)と(ii)と(iii)を考え

$0<a \leqq \frac{1}{2}$ のとき，$x=2$ で最大値をとり，
$\frac{1}{2} \leqq a \leqq 1$ のとき，$x=\frac{1}{a}$ で最大値をとり，
$1 \leqq a$ のとき，$x=1$ で最大値をとる ことが分かった！

[解答]

$y=\log x-a(x-1)$ より，$y'=\frac{1}{x}-a$

(i) $0<a \leqq \frac{1}{2}$ のとき

x	1		2
y'		$+$	
y		↗	$-a+\log 2$

増減表より，◀ [考え方]参照
$x=2$ のとき最大値をとるので，
最大値 $f(a)=-a+\log 2$ ◀ 傾きが -1 の直線！

(ii) $\frac{1}{2} \leqq a \leqq 1$ のとき

x	1		$\frac{1}{a}$		2
y'		$+$	0	$-$	
y		↗	$-\log a+a-1$	↘	

増減表より，◀ [考え方]参照
$x=\frac{1}{a}$ のとき最大値をとるので，
最大値 $f(a)=-\log a+a-1$ ……(＊)
↑ グラフの形はすぐには分からない！

(iii)　1≦a のとき

x	1		2
y'		−	
y	0	↘	

増減表より，　◀[考え方]参照
$x=1$ のとき最大値をとるので，
最大値　$f(a)=0$

ここで，(ii)の
$f(a)=-\log a+a-1\ \left(\dfrac{1}{2}\leqq a\leqq 1\right)$ ……(＊) のグラフについて考える。

$f'(a)=-\dfrac{1}{a}+1$ より，
増減表は 次のようになるので，
グラフは 右図のようになる
ことが分かる。

a	$\dfrac{1}{2}$		1
$f'(a)$		−	0
$f(a)$	$\log 2-\dfrac{1}{2}$	↘	0

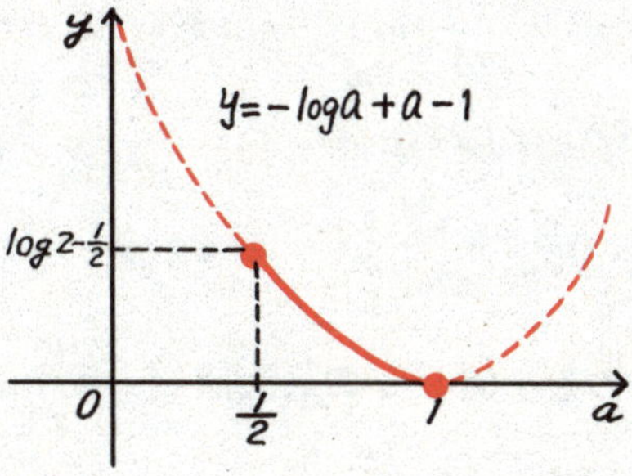

以上より，(i)と(ii)と(iii)を考え
$y=f(a)$ を図示すると 次のようになる。

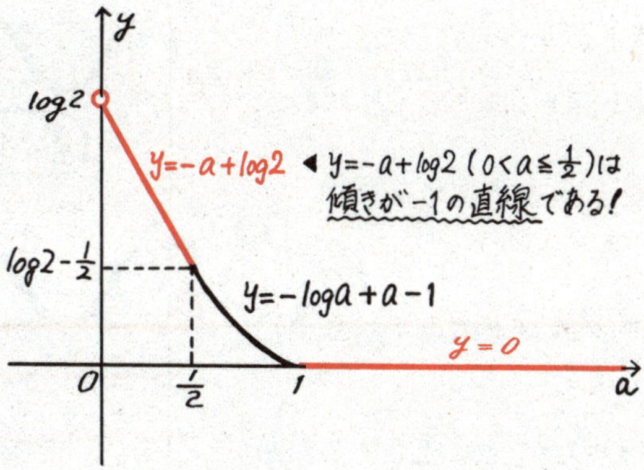

例題 33

x がどのような正の数であっても，
$e^x \geqq ax^n$ となるような a の最大値を求めよ。
ただし，n は一定の自然数とする。　［慶大-医］

[考え方]

まず，文字定数の a が入っていると考えにくいので，
Point 5.1 の「定数は分離せよ」に従って，a について解こう！

すると，

$e^x \geqq ax^n \Leftrightarrow \dfrac{e^x}{x^n} \geqq a$ ……(＊)　◀ 両辺を $x^n(>0)$ で割って，a について解いた！

が得られるよね。

さて，実は $\dfrac{e^x}{x^n} \geqq a$ ……(＊) という式から

$\dfrac{e^x}{x^n}$ **の最小値と a の最大値が一致する** ということが分かるんだけど，

これは何故だか分かるかい？　◀ 次の［解説］を見よ！

[解説] ～「$\dfrac{e^x}{x^n}$ の最小値＝a の最大値」の理由について～

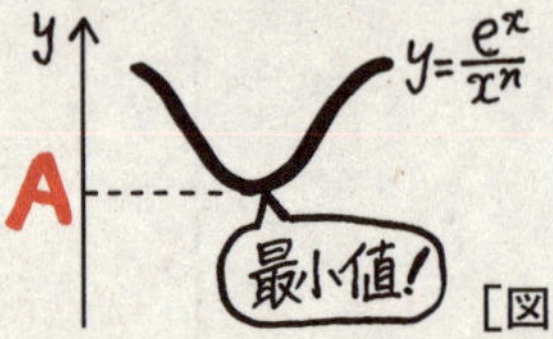

［図 1］

まず，［図 1］のように，
$y=\dfrac{e^x}{x^n}$ **の最小値**を A(一定) とおくと，

$\dfrac{e^x}{x^n} \geqq A$(一定)　がいえるよね。

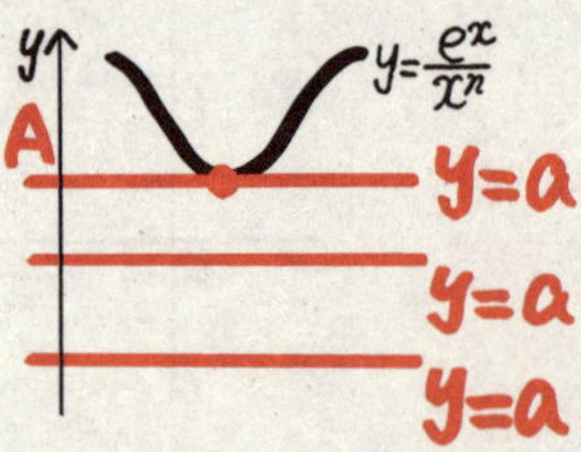

［図 2］

ここで，
すべての x(▶グラフ上の点すべて！)
について
$\dfrac{e^x}{x^n} \geqq a$ ……(＊) が常に成立するため
には，a は［図 2］のように
A(一定) $\geqq a$　でなければならないよね。

さらに，A(一定) $\geqq a$ より，　◀ a は A 以下！

a の最大値は **A(一定)** だと分かるよね。

よって，A(一定) は $\dfrac{e^x}{x^n}$ **の最小値**なので，

$\dfrac{e^x}{x^n}$ **の最小値**と **a の最大値**は一致するのである！

Point 6.1　**〈$f(x) \geqq a$ がすべての x について成立する条件とは？〉**

$f(x)$ の最小値を A とおくと，

$f(x) \geqq a$ がすべての x について成立するためには

$A \geqq a$ であればよい。　◀「a の最大値」＝「A（$f(x)$ の最小値）」を表す！

よって，$\dfrac{e^x}{x^n} \geqq a$ ……（＊）より，**Point 6.1** を考え

$f(x)=\dfrac{e^x}{x^n}$ の最小値を求めれば，a の最大値が求められる　よね！

[解答]

$e^x \geqq ax^n$

$\Leftrightarrow \dfrac{e^x}{x^n} \geqq a$ ……（＊）　◀ 両辺を $x^n(>0)$ で割って，a について解いた！

ここで，$f(x)=\dfrac{e^x}{x^n}$ の最小値を求める。

$$f'(x)=\frac{e^x x^n - ne^x x^{n-1}}{x^{2n}}$$　◀ $\left(\dfrac{e^x}{x^n}\right)'=\dfrac{(e^x)'x^n-e^x(x^n)'}{(x^n)^2}$

$$=\frac{e^x x^{n-1}(x-n)}{x^{2n}}$$ より，　◀ $\dfrac{e^x x^{n-1}}{x^{2n}} \geqq 0$ より，$f'(x)$ の符号は $x-n$ によって決まる！

増減表は次のようになる。

x	0		n	
$f'(x)$		$-$	0	$+$
$f(x)$		↘	$\dfrac{e^n}{n^n}$	↗

◀ 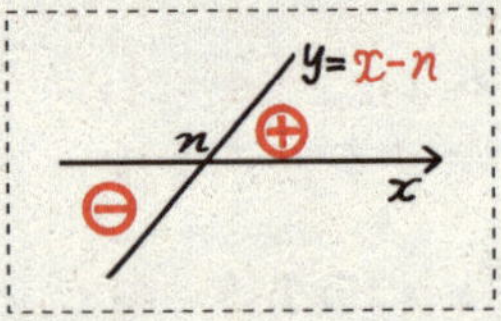

増減表より，$f(x)$ の最小値は $f(n)=\dfrac{e^n}{n^n}$ である。

よって，

$\dfrac{e^x}{x^n} \geqq a$ ……(∗) より，a の最大値は $\dfrac{e^x}{x^n}$ の最小値と一致する ので，

↖ Point 6.1

$(a\text{ の最大値})=\dfrac{e^n}{n^n}$ // ◀ $(a\text{ の最大値})=\left(\dfrac{e^x}{x^n}\text{ の最小値}\right)$

例題 34

$0<x<\pi$ で常に $p\sin x \leqq \dfrac{1}{1-\cos x}$ を満たす

p の最大値を求めよ。

[考え方]

とりあえず，**例題 33** と同様に

$p\sin x \leqq \dfrac{1}{1-\cos x}$ を定数の p について解こう！

$$p\sin x \leqq \frac{1}{1-\cos x}$$

$$\Leftrightarrow \ p \leqq \frac{1}{\sin x(1-\cos x)} \ \cdots\cdots(*)$$

◀ $0<x<\pi$ のとき $\sin x>0$ なので，$\sin x$ で割っても不等号の向きは変わらない！

ここで，

$p \leqq \dfrac{1}{\sin x(1-\cos x)}$ ……(∗) より，***Point 6.1*** を考え

$\dfrac{1}{\sin x(1-\cos x)}$ の最小値と **p の最大値**が一致する ことが分かるので，

$f(x)=\dfrac{1}{\sin x(1-\cos x)}$ の最小値について考えよう。

$\dfrac{1}{\sin x(1-\cos x)}$ の最小値を求めるには，通常は P.123 でいったように

$\dfrac{1}{\sin x(1-\cos x)}$ を微分するんだよね。

でも，$\dfrac{1}{\sin x(1-\cos x)}$ を微分して最小値を求めるのは

ちょっと面倒だよね。そこで もう少し考えてみよう。

まず $\dfrac{1}{\sin x(1-\cos x)}$ は $\dfrac{a}{g(x)}$（a は定数）の形だよね。

実は，$\dfrac{a}{g(x)}$ の形の最大・最小については

次のように考えると 計算がラクになるんだよ。

$f(x)=\dfrac{1}{\sin x(1-\cos x)}$ の分子は 1（◀一定）なので，

分母の $\sin x(1-\cos x)$ が**最大**になるとき，

$\dfrac{1}{\sin x(1-\cos x)}$ は**最小**になる　よね！

そこで，$\dfrac{1}{\sin x(1-\cos x)}$ の最小値を求めるために，

分母の $g(x)=\sin x(1-\cos x)$ の最大値について考えよう。

Point 6. 2　**〈$f(x)=\dfrac{a}{g(x)}$ の形の最大・最小の求め方〉**

$f(x)=\dfrac{a}{g(x)}$（a は正の定数）において，

$g(x)$ が**最大**のとき $f(x)$ は**最小**になり
$g(x)$ が**最小**のとき $f(x)$ は**最大**になる　ことを考え，

$f(x)$ の最大・最小問題では，**$g(x)$ の最大・最小**について考えよ！

$g(x)=\sin x-\sin x\cos x$ より，◀ $g(x)=\sin x(1-\cos x)$

$g'(x)=\cos x-\cos^2 x+\sin^2 x$ ◀ $(\sin x\cos x)'=(\sin x)'\cos x+\sin x(\cos x)'$

$=\cos x-\cos^2 x+(1-\cos^2 x)$ ◀ $\sin^2 x=1-\cos^2 x$

$=-2\cos^2 x+\cos x+1$ ◀ $\cos x$ だけの式！

$=(2\cos x+1)(-\cos x+1)$ ◀ 因数分解した

$g'(x)$ の符号を調べやすくするために $\sin^2 x+\cos^2 x=1$ を使って $\sin^2 x$ を消去し $\cos x$ だけの式にする！

$0<x<\pi$ のとき $-1<\cos x<1$ なので，

$(-\cos x+1)>0$ がいえるよね。

よって，$g'(x)$ の符号は $2\cos x+1$ によって決まるよね！

そこで，

$h(x)=2\cos x-(-1)$ ◀「関数の差の形」にした！（▶Point 4.1）

について考えよう！

$y=2\cos x$ と $y=-1$ のグラフは下図のようになるよね。

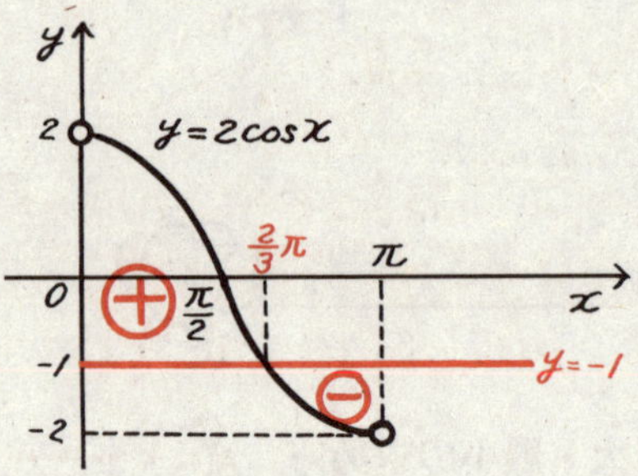

よって，$0<x<\frac{2}{3}\pi$ のとき

$2\cos x>-1$ より，◀ 左図を見よ

$h(x)=2\cos x-(-1)>0$ となり，

同様に $\frac{2}{3}\pi<x<\pi$ のとき

$2\cos x<-1$ より，◀ 左図を見よ

$h(x)=2\cos x-(-1)<0$ となる。

x	0		$\frac{2}{3}\pi$		π
$g'(x)$		+	0	−	
$g(x)$		↗	$\frac{3\sqrt{3}}{4}$	↘	

よって，$g'(x)$ と $h(x)$ の符号が等しいことを考え，

左の増減表が得られる！

増減表から，$x=\frac{2}{3}\pi$ のとき $g(x)$ は最**大**値 $\frac{3\sqrt{3}}{4}$ をとることが分かるよね。

さらに，$f(x)=\frac{1}{g(x)}$ より，　◀ $g(x)=\sin x(1-\cos x)$

$f(x)$は $x=\frac{2}{3}\pi$ のとき最**小**値 $\frac{1}{\frac{3\sqrt{3}}{4}}=\frac{4}{3\sqrt{3}}$ をとることが分かる！//

[解答]

$$p\sin x \leqq \frac{1}{1-\cos x}$$

$$\Leftrightarrow\ p \leqq \frac{1}{\sin x(1-\cos x)}$$　◀ 両辺を $\sin x(>0)$ で割って，pについて解いた！

よって，

p の最大値と $\frac{1}{\sin x(1-\cos x)}$ **の最小値**は一致する。……(＊)　◀ Point 6.1

さらに，

$\frac{1}{\sin x(1-\cos x)}$ が最小値をとるとき $\sin x(1-\cos x)$ は最大値をとるので，

$g(x)=\sin x(1-\cos x)$ の最大値を求める。……(＊＊)　◀ Point 6.2

$$\begin{aligned} g'(x)&=\cos x(1-\cos x)+\sin x\cdot\sin x \\ &=\cos x-\cos^2 x+\sin^2 x \\ &=-2\cos^2 x+\cos x+1 \\ &=(2\cos x+1)(-\cos x+1) \end{aligned}$$

◀ $g'(x)=(\sin x)'(1-\cos x)+\sin x(1-\cos x)'$

◀ $\sin^2 x=1-\cos^2 x$

◀ $-\cos x+1>0$ より，$g'(x)$の符号は $2\cos x+1$ によって決まる！

より，増減表は次のようになる。

x	0		$\frac{2}{3}\pi$		π
$g'(x)$		+	0	−	
$g(x)$		↗	$\frac{3\sqrt{3}}{4}$	↘	

◀

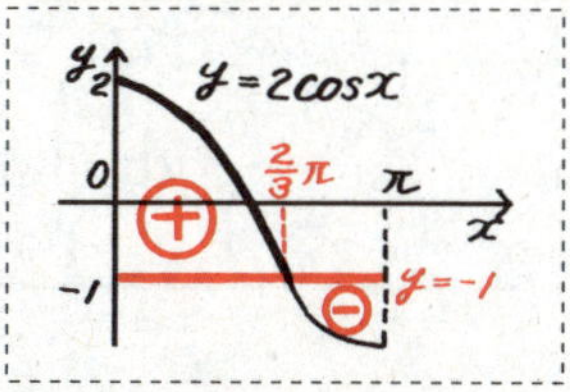

よって，

$g(x)$ の最大値は $\mathbf{\dfrac{3\sqrt{3}}{4}}$ なので，(＊＊) を考え，

$f(x)$ の最小値は $\mathbf{\dfrac{4}{3\sqrt{3}}}$ である。 ◀ $f(x)=\dfrac{1}{g(x)}$

さらに，(＊)より，

$(p$ の最大値$)=\dfrac{4}{3\sqrt{3}}=\mathbf{\dfrac{4\sqrt{3}}{9}}$ // ◀ $\dfrac{4}{3\sqrt{3}}\cdot\dfrac{\sqrt{3}}{\sqrt{3}}=\dfrac{4\sqrt{3}}{3\cdot 3}=\dfrac{4\sqrt{3}}{9}$

例題 35 

すべての正の数 x に対して

$\dfrac{1}{x}+3\geqq a\log\left(\dfrac{3x+1}{2x}\right)$ が成り立つような定数 a のうちで

最大のものを求めよ。 ［東京学芸大］

[考え方]

この問題でも，***Point 5.1*** の「定数は分離せよ」に従って，

とりあえず a について解こう！

$$\frac{1}{x}+3\geqq a\log\left(\frac{3x+1}{2x}\right)$$

$$\Leftrightarrow\ \frac{\frac{1}{x}+3}{\log\left(\frac{3x+1}{2x}\right)}\geqq a\ \cdots\cdots(*)$$

◀ aについて解いた！

(＊)から **a の最大値と $\mathbf{\dfrac{\frac{1}{x}+3}{\log\left(\frac{3x+1}{2x}\right)}}$ の最小値**が一致する ◀ Point 6.1

ことが分かるので，$\dfrac{\frac{1}{x}+3}{\log\left(\frac{3x+1}{2x}\right)}$ の最小値について考えよう。

しかし，$\dfrac{\frac{1}{x}+3}{\log\left(\frac{3x+1}{2x}\right)}$ を微分して最小値を求めるのは

ちょっと面倒くさそうだよね。

そこで，**例題 34** と同様に，ちょっと立ち止まって考えてみよう。

まず，分子の $\dfrac{1}{x}+3$ は $\dfrac{1}{x}+3=\dfrac{\mathbf{3x+1}}{\mathbf{x}}$ と書け，◀分母をそろえた

分母にある $\dfrac{3x+1}{2x}$ と ほとんど同じ形になるよね。

そこで，分母の $\dfrac{3x+1}{2x}$ を $\dfrac{3x+1}{2x}=t$ とおく と，◀式を見やすくする!

分子の $\dfrac{3x+1}{x}$ は $2t$ と書けるよね。◀ $\dfrac{3x+1}{x}=2\cdot\dfrac{3x+1}{2x}=2t$

つまり，この問題は $\dfrac{3x+1}{2x}=t$ ……① とおくだけで，

$\dfrac{\frac{1}{x}+3}{\log\left(\frac{3x+1}{2x}\right)}=\dfrac{\mathbf{2t}}{\mathbf{\log t}}$ となり，簡単な問題に変えられるのである!

このように，計算が大変そうな問題を解くときには
ちょっと立ち止まって“式の特殊性”などに着目したりして
うまく解ける方法を探してみることが とても重要なんだよ。

さて ここで，

$\dfrac{3x+1}{2x}=t$ ……① から t の範囲を求めよう。◀置き換えをしたときには必ず範囲を考えよ!

$$t=\frac{3x+1}{2x}$$
$$=\frac{3}{2}+\frac{1}{2x}$$

◀ $\frac{3x+1}{2x}=\frac{3x}{2x}+\frac{1}{2x}=\frac{3}{2}+\frac{1}{2x}$

問題文より $x>0$ なので，$\frac{1}{x}>0$ だよね。

よって，$t=\frac{3}{2}+\frac{1}{2}\cdot\frac{1}{x}$

$\Leftrightarrow$ $t>\frac{3}{2}$ がいえるよね。 ◀ $\frac{1}{2}\cdot\frac{1}{x}>0$ より！

あとは，$t>\frac{3}{2}$ のときの $\frac{2t}{\log t}$ の最小値を求めれば終わりだね！

[解答]

$$\frac{1}{x}+3\geqq a\log\left(\frac{3x+1}{2x}\right)$$

$$\Leftrightarrow \frac{\frac{1}{x}+3}{\log\left(\frac{3x+1}{2x}\right)}\geqq a$$

◀ a について解いた！

$$\Leftrightarrow \frac{\frac{3x+1}{x}}{\log\left(\frac{3x+1}{2x}\right)}\geqq a \quad \cdots\cdots ①$$

◀ $\frac{1}{x}+3=\frac{1+3x}{x}$

ここで，$\boxed{\frac{3x+1}{2x}=t \text{ とおく}}$ と， ◀ 式を見やすくする！

① $\Leftrightarrow$ $\frac{2t}{\log t}\geqq a$ ……①′ となり，

さらに，問題文の $x>0$ より，

$t=\frac{3}{2}+\frac{1}{2x}$ $\Leftrightarrow$ $t>\frac{3}{2}$ ……② が得られる。

◀ $t=\frac{3x+1}{2x}=\frac{3x}{2x}+\frac{1}{2x}=\frac{3}{2}+\frac{1}{2x}$ （$\frac{1}{2x}$：正）$>\frac{3}{2}$

ここで①′より，

a の最大値と $\dfrac{2t}{\log t}$ の最小値が一致する ……(＊) ので，◀ Point 6.1

$f(t)=\dfrac{2t}{\log t}\ \left(t>\dfrac{3}{2}\right)$ の最小値を求める。

$$f'(t)=\frac{2\log t-2t\cdot\frac{1}{t}}{(\log t)^2}$$ ◀ $\left(\dfrac{2t}{\log t}\right)'=\dfrac{(2t)'\log t-2t(\log t)'}{(\log t)^2}$

$$=\frac{2(\log t-1)}{(\log t)^2}$$ ◀ $\dfrac{2}{(\log t)^2}\geqq 0$ より，$f'(t)$ の符号は $\log t-1$ によって決まる！

より，増減表は 次のようになる。

t	$\frac{3}{2}$		e	
$f'(t)$		$-$	0	$+$
$f(t)$		↘	$2e$	↗

◀

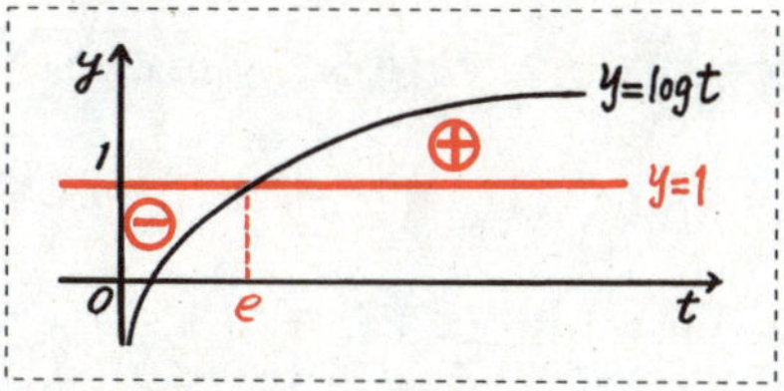

よって，$f(t)=\dfrac{2t}{\log t}$ の最小値は $2e$ であることが分かるので，

(＊)より，(a の最大値)$=$**$2e$**//

例題 36

関数 $f(x)=\left(1-\dfrac{a}{2}\cos^2 x\right)\sin x$ が $x=\dfrac{\pi}{2}$ で最大値 1 をとるという。

このとき a の範囲を求めよ。

[考え方]

まず，「$\left(1-\dfrac{a}{2}\cos^2 x\right)\sin x$ の最大値が 1」ということを式で表すと

どうなるのか分かるかい？

$\left(1-\dfrac{a}{2}\cos^2 x\right)\sin x$ は絶対に 1 を超えないので，

$\boxed{\left(1-\dfrac{a}{2}\cos^2 x\right)\sin x \leqq 1}$ ……(＊) と書けるよね！

つまり この問題は，

$\left(1-\dfrac{a}{2}\cos^2 x\right)\sin x \leqq 1$ ……(＊) という不等式について考えればいいんだよ。

そこで これから，(＊)を満たす a について考えよう。

だけど，$\left(1-\dfrac{a}{2}\cos^2 x\right)\sin x \leqq 1$ ……(＊) は

$\sin x$ と $\cos x$ が入り混じっていて 考えにくいよね。

そこで，$\boxed{\cos^2 x = 1-\sin^2 x \text{ を使って } \sin x \text{ だけの式にしよう！}}$

$$\sin x-\frac{a}{2}\cos^2 x\sin x \leqq 1$$ ◀ $\left(1-\frac{a}{2}\cos^2 x\right)\sin x \leqq 1$ ……(＊)

$$\Leftrightarrow \sin x-\frac{a}{2}(1-\sin^2 x)\sin x \leqq 1$$ ◀ $\sin x$ だけの式！

とりあえず $\sin x$ だけの式になったので，(＊)に比べれば
考えやすくはなったけど，でも，やっぱり
三角関数の式だから考えにくいよね。
そこで 次の ***Point*** が重要になる！

Point 6. 3 〈三角関数で 1 変数の問題〉

三角関数の式で，$\sin x$ (or $\cos x$) **だけの式**のとき，
$\sin x = t$ (or $\cos x = t$) とおけ！

Point 6.3 に従って

$\boxed{\sin x = t \ (-1 \leqq t \leqq 1) \text{ とおく}}$ と， ◀ 置き換えをしたときには必ず範囲を考えること！

$$\sin x-\frac{a}{2}(1-\sin^2 x)\sin x \leqq 1$$

$\Leftrightarrow t-\dfrac{a}{2}(1-t^2)t \leqq 1$ ……(＊)′ のように 見やすくて考えやすい式になるよね！

つまり，この一見すると とても難しそうな問題は，結局は
次のような問題にすぎなかったんだよ。

例題 36′

$-1 \leqq t \leqq 1$ のとき，$t-\dfrac{a}{2}(1-t^2)t \leqq 1$ ……(＊)′ を満たす
a の範囲を求めよ。

これだったら なんとか解けそうだよね。
まず(＊)′ は“文字定数 a を含む方程式”なので，
Point 5.1 に従って a について解こう！

$$t+\frac{a}{2}(t^2-1)t \leqq 1 \quad \cdots\cdots (＊)'$$

$$\Leftrightarrow \frac{a}{2}(t^2-1)t \leqq 1-t$$

$$\Leftrightarrow a(t^2-1)t \leqq -2(t-1) \quad \cdots\cdots ①$$
◀ 両辺に 2 を掛けて分母を払った

$$\rightarrow a \leqq \frac{-2(t-1)}{(t^2-1)t} \quad \cdots\cdots ②$$
◀ 両辺を $(t^2-1)t$ で割った！

とりあえず，a について解いてみたけれど，この変形は正しいかい？
① ➡ ② の変形は 2 か所 おかしい所があるよね。

1. $(t^2-1)t$ で割っているが，$(t^2-1)t$ が **0** かもしれない！
[▶**0 で割ることはできない！**]
2. $(t^2-1)t$ で割っているが，$(t^2-1)t$ が**負**かもしれない！
[▶**負の数で割ったら不等号の向きが変わってしまう！**]

そこで，$(t^2-1)t$ について考えてみよう。

$(t^2-1)t=(t-1)(t+1)t$ より

$y=(t-1)(t+1)t$ のグラフは 次のようになるよね。 ◀ 3次関数のグラフの概形は知っていなければならない!

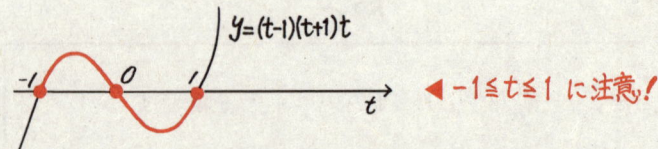

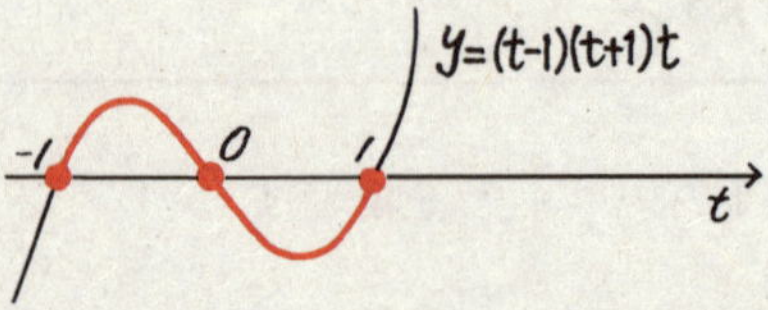

◀ $-1 \leqq t \leqq 1$ に注意!

このグラフから 次のことが分かるよね。

$t=1,\ 0,\ -1$ のとき, $(t-1)(t+1)t=0$
$-1<t<0$ のとき, $(t-1)(t+1)t>0$
$0<t<1$ のとき, $(t-1)(t+1)t<0$

よって,「$(t^2-1)t$ で割る」ためには 次のような場合分けが必要である!

(I) $(t-1)(t+1)t=0$ のとき ◀ この場合は $(t^2-1)t$ で割ることができない!

(i) $t=1$ のとき

$a(t-1)(t+1)t \leqq -2(t-1)$

$\Leftrightarrow a\cdot 0 \leqq 0$ ◀ $t=1$ を代入した

$\Leftrightarrow 0 \leqq 0$ となり, 任意の a について成り立つ。

(ii) $t=0$ のとき

$a(t-1)(t+1)t \leqq -2(t-1)$

$\Leftrightarrow a\cdot 0 \leqq 2$ ◀ $t=0$ を代入した

$\Leftrightarrow 0 \leqq 2$ となり, 任意の a について成り立つ。

(iii) $t=-1$ のとき

$a(t-1)(t+1)t \leqq -2(t-1)$

$\Leftrightarrow a\cdot 0 \leqq 4$ ◀ $t=-1$ を代入した

$\Leftrightarrow 0 \leqq 4$ となり, 任意の a について成り立つ。

(II)　$-1<t<0$ のとき　◀ $(t-1)(t+1)t>0$ のとき

$a(t-1)(t+1)t \leqq -2(t-1)$ を $(t-1)(t+1)t$ で割る と，

$$a \leqq \frac{-2(t-1)}{(t-1)(t+1)t}$$ ◀ $(t-1)(t+1)t>0$ なので，割っても不等号の向きは変わらない！

$$\therefore\quad a \leqq \frac{-2}{(t+1)t}$$ ◀ 分母分子の $(t-1)$ を約分した

(III)　$0<t<1$ のとき　◀ $(t-1)(t+1)t<0$ のとき

$a(t-1)(t+1)t \leqq -2(t-1)$ を $(t-1)(t+1)t$ で割る と，

$$a \geqq \frac{-2(t-1)}{(t-1)(t+1)t}$$ ◀ $(t-1)(t+1)t<0$ なので，割ったら不等号の向きが変わる！

$$\therefore\quad a \geqq \frac{-2}{(t+1)t}$$ ◀ 分母分子の $(t-1)$ を約分した

以上より，**例題 36′** は次のように書き直すことができる！

例題 36″

$-1<t<0$ のとき，$a \leqq \dfrac{-2}{(t+1)t}$ で，

$0<t<1$ のとき，$a \geqq \dfrac{-2}{(t+1)t}$ を満たす a の範囲を求めよ。

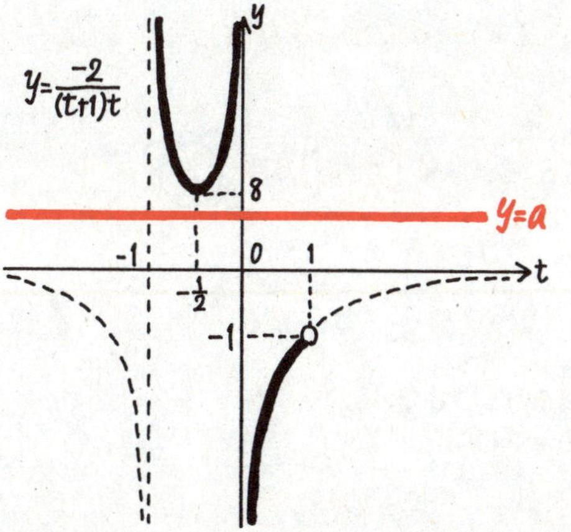

これだったら簡単だよね。

例題 20 より，

$y=\dfrac{-2}{(t+1)t}$ のグラフは，

左図のようになるよね。

よって，グラフを考え，

$a \leqq 8$ のときには

$a \leqq \dfrac{-2}{(t+1)t}$　$[-1<t<0]$

となり，

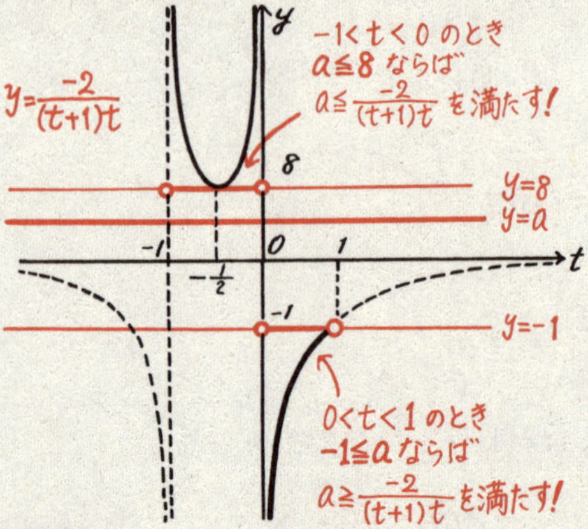

$-1\leqq a$ のときには

$$a\geqq\frac{-2}{(t+1)t}\quad[0<t<1]$$

となるので，

$-1\leqq a\leqq 8$ が答えだね！

[解答]

$\left(1-\frac{a}{2}\cos^2 x\right)\sin x$ の最大値は1なので，

$\left(1-\frac{a}{2}\cos^2 x\right)\sin x\leqq 1$

$\Leftrightarrow\ \sin x-\frac{a}{2}(1-\sin^2 x)\sin x\leqq 1$ ◀ $\cos^2 x=1-\sin^2 x$ を使ってsinだけの式にした！

ここで，$\sin x=t\ (-1\leqq t\leqq 1)$ とおく と，◀ 置き換えをしたときには必ず範囲を考えること！

$t-\frac{a}{2}(1-t^2)t\leqq 1$

$\Leftrightarrow\ 2t+a(t^2-1)t\leqq 2$ ◀ 両辺に2を掛けて分母を払った

$\Leftrightarrow\ a(t+1)(t-1)t\leqq -2(t-1)$ ……(＊) ◀ aについて整理した

$t=0,\ \pm1$ のとき(＊)は任意の a について成立する ので，以下，$t\neq 0,\ \pm1$ の場合について考える。◀ [考え方]参照

$-1<t<0$ のとき ◀ $(t-1)(t+1)t>0$ のとき

(＊)の両辺を $(t+1)(t-1)t\ [>0]$ で割る と，◀ aについて解く！

$$a\leqq\frac{-2(t-1)}{(t+1)(t-1)t}$$ ◀ $(t-1)(t+1)t>0$ なので，割っても不等号の向きは変わらない！

$$\therefore\ a\leqq\frac{-2}{(t+1)t}\ \cdots\cdots①$$ ◀ 分母分子の $(t-1)$ を約分した

$0<t<1$ のとき　◀ $(t-1)(t+1)t<0$ のとき

(＊) の両辺を $(t+1)(t-1)t$ $[<0]$ で割ると，◀ a について解く！

$$a \geqq \frac{-2(t-1)}{(t+1)(t-1)t}$$

◀ $(t-1)(t+1)t<0$ なので，割ったら不等号の向きが変わる！

$$\therefore\quad a \geqq \frac{-2}{(t+1)t} \quad\cdots\cdots ②$$

◀ 分母分子の $(t-1)$ を約分した

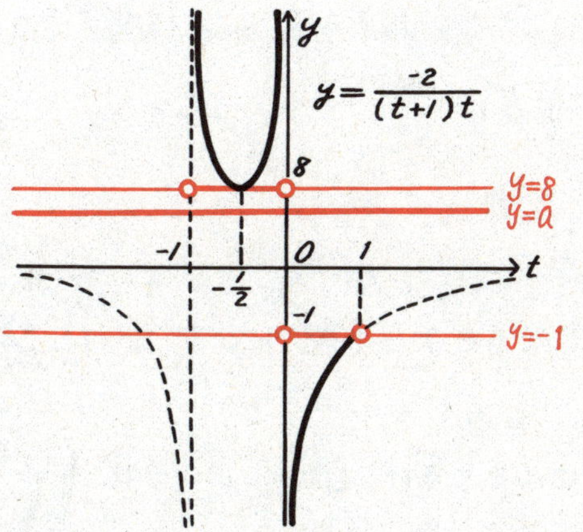

$y=\dfrac{-2}{(t+1)t}$

$(-1<t<0,\ 0<t<1)$　◀ $-1\leqq t\leqq 1$ の $t\neq 0, \pm 1$ の場合

のグラフをかくと，

左図のようになるので，

①，②より，

$\boldsymbol{-1 \leqq a \leqq 8}$　◀ [考え方]参照，

練習問題 14

$x\geqq 0$ で定義された関数 $f(x)=(x+1)^2\{(x-1)^2+k\}$ が

$x=0$ で最小値をとるという。

正の定数 k はいかなる範囲の値か。

例題 37

(1) 直径1の円に内接し，3辺のうちの1辺の長さが定数 a $(0<a<1)$ であるような三角形の面積の最大値を求めよ。

(2) 直径1の円に内接し，面積が最大になる三角形を求めよ。また，その面積を求めよ。

［東京学芸大］

［考え方］

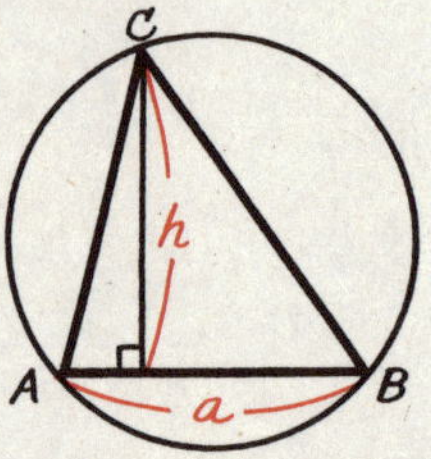

［図A］

［図A］のような三角形ABCについて考えよう。

三角形の面積 S は $\dfrac{(\text{底辺})\times(\text{高さ})}{2}$ なので，

$S=\dfrac{ah}{2}$ だよね。

問題文より，a は一定なので，**h が最大になるとき S も最大になる** よね。

さらに，

h が最大になるときは，［図B］のように円の中心を通るとき だよね。

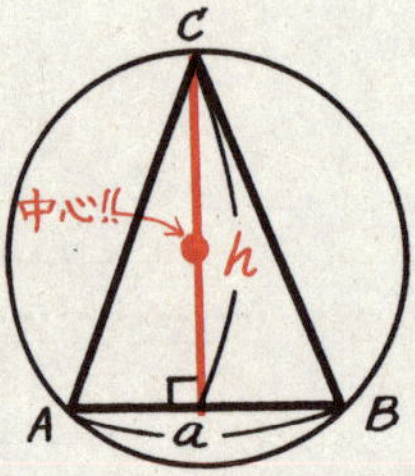

［図B］

よって，［図B］のときに三角形の面積が最大になることが分かる！

［解答］

(1)

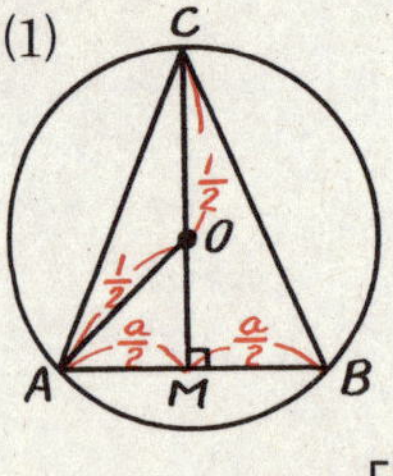

［図1］

AB$=a$（一定）より，

［図1］のように高さCMが最大のとき，

三角形ABCの面積は最大になる。

［図 2］を考え，三平方の定理より

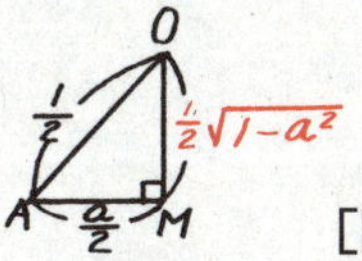

［図 2］

$$OM^2=\left(\frac{1}{2}\right)^2-\left(\frac{a}{2}\right)^2$$

$$=\frac{1}{4}(1-a^2)$$

$$\therefore\quad OM=\frac{1}{2}\sqrt{1-a^2}$$

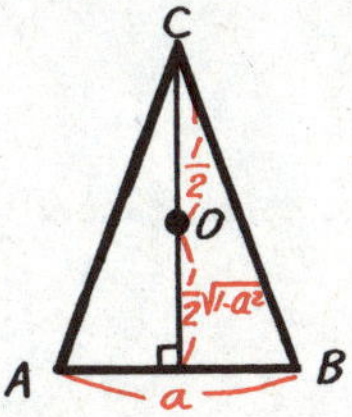

［図 3］

以上より，

（三角形の面積の最大値）　◀ $S=\frac{a}{2}h$

$$=\frac{a}{2}\cdot\left(\frac{1}{2}\sqrt{1-a^2}+\frac{1}{2}\right)$$

◀ $h=\frac{1}{2}\sqrt{1-a^2}+\frac{1}{2}$ のとき最大！

$$=\boldsymbol{\frac{a}{4}(\sqrt{1-a^2}+1)}$$ //

［考え方］

(2)　(1)では“一定”としていた（ABの長さ）の a を動かして円に内接する三角形の面積の最大値を求めよう。

(1)では「面積が最大になるときは明らか」だったけれど，
(2)では どんなときに面積が最大になるのか よく分からないよね。

▶「恐らく正三角形のときだろう」と予想はできるが，
決して“明らか”ではない！

そこで，(2)では

三角形の面積 $S(a)=\frac{a}{4}(\sqrt{1-a^2}+1)$ の最大値を 計算で求めよう！

最大値を求めるために，まず $S(a)=\frac{a}{4}(\sqrt{1-a^2}+1)$ を微分すると，

$$S'(a)=\left(\frac{a}{4}\right)'(\sqrt{1-a^2}+1)+\frac{a}{4}(\sqrt{1-a^2}+1)'$$

◀ $\{f(x)g(x)\}'=f'(x)g(x)+f(x)g'(x)$

$$=\frac{1}{4}(\sqrt{1-a^2}+1)+\frac{a}{4}\left(-\frac{a}{\sqrt{1-a^2}}\right)$$

◀ 次の《注》を見よ

$$=\frac{1}{4}\left(\sqrt{1-a^2}+1-\frac{a^2}{\sqrt{1-a^2}}\right)$$ ◀ $\frac{1}{4}$でくくった

$$=\frac{1}{4}\cdot\frac{1-a^2+\sqrt{1-a^2}-a^2}{\sqrt{1-a^2}}$$ ◀ 分母をそろえた

$$=\boldsymbol{\frac{1}{4}\cdot\frac{1-2a^2+\sqrt{1-a^2}}{\sqrt{1-a^2}}}\ \cdots\cdots(*)$$ ◀ 整理した

となるよね。

(注) $\boldsymbol{(\sqrt{1-a^2})'}$ について

$$\boldsymbol{(\sqrt{1-a^2})'}=\left\{(1-a^2)^{\frac{1}{2}}\right\}'$$ ◀ $\sqrt{A}=A^{\frac{1}{2}}$

$$=\frac{1}{2}(1-a^2)^{-\frac{1}{2}}\cdot(1-a^2)'$$ ◀ $\left\{(f(x))^n\right\}'=n\{f(x)\}^{n-1}\cdot f'(x)$

$$=\frac{1}{2}(1-a^2)^{-\frac{1}{2}}\cdot(-2a)$$ ◀ $(1-a^2)'=-2a$

$$=\boldsymbol{-\frac{a}{\sqrt{1-a^2}}}$$ ◀ $A^{-\frac{1}{2}}=\frac{1}{A^{\frac{1}{2}}}=\frac{1}{\sqrt{A}}$

次に，$S'(a)=\frac{1}{4}\cdot\frac{1-2a^2+\sqrt{1-a^2}}{\sqrt{1-a^2}}$ ……（$*$）の符号変化を調べよう。

とりあえず次の［**答案例**］のように考える人がとても多いので，
まずは この［**答案例**］について考えることにしよう。

［答案例］

$$S'(a)=\frac{1}{4}\cdot\frac{1-2a^2+\sqrt{1-a^2}}{\sqrt{1-a^2}}\cdot\frac{1-2a^2-\sqrt{1-a^2}}{1-2a^2-\sqrt{1-a^2}}$$ ◀“有理化”する!

$$=\frac{1}{4}\cdot\frac{(1-2a^2)^2-(1-a^2)}{\sqrt{1-a^2}(1-2a^2-\sqrt{1-a^2})}$$ ◀ $(A+\sqrt{B})(A-\sqrt{B})=A^2-B$

$$=\frac{1}{4}\cdot\frac{4a^4-4a^2+1-1+a^2}{\sqrt{1-a^2}\,(1-2a^2-\sqrt{1-a^2})}$$

◀ 展開した

$$=\frac{a^2\left(a^2-\frac{3}{4}\right)}{\sqrt{1-a^2}\,(1-2a^2-\sqrt{1-a^2})}$$

◀ $a^4-\frac{3}{4}a^2=a^2\left(a^2-\frac{3}{4}\right)$

$$=\frac{a^2\left(a-\frac{\sqrt{3}}{2}\right)\left(a+\frac{\sqrt{3}}{2}\right)}{\sqrt{1-a^2}\,(1-2a^2-\sqrt{1-a^2})}$$

◀ $a^2-\frac{3}{4}=\left(a-\frac{\sqrt{3}}{2}\right)\left(a+\frac{\sqrt{3}}{2}\right)$

$\dfrac{a^2}{\sqrt{1-a^2}\,(1-2a^2-\sqrt{1-a^2})}>0$ より，$f'(a)$ の符号は

$\left(a-\frac{\sqrt{3}}{2}\right)\left(a+\frac{\sqrt{3}}{2}\right)$ によって決まる ……(★) ので，

増減表は 次のようになる。

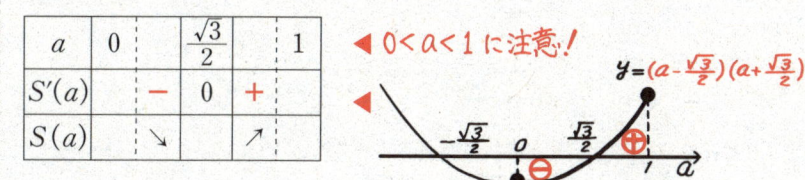

a	0		$\frac{\sqrt{3}}{2}$		1
$S'(a)$		−	0	+	
$S(a)$		↘		↗	

◀ $0<a<1$ に注意！

◀

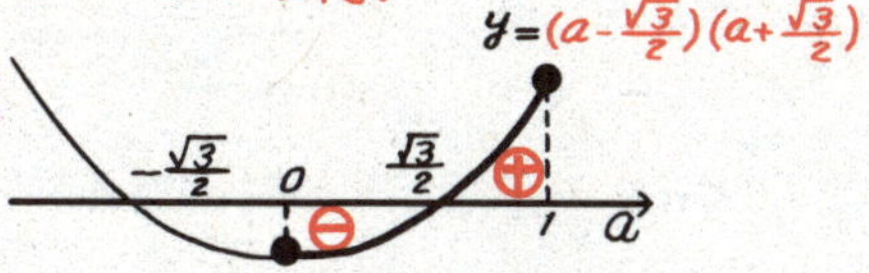

この［答案例］には 間違いがあることは分かるかい？

たいていの問題では，$S'(a)$ の符号変化を調べるとき，(分母)>0 になっているので，(分子) についてだけ考えれば済むんだよ。

だけど，この問題の分母の $\sqrt{1-a^2}\,(1-2a^2-\sqrt{1-a^2})$ は 正とは限らないよね！　◀ つまり，(★) がいえない！

つまり，この問題は「単に“有理化”すれば終わり」というような単純なものではないんだよ。

そこで，はじめの“有理化”する前に戻って考え直してみよう。

$$S'(a) = \frac{1}{4} \cdot \frac{1-2a^2+\sqrt{1-a^2}}{\sqrt{1-a^2}}$$

まず，そもそも $\sqrt{1-a^2}$ については $\sqrt{1-a^2} > 0$ がいえるよね。◀ $0 < a < 1$ より！

つまり，

(I) $1-2a^2 \geqq 0$ ……(#) のとき

$$S'(a) = \frac{1}{4} \cdot \frac{\overbrace{1-2a^2}^{0以上}+\overbrace{\sqrt{1-a^2}}^{正}}{\underbrace{\sqrt{1-a^2}}_{←正}} \text{となり,}$$

$S'(a) > 0$ のように簡単に符号が分かるよね。

ちなみに，$1-2a^2 \geqq 0$ ……(#) を解くと $-\frac{1}{\sqrt{2}} \leqq a \leqq \frac{1}{\sqrt{2}}$ になるけど，$0 < a < 1$ の条件を考え，$0 < a \leqq \frac{1}{\sqrt{2}}$ となる。

よって，$0 < a \leqq \frac{1}{\sqrt{2}}$ のとき $S'(a) > 0$ ……① がいえることが分かった！

(II) 次に，残りの $\frac{1}{\sqrt{2}} < a < 1$ の場合について考えよう。

$\frac{1}{\sqrt{2}} < a < 1$ のとき $1-2a^2 < 0$ がいえるので，◀ $0 < a < 1$ で考えているので，$0 < a \leqq \frac{1}{\sqrt{2}}$ と $\frac{1}{\sqrt{2}} < a < 1$ を考えればよい！

$$\frac{1}{4} \cdot \frac{\overbrace{(1-2a^2)}^{負}+\overbrace{\sqrt{1-a^2}}^{正}}{\sqrt{1-a^2}}$$ の符号は，

すぐには分からないよね。◀ 負＋正は正か負か判断できない！

そこで，[答案例] のように"有理化"してみよう！ ◀ このように，"有理化"は符号が分からないときに，必要に応じて使うものなのである！

$$S'(a) = \frac{1}{4} \cdot \frac{1-2a^2+\sqrt{1-a^2}}{\sqrt{1-a^2}} \cdot \frac{1-2a^2-\sqrt{1-a^2}}{1-2a^2-\sqrt{1-a^2}}$$

$$=\frac{a^2\left(a-\frac{\sqrt{3}}{2}\right)\left(a+\frac{\sqrt{3}}{2}\right)}{\sqrt{1-a^2}(1-2a^2-\sqrt{1-a^2})}$$ ◀[答案例]参照

これは，$\frac{1}{\sqrt{2}}<a<1$ を考え， ◀ $1-2a^2<0$

$$\frac{a^2\left(a-\frac{\sqrt{3}}{2}\right)\left(a+\frac{\sqrt{3}}{2}\right)}{\sqrt{1-a^2}(1-2a^2-\sqrt{1-a^2})}$$ のようになるので，

（a^2：正，$a+\frac{\sqrt{3}}{2}$：正，$\sqrt{1-a^2}$：正，$1-2a^2$：負，$\sqrt{1-a^2}$：正）

$\left(a-\frac{\sqrt{3}}{2}\right)$ 以外の符号は分かるよね。

そこで，さらに $a-\frac{\sqrt{3}}{2}$ の符号について場合分けをしよう。

(i) $\frac{1}{\sqrt{2}}<a<\frac{\sqrt{3}}{2}$ のとき $\left(a-\frac{\sqrt{3}}{2}\right)<0$ なので， ◀ $a<\frac{\sqrt{3}}{2}$ と(II)の $\frac{1}{\sqrt{2}}<a<1$ をあわせると，$\frac{1}{\sqrt{2}}<a<\frac{\sqrt{3}}{2}$ のようになる！

$$S'(a)=\frac{a^2\left(a-\frac{\sqrt{3}}{2}\right)\left(a+\frac{\sqrt{3}}{2}\right)}{\sqrt{1-a^2}(1-2a^2-\sqrt{1-a^2})}>0 \quad \cdots\cdots ②$$ となるよね。

（a^2：正，$a-\frac{\sqrt{3}}{2}$：負，$a+\frac{\sqrt{3}}{2}$：正，$\sqrt{1-a^2}$：正，$1-2a^2$：負，$\sqrt{1-a^2}$：正）

また，

(ii) $\frac{\sqrt{3}}{2}<a<1$ のとき $\left(a-\frac{\sqrt{3}}{2}\right)>0$ なので， ◀ $\frac{\sqrt{3}}{2}<a$ と(II)の $\frac{1}{\sqrt{2}}<a<1$ をあわせると，$\frac{\sqrt{3}}{2}<a<1$ のようになる！

$$S'(a)=\frac{a^2\left(a-\frac{\sqrt{3}}{2}\right)\left(a+\frac{\sqrt{3}}{2}\right)}{\sqrt{1-a^2}(1-2a^2-\sqrt{1-a^2})}<0 \quad \cdots\cdots ③$$ となるよね。

（a^2：正，$a-\frac{\sqrt{3}}{2}$：正，$a+\frac{\sqrt{3}}{2}$：正，$\sqrt{1-a^2}$：正，$1-2a^2$：負，$\sqrt{1-a^2}$：正）

以上より，

(I)，(II)を考え，増減表は 次のようになる！

a	0		$\frac{1}{\sqrt{2}}$		$\frac{\sqrt{3}}{2}$		1
$S'(a)$		+		+	0	−	
$S(a)$		↗		↗	最大	↘	

◀ (I) $0<a\leqq\frac{1}{\sqrt{2}}$ のとき $S'(a)>0$ …①
(II) (i) $\frac{1}{\sqrt{2}}<a<\frac{\sqrt{3}}{2}$ のとき $S'(a)>0$ …②
(ii) $\frac{\sqrt{3}}{2}<a<1$ のとき $S'(a)<0$ …③

よって，上の増減表から

$\boldsymbol{a=\frac{\sqrt{3}}{2}}$ のとき $S(a)$ は最大になることが分かったね！

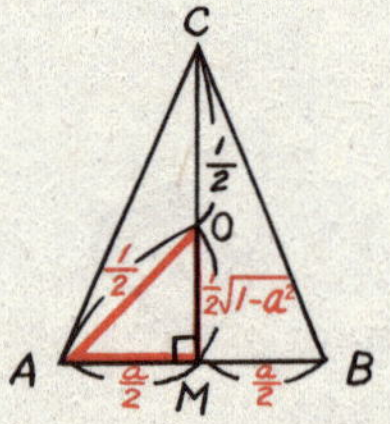

［図C］

さらに，$\boldsymbol{a=\frac{\sqrt{3}}{2}}$ のとき，

$$\mathrm{OM}=\frac{1}{2}\sqrt{1-a^2}$$
$$=\frac{1}{2}\sqrt{1-\frac{3}{4}}=\boldsymbol{\frac{1}{4}}$$ ◀ $a=\frac{\sqrt{3}}{2}$ を代入した

$$\mathrm{AM}=\mathrm{MB}$$
$$=\frac{a}{2}=\boldsymbol{\frac{\sqrt{3}}{4}}$$ ◀ $a=\frac{\sqrt{3}}{2}$ を代入した

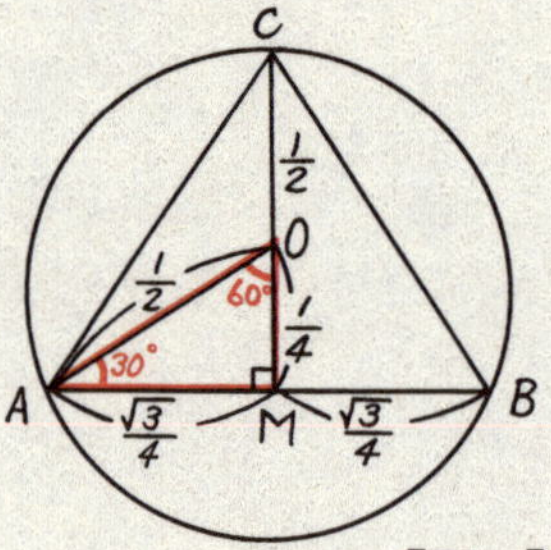

［図D］

のようになるので，［図D］が得られる！

◀

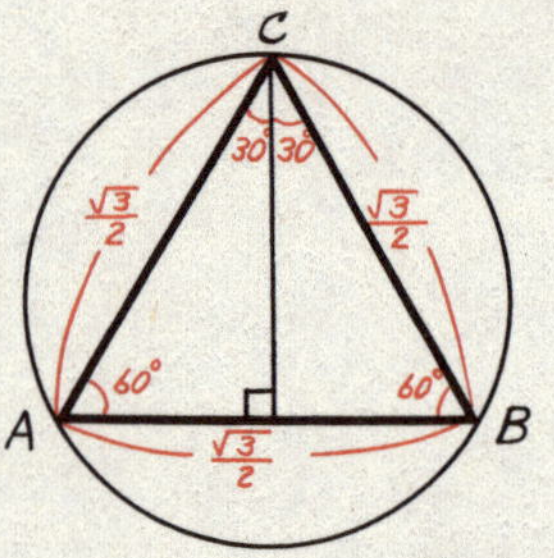

よって，$\boldsymbol{a=\frac{\sqrt{3}}{2}}$ のとき，三角形ABCは

［図E］のような**正三角形**になる

ことが分かった！

［図E］ ◀ ［図D］から この図が得られる！

[解答]

(1)　$S(a)=\dfrac{a}{4}(\sqrt{1-a^2}+1)$ より，

$$S'(a)=\left(\frac{a}{4}\right)'(\sqrt{1-a^2}+1)+\frac{a}{4}(\sqrt{1-a^2}+1)'$$ ◀ $\{f(x)g(x)\}'=f'(x)g(x)+f(x)g'(x)$

$$=\frac{1}{4}(\sqrt{1-a^2}+1)+\frac{a}{4}\left(-\frac{a}{\sqrt{1-a^2}}\right)$$ ◀ [考え方]の((注))参照

$$=\frac{1}{4}\left(\sqrt{1-a^2}+1-\frac{a^2}{\sqrt{1-a^2}}\right)$$ ◀ $\frac{1}{4}$でくくった

$$=\frac{1}{4}\cdot\frac{1-a^2+\sqrt{1-a^2}-a^2}{\sqrt{1-a^2}}$$ ◀ 分母をそろえた

$$=\frac{1}{4}\cdot\frac{(1-2a^2)+\sqrt{1-a^2}}{\sqrt{1-a^2}}$$ ◀ 整理した

(I)　$0<a\leqq\dfrac{1}{\sqrt{2}}$ のとき ◀ $(1-2a^2)\geqq 0$ のとき

$$S'(a)=\frac{1}{4}\cdot\frac{(1-2a^2)+\sqrt{1-a^2}}{\sqrt{1-a^2}}>0$$

（$(1-2a^2)$：0以上，$\sqrt{1-a^2}$：正，分母 $\sqrt{1-a^2}$：正）

(II)　$\dfrac{1}{\sqrt{2}}<a<1$ のとき ◀ $(1-2a^2)<0$ のとき

$$S'(a)=\frac{1}{4}\cdot\frac{(1-2a^2)+\sqrt{1-a^2}}{\sqrt{1-a^2}}\cdot\frac{(1-2a^2)-\sqrt{1-a^2}}{(1-2a^2)-\sqrt{1-a^2}}$$ ◀ “有理化”する！

$$=\frac{1}{4}\cdot\frac{(1-2a^2)^2-(1-a^2)}{\sqrt{1-a^2}(1-2a^2-\sqrt{1-a^2})}$$ ◀ $(A+\sqrt{B})(A-\sqrt{B})=A^2-B$

$$=\frac{a^4-\frac{3}{4}a^2}{\sqrt{1-a^2}(1-2a^2-\sqrt{1-a^2})}$$ ◀ 展開して整理した

$$=\frac{a^2\left(a-\frac{\sqrt{3}}{2}\right)\left(a+\frac{\sqrt{3}}{2}\right)}{\sqrt{1-a^2}(1-2a^2-\sqrt{1-a^2})}$$ ◀ $a^4-\frac{3}{4}a^2=a^2\left(a^2-\frac{3}{4}\right)=a^2\left(a-\frac{\sqrt{3}}{2}\right)\left(a+\frac{\sqrt{3}}{2}\right)$

ここで，$\dfrac{a^2\left(a+\dfrac{\sqrt{3}}{2}\right)}{\sqrt{1-a^2}\left(1-2a^2-\sqrt{1-a^2}\right)}<0$ ……(＊) を考え，

（a^2：正，$\left(a+\dfrac{\sqrt{3}}{2}\right)$：正，$\sqrt{1-a^2}$：正，$1-2a^2$：負，$\sqrt{1-a^2}$：正）

$S'(a)$ の符号は $\left(a-\dfrac{\sqrt{3}}{2}\right)$ によって決まる。

(i) $\dfrac{1}{\sqrt{2}}<a<\dfrac{\sqrt{3}}{2}$ のとき

$\left(a-\dfrac{\sqrt{3}}{2}\right)<0$ より (＊) を考え，$S'(a)>0$

(ii) $\dfrac{\sqrt{3}}{2}<a<1$ のとき

$\left(a-\dfrac{\sqrt{3}}{2}\right)>0$ より (＊) を考え，$S'(a)<0$

a	0		$\frac{1}{\sqrt{2}}$		$\frac{\sqrt{3}}{2}$		1
$S'(a)$		+		+	0	−	
$S(a)$		↗		↗	最大	↘	

よって，増減表は 左図のようになり，$a=\dfrac{\sqrt{3}}{2}$ のときに $S(a)$ は最大値をとる。

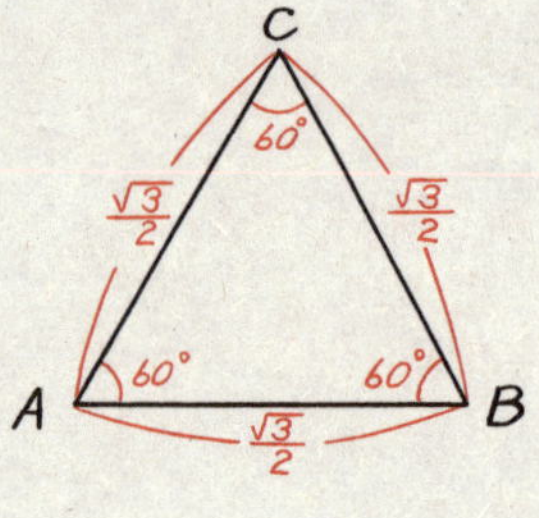

このとき，三角形ABC は 左図のような**正三角形**になるので，　◀[考え方]参照！

$S\left(\dfrac{\sqrt{3}}{2}\right)$　◀面積の最大値

$=\dfrac{1}{4}\cdot\dfrac{\sqrt{3}}{2}\left(\sqrt{1-\dfrac{3}{4}}+1\right)$　◀$S(a)=\dfrac{a}{4}\left(\sqrt{1-a^2}+1\right)$

$=\dfrac{3\sqrt{3}}{16}$　◀「三角形の面積の公式」を使って求めてもよい［▶次の《注》を見よ］

《注》 三角形の面積の求め方 

次のような「三角形の面積の公式」を使って求めてもよい。

三角形の面積の公式

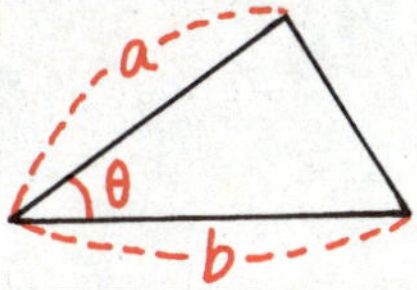

左図のような三角形の面積 S は

$\boldsymbol{S=\frac{1}{2}ab\sin\theta}$である。

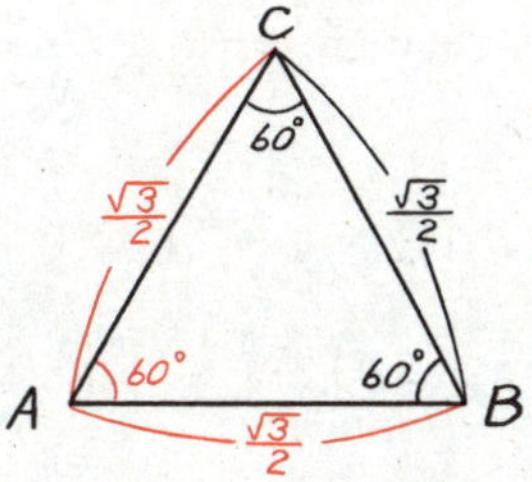

左図のような正三角形の面積は

$$\frac{1}{2}\cdot\frac{\sqrt{3}}{2}\cdot\frac{\sqrt{3}}{2}\cdot\sin 60^\circ$$

$$=\frac{1}{2}\cdot\frac{\sqrt{3}}{2}\cdot\frac{\sqrt{3}}{2}\cdot\frac{\sqrt{3}}{2}$$ ◀ $\sin 60^\circ=\frac{\sqrt{3}}{2}$

$$=\boldsymbol{\frac{3\sqrt{3}}{16}}$$ //

[別解について]

この問題では(1)があったから，(2)の **[解答]** では あえて
誘導にのる形で **“変数 a についての問題”** として解いたけど，
かなり場合分けや計算が大変だったよね。
だけど，実は，(2)は 通常[▶(1)で“面積の最大値”を求めない場合]
次のように **“変数 θ についての問題”** として解き，その方がずっと簡単に
求めることができるんだよ。 ◀これは知っておくこと!
そこで，ここでは **“変数 θ についての問題”** として解く場合の
解答を示すことにしよう。

[別解]

(2)

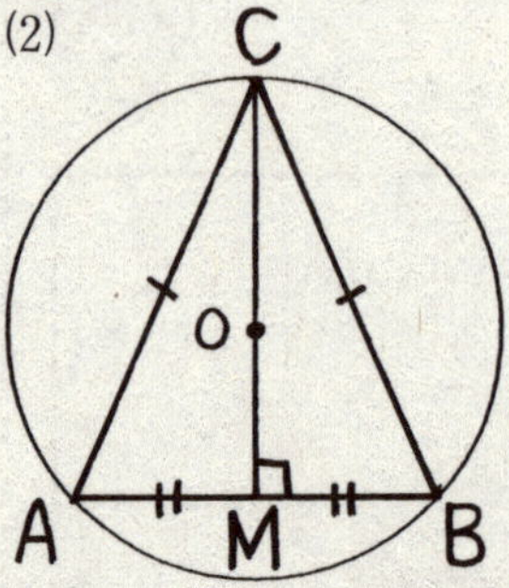

［図 a］

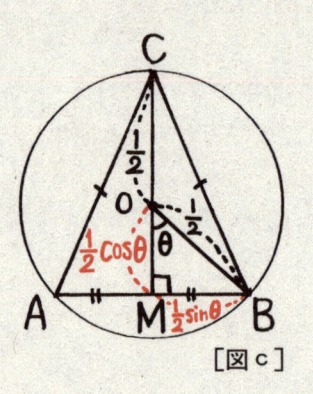

(1)より 三角形ABC の最大値を求めるためには，**［図 a］** のような二等辺三角形について考えればよいことが分かる。 ◀ここまでは［解答］と同じ!

ここで **［図 b］** のように

∠BOM$=\theta$ ($0°<\theta\leqq 90°$) とおく と， ◀((注1))を見よ

［図 c］ のようになる。 ◀三角比の定義!

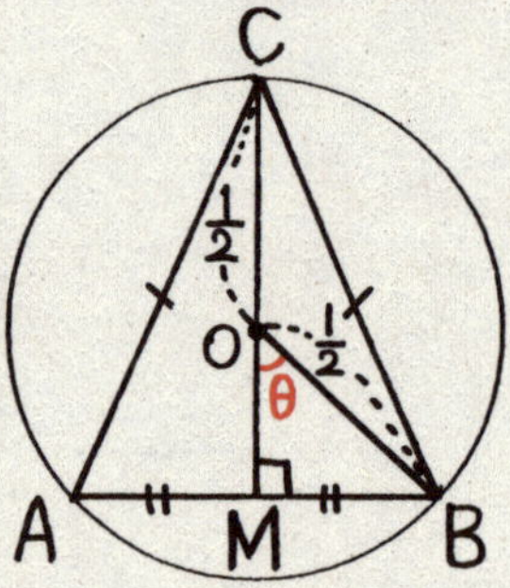

［図 b］

よって，

三角形ABC の面積 $S(\theta)$ は ◀［図d］参照,

$$S(\theta)=\frac{1}{2}\cdot\sin\theta\cdot\left(\frac{1}{2}+\frac{1}{2}\cos\theta\right)$$ ◀$\frac{1}{2}$・(底辺)・(高さ)

$$=\boldsymbol{\frac{1}{4}\sin\theta(1+\cos\theta)}$$ ……（＊）となる。

さらに， ◀$\{f(\theta)g(\theta)\}'=f'(\theta)g(\theta)+f(\theta)g'(\theta)$

$$S'(\theta)=\frac{1}{4}\cos\theta(1+\cos\theta)+\frac{1}{4}\sin\theta(-\sin\theta)$$

$$=\frac{1}{4}(\cos\theta+\cos^2\theta-\sin^2\theta)$$ ◀$\frac{1}{4}$でくくった

$$=\frac{1}{4}\{\cos\theta+\cos^2\theta-(1-\cos^2\theta)\}$$ ◀$\sin^2\theta=1-\cos^2\theta$

$$=\frac{1}{4}(2\cos^2\theta+\cos\theta-1)$$ ◀$\cos\theta$だけの式!

$$=\boldsymbol{\frac{1}{4}(2\cos\theta-1)(\cos\theta+1)}$$ ◀たすき掛け

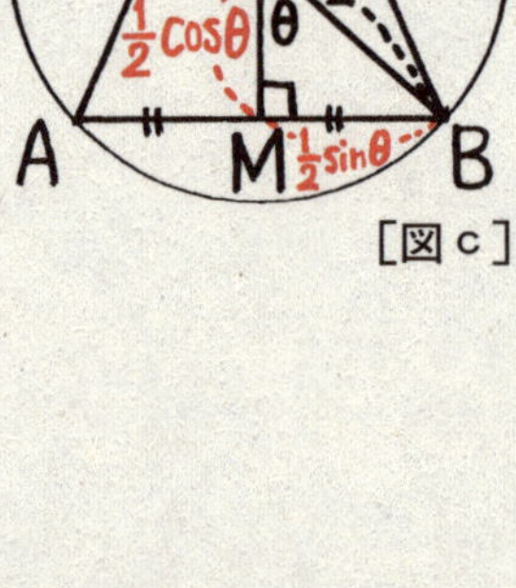

［図 c］

となるので，$0°<\theta\leqq 90°$ を考え ◀((注1))を見よ

次の増減表が得られる。

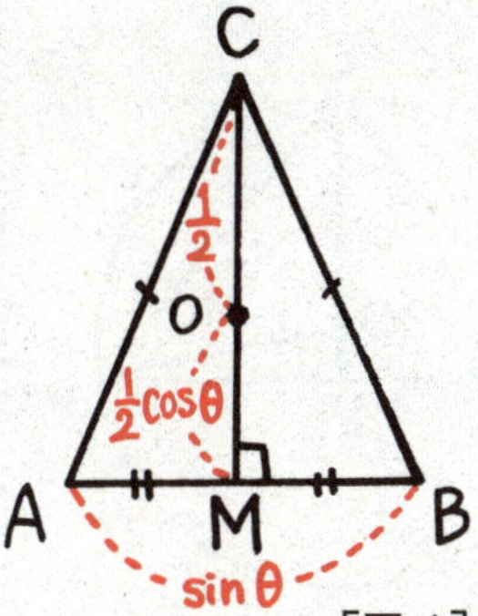

[図 d]

θ	0°		60°		90°
$S'(\theta)$		+		−	
$S(\theta)$	0	↗	$\frac{3\sqrt{3}}{16}$	↘	$\frac{1}{4}$

よって，増減表より，**$\theta=60°$** のときに
三角形ABC の面積は最大値をとる
ことが分かるので，
三角形ABC が**正三角形**// のとき　◀《注2》を見よ
面積は最大値 $\mathbf{\frac{3\sqrt{3}}{16}}$// をとることが分かった。

《注1》

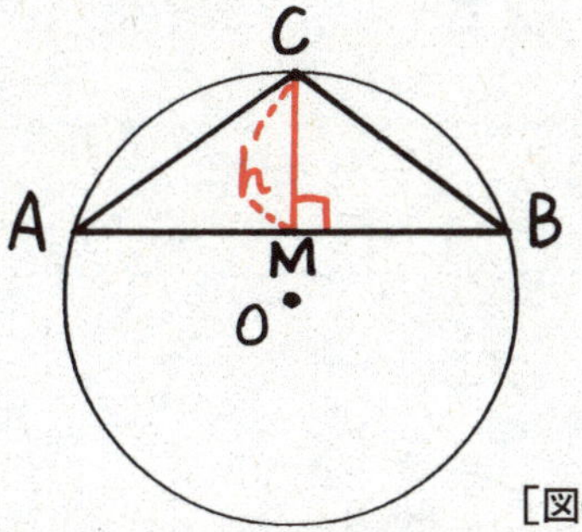

[図①]

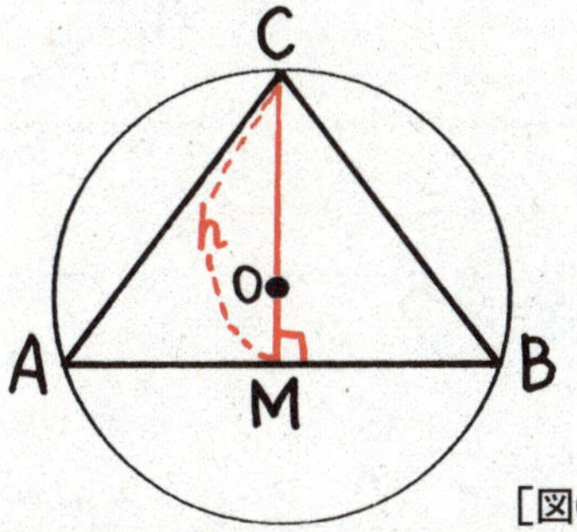

[図②]

三角形ABC は［図①］or［図②］の形が考えられるが，
面積が最大になる場合について考えるので，(1)より
［図②］の場合(▶高さ h が大きい場合）についてだけ
考えればよいことが分かる。

また，［図②］の場合の ∠BOM(＝θ) の範囲は，次の図から
$0°<\theta\leqq 90°$ であることが分かる。

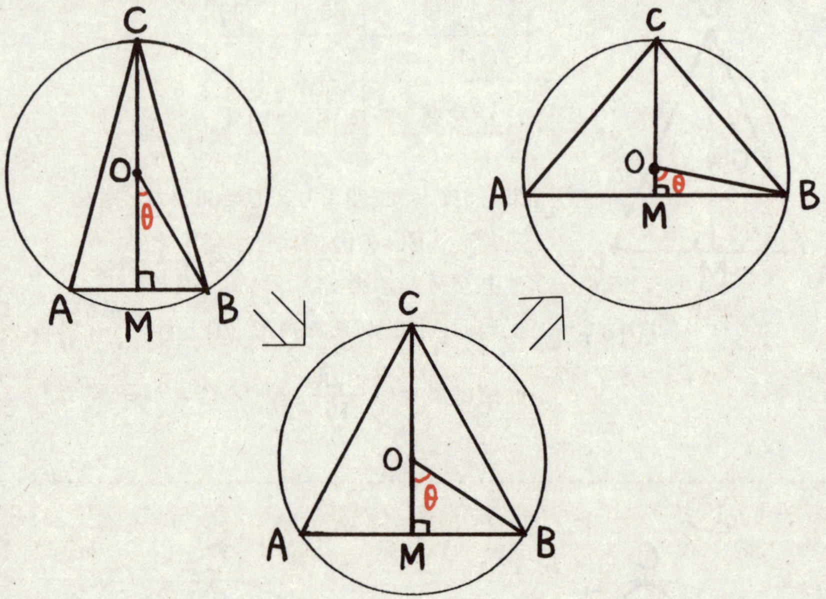

（注2）

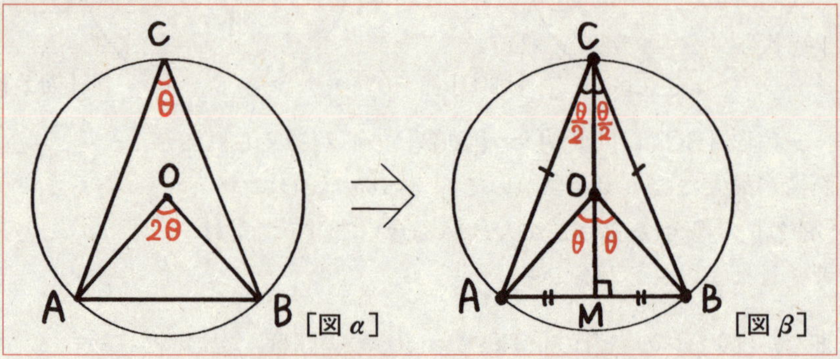

上図のように，円の基本性質の［図 $\boldsymbol{\alpha}$］から［図 $\boldsymbol{\beta}$］がいえるので，$\theta=60^\circ$ を考え 次の［図 $\boldsymbol{\gamma}$］が得られる。

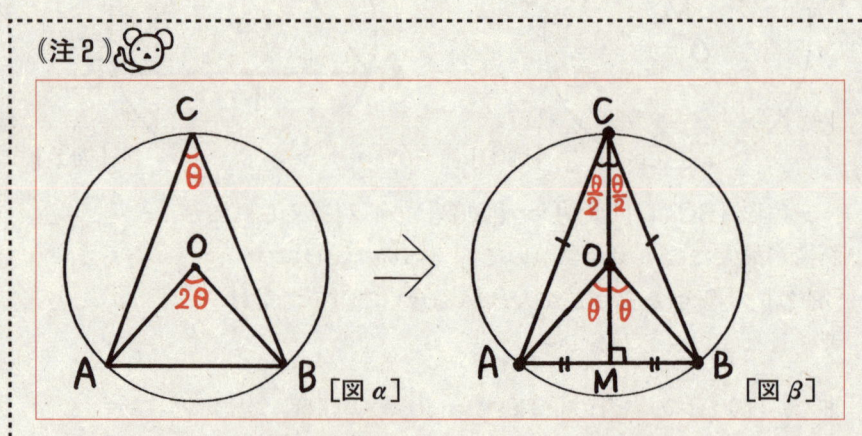

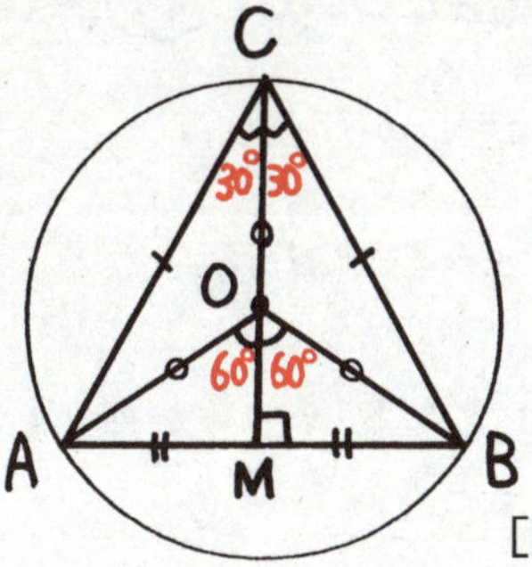

[図 γ]

そして［図 γ］から
三角形ABCが**正三角形**である
ことが分かる。

さて，ここで **練習問題 15** の準備として 次の問題をやってみよう。

例題 38 

$f(x)=x+\dfrac{\sin x}{x^3}$ とする。

$y=f(x)$ の漸近線を求めよ。

[考え方]

まず，

「漸近線」は直線なので，次の２通りで書ける。
(I) $\boldsymbol{x=\ell}$　　(II) $\boldsymbol{y=ax+b}$

そこで，以下
(I) $\boldsymbol{x=\ell}$ の場合 と (II) $\boldsymbol{y=ax+b}$ の場合 について
それぞれ考えてみよう。

(I) $\boldsymbol{x=\ell}$ の場合 について

まずは，次の ***Point*** を覚えておくこと！

Point 6. 4 〈漸近線が $x=\ell$ の形になる場合について〉

(i) $y=\dfrac{g(x)}{h(x)}$ において，$h(x)=0$ となる $x=\ell$ が存在し，

$\displaystyle\lim_{x\to\ell}\frac{g(x)}{h(x)}=\infty$ (or $-\infty$) になるとき，その $x=\ell$ が漸近線となる。

(ii) $\log f(x)$ を含む関数において，$f(x)=0$ となる $x=\ell$ が存在し，
$x\to\ell$ とすると 関数が ∞(or $-\infty$) になるとき，
その $x=\ell$ が漸近線となる。

▶ (i)について

Ex. 1 $y=\dfrac{1}{x(x+1)}$ の漸近線は，

$x=0$ と $x=-1$

◀ $x=0,-1$ のとき分母が0になり，
$\displaystyle\lim_{x\to0}\frac{1}{x(x+1)}=\infty$ (or $-\infty$)
$\displaystyle\lim_{x\to-1}\frac{1}{x(x+1)}=\infty$ (or $-\infty$)

Ex. 2 $y=\dfrac{\sin x}{x}$ は $x=0$ のとき分母が0になるが，

$\displaystyle\lim_{x\to0}\frac{\sin x}{x}=1$ より

◀ $\displaystyle\lim_{x\to0}\frac{\sin x}{x}=\infty$ (or $-\infty$) ではない！

$x=0$ は漸近線にはならない！

▶ (ii)について

[解説]

$\log f(x)$ については $f(x)>0$ という“真数条件”が必要になるので，
$f(x)=0$ となる $x=\ell$ が漸近線になる場合がある！

Ex. 3　$y=\log x$ は真数条件より $\boldsymbol{x>0}$ がいえる。

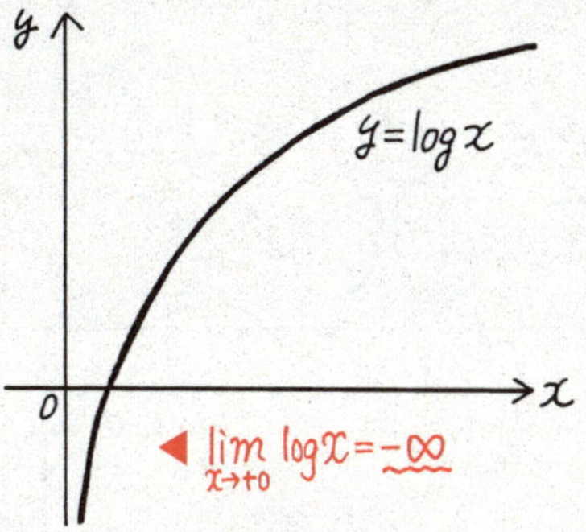

$y=\log x$ を図示すると
左図のようになるので，
$\boldsymbol{x=0}$ は漸近線である！

Ex. 4　$y=\dfrac{\log x}{x+1}$ は真数条件より $\boldsymbol{x>0}$ がいえる。

$\displaystyle\lim_{x\to+0}\frac{\log x}{x+1}=-\infty$ より　◀ $\displaystyle\lim_{x\to+0}\frac{\log x}{x+1}=\frac{-\infty}{0+1}=-\infty$

$\boldsymbol{x=0}$ は漸近線である！

(II)　$\boldsymbol{y=ax+b}$ の場合 について

まずは次の基本事項を確認しておこう。

漸近線が $\boldsymbol{y=ax+b}$ の形になる場合について

(i)　**$x\to\infty$ のときの漸近線**

(ii)　**$x\to-\infty$ のときの漸近線**

の2通りが考えられる！　◀ 下の Ex.5 を見よ

Ex. 5

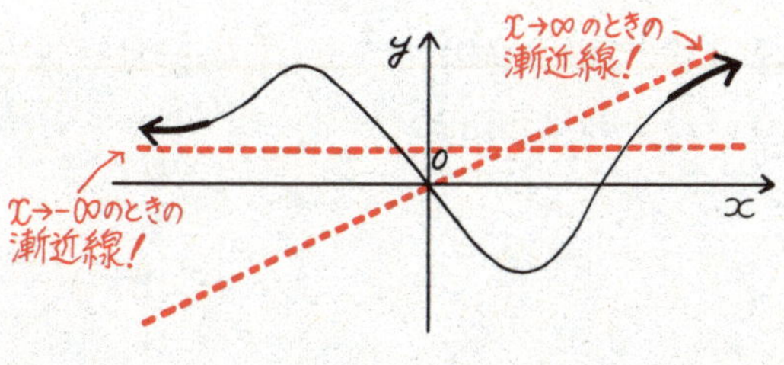

さて，“$y=ax+b$ の形の漸近線”は
具体的に次の ***Point*** のように求めることができることを知っておくこと！

Point 6. 5 〈**漸近線 $y=ax+b$ の求め方**〉

(i) $x\to\infty$ のときの漸近線 $y=ax+b$ の求め方

Step 1 —— a の求め方

$\displaystyle\lim_{x\to\infty}\frac{f(x)}{x}$ を計算すればよい！

$$\lim_{x\to\infty}\frac{f(x)}{x}=a$$

▶式の直感的な意味は 次のように考えれば分かる！

$x\to\infty$ のときの $y=f(x)$ の漸近線は $y=ax+b$ なので，

$x\to\infty$ のとき $f(x)\fallingdotseq ax+b$ がいえる！ ◀ $x\to\infty$ のとき $f(x)$ は $ax+b$ とほとんど同じ関数になる！

これを x で割ると，$\dfrac{f(x)}{x}\fallingdotseq a+\dfrac{b}{x}$

よって，$\displaystyle\lim_{x\to\infty}\frac{b}{x}=0$ を考え，$\displaystyle\lim_{x\to\infty}\frac{f(x)}{x}\fallingdotseq a$

Step 2 —— b の求め方

$\displaystyle\lim_{x\to\infty}\{f(x)-ax\}$ を計算すればよい！

$$\lim_{x\to\infty}\{f(x)-ax\}=b$$

▶式の直感的な意味は 次のように考えれば分かる！

$x\to\infty$ のとき $f(x)\fallingdotseq ax+b$ なので，

$x\to\infty$ のとき $f(x)-ax\fallingdotseq b$ である。 ◀ b について解いた

よって，$\displaystyle\lim_{x\to\infty}\{f(x)-ax\}\fallingdotseq\lim_{x\to\infty}b=b$

(ii)　$x \to -\infty$ のときの漸近線 $y = ax + b$ の求め方

$$\begin{cases} \displaystyle\lim_{x \to -\infty} \frac{f(x)}{x} = a \\ \displaystyle\lim_{x \to -\infty} \{f(x) - ax\} = b \end{cases}$$ を計算すればよい！

では，ここで ***Point 6.4*** と ***Point 6.5*** を踏まえて，**例題 38** を解いてみよう。

[解答]

(I)　漸近線が $x = \ell$ の形のとき　◀ Point 6.4 を参照！

$f(x) = x + \dfrac{\sin x}{x^3}$ より，　◀ $x=0$ のとき分母は0になる！

$x = 0$　◀ $\displaystyle\lim_{x \to 0} \frac{\sin x}{x^3} = \lim_{x \to 0} \frac{1}{x^2} \cdot \frac{\sin x}{x} = \infty \cdot 1 = \infty$

(II)　漸近線が $y = ax + b$ の形のとき　◀ Point 6.5 を参照！

(i)　$x \to \infty$ のとき

$$a = \lim_{x \to \infty} \frac{f(x)}{x}$$

$$= \lim_{x \to \infty} \frac{x + \dfrac{\sin x}{x^3}}{x}$$ ◀ $f(x) = x + \dfrac{\sin x}{x^3}$

$$= \lim_{x \to \infty} \left(1 + \frac{\sin x}{x^4}\right)$$ ◀ $\dfrac{x + \frac{\sin x}{x^3}}{x} = \dfrac{1}{x}\left(x + \dfrac{\sin x}{x^3}\right) = 1 + \dfrac{\sin x}{x^4}$

$= 1$　◀ $\displaystyle\lim_{x \to \infty} \frac{1}{x^4} = 0$ と $-1 \leqq \sin x \leqq 1$ より，$\displaystyle\lim_{x \to \infty} \frac{\sin x}{x^4} = 0$

$$b = \lim_{x \to \infty} \{f(x) - x\}$$ ◀ $\displaystyle b = \lim_{x \to \infty} \{f(x) - ax\}$

$$= \lim_{x \to \infty} \frac{\sin x}{x^3}$$ ◀ $f(x) = x + \dfrac{\sin x}{x^3}$

$= 0$　◀ $\displaystyle\lim_{x \to \infty} \frac{1}{x^3} = 0$ と $-1 \leqq \sin x \leqq 1$ より，$\displaystyle\lim_{x \to \infty} \frac{\sin x}{x^3} = 0$

よって，$y = x$　◀ $y = ax + b$

(ii) $x \to -\infty$ のとき

(i)と同様に，$y=x$ ◀計算過程は(i)と全く同じ!

以上より，$f(x)$ の漸近線は $x=0$ と $y=x$ //

練習問題 15 

a，b は正の定数とする。

$f(x)=\sqrt{(x+a)^2+b}-\dfrac{1}{2}x$ について

(1) $y=f(x)$ の漸近線を求めよ。

(2) $f(x)$ の最小値を求めよ。

Section 7 三角関数の最大・最小問題

この章では，三角関数の最大・最小問題について解説する。
「三角関数」であっても**"最大・最小に関する問題"**なので，
解法や考え方は基本的にはSection 6と同じである。
しかし，三角関数の場合，
一般に計算が大変になることが多い。
まず，前半ではその大変さを実際に確認してもらう。
そして，後半では，面倒な計算をしなくて済むような
うまい解法について解説する。
実は，三角関数の問題は，式の形によっては
面倒な計算をやらなくて済む場合も多いのである！

▶なお，**「三角関数の合成」**について分からない人は
One Point Lesson (P.211～P.213)から読んでください。

例題 39

半径 a の円板から図のように板を切り取り，これを折り曲げて底面が正方形の直方体の箱（ふたはない）を作りたい。

(1) この箱の容積 V を θ の関数として表せ。

(2) V を最大にする θ の値に対して，$\tan\theta$ を求めよ。ただし，$0<\theta<\dfrac{\pi}{4}$ とする。

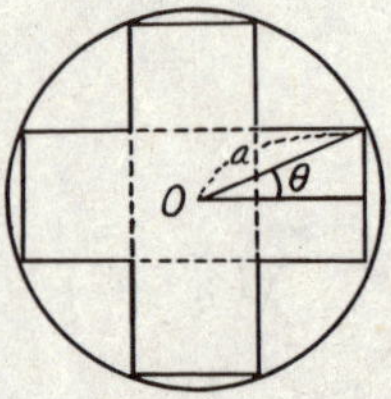

［青山学院大］

［考え方と解答］

(1) とりあえず，$\sin\theta$ と $\cos\theta$ の定義より，［図 1］のようになるよね。

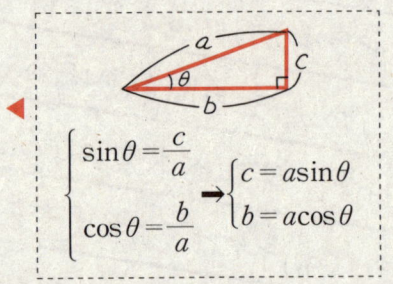

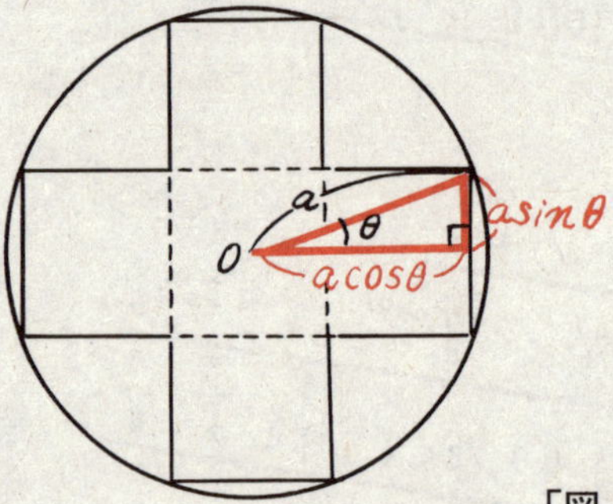

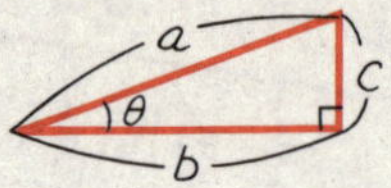

$$\begin{cases}\sin\theta=\dfrac{c}{a}\\[2mm]\cos\theta=\dfrac{b}{a}\end{cases}\Rightarrow\begin{cases}c=a\sin\theta\\b=a\cos\theta\end{cases}$$

［図 1］

⇓

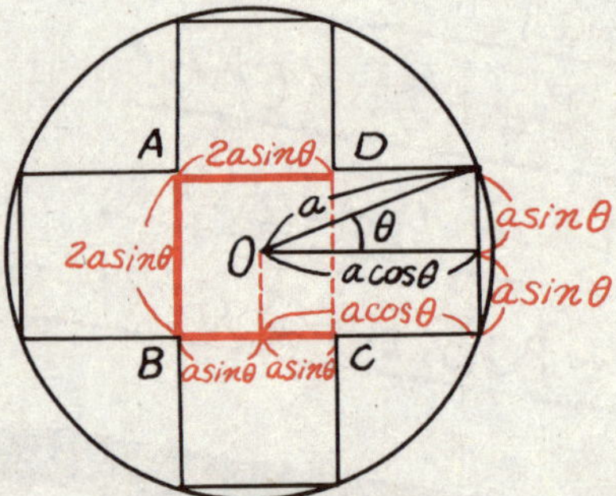

［図 2］

そして，ABCD は正方形であることを考え，［図 2］が得られるよね。

さらに，［図 2］を整理すると［図 3］のようになり，［図 3］から［図 4］が得られる。

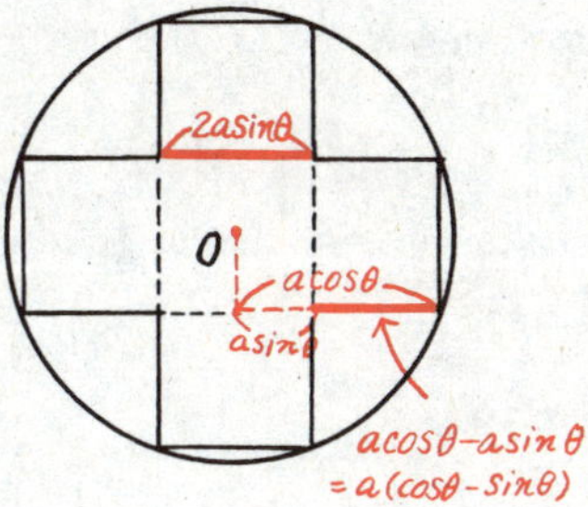

［図 3］

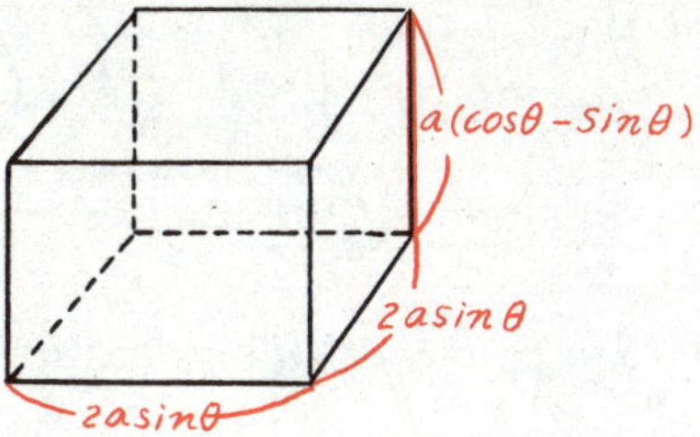

［図 4］

よって，容積 V は (底面積)×(高さ) より，　◀［図4］を見よ！

$V=(2a\sin\theta)^2\cdot a(\cos\theta-\sin\theta)$　◀ $\begin{cases}(底面積)=2a\sin\theta\cdot 2a\sin\theta\\(高さ)=a(\cos\theta-\sin\theta)\end{cases}$

$\quad=\mathbf{4a^3\sin^2\theta(\cos\theta-\sin\theta)}$ //

［考え方］

(2)　最大に関する問題なので，増減表をかくためにとりあえず微分しよう！

$V=4a^3\sin^2\theta(\cos\theta-\sin\theta)$

$V'=4a^3(\sin^2\theta)'(\cos\theta-\sin\theta)+4a^3\sin^2\theta(\cos\theta-\sin\theta)'$

$\quad=4a^3\cdot 2\sin\theta\cos\theta(\cos\theta-\sin\theta)+4a^3\sin^2\theta(-\sin\theta-\cos\theta)$

$\quad=4a^3\sin\theta(2\cos^2\theta-3\sin\theta\cos\theta-\sin^2\theta)$ ……(＊)　◀ $4a^3\sin\theta$ でくくった

とりあえず V' を求めてみたけれど，$\sin\theta$ と $\cos\theta$ が入り混っていて符号変化を調べるのが難しそうだよね。

ここで，問題文をもう一度 確認してみよう。

この問題は ちょっと特殊で，“V が最大になるときの θ を求める問題”ではなくて，

“V が最大になるときの $\tan\theta$ を求める問題”だということが分かるよね。

そこで，(＊) を “$\tan\theta$ に関する式” に変形してみよう！

(＊) の $(2\cos^2\theta - 3\sin\theta\cos\theta - \sin^2\theta)$ から $\cos^2\theta$ をくくり出すと，

$$V' = 4a^3\sin\theta\cos^2\theta\left\{2 - 3\cdot\frac{\sin\theta}{\cos\theta} - \left(\frac{\sin\theta}{\cos\theta}\right)^2\right\}$$ ◀ $\frac{\sin\theta}{\cos\theta}$ をつくるために，$\cos^2\theta$ をくくり出した！

$$= 4a^3\sin\theta\cos^2\theta(2 - 3\tan\theta - \tan^2\theta)$$ ◀ $\frac{\sin\theta}{\cos\theta} = \tan\theta$

$0 < \theta < \frac{\pi}{4}$ のとき $4a^3\sin\theta\cos^2\theta > 0$ だから，

V' の符号は $2 - 3\tan\theta - \tan^2\theta$ によって決まる ……（★）よね。

そこで，以下

$2 - 3\tan\theta - \tan^2\theta$ の符号について考えよう。

$-\tan^2\theta - 3\tan\theta + 2$ は“2 次式の形”だから，

とりあえず $-\tan^2\theta - 3\tan\theta + 2 = 0$ を解いてみると，

$$\tan\theta = \frac{-3 \pm \sqrt{9+8}}{2}$$ ◀ $x^2 + ax + b = 0 \Rightarrow x = \frac{-a \pm \sqrt{a^2 - 4b}}{2}$

$$= \frac{-3 \pm \sqrt{17}}{2}$$ のようになるよね。

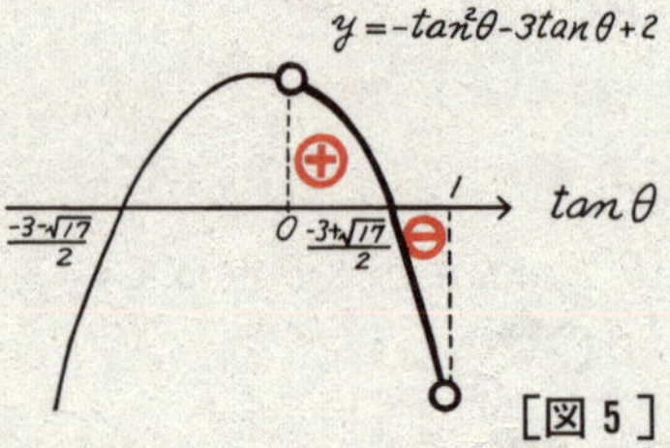

［図 5］ ◀ $-\tan^2\theta - 3\tan\theta + 2$ のグラフをかくことによって $-\tan^2\theta - 3\tan\theta + 2$ の符号変化が分かった！

さらに，$0 < \theta < \frac{\pi}{4}$ のとき，

$0 < \tan\theta < 1$ なので，

$y = -\tan^2\theta - 3\tan\theta + 2$ のグラフは

［図 5］のようになることが分かるよね。

$\tan\theta$	0		$\frac{-3+\sqrt{17}}{2}$		1
V'		+	0	−	
V		↗	最大！	↘	

［図 6］

よって，(★) を考え，V の増減表は

［図 6］のようになるよね。

以上より，

$\tan\theta = \frac{-3+\sqrt{17}}{2}$ のとき

V は最大になることが分かった！

[解答]

(2)　$V=4a^3\sin^2\theta(\cos\theta-\sin\theta)$

$V'=4a^3\cdot2\sin\theta\cos\theta(\cos\theta-\sin\theta)+4a^3\sin^2\theta(-\sin\theta-\cos\theta)$

$=4a^3\sin\theta(2\cos^2\theta-3\sin\theta\cos\theta-\sin^2\theta)$ ◀ $4a^3\sin\theta$ でくくった

$=4a^3\sin\theta\cos^2\theta(2-3\tan\theta-\tan^2\theta)$ ◀ $\cos^2\theta$ でくくって $\tan\theta$ をつくった！

$0<\theta<\dfrac{\pi}{4}$ のとき，$4a^3\sin\theta\cos^2\theta>0$ なので，

V' の符号は，$-\tan^2\theta-3\tan\theta+2$ によって決まる。

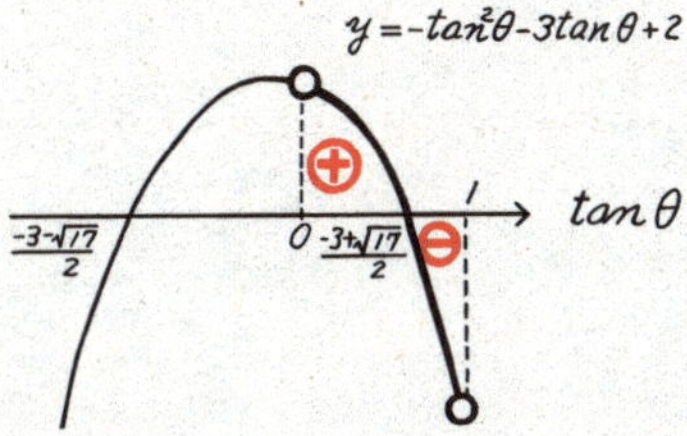

$-\tan^2\theta-3\tan\theta+2$ のグラフは左図のようになるので，V の増減表は次のようになる。

$\tan\theta$	0		$\frac{-3+\sqrt{17}}{2}$		1
V'		+	0	−	
V		↗	最大	↘	

よって，増減表より，

$\tan\theta=\dfrac{-3+\sqrt{17}}{2}$ のとき，

V は最大になることが分かった。

例題 40

$0<x\leqq2\pi$ の範囲において，

$f(x)=\cos4x-16\sqrt{2}\cos x-16\sqrt{2}\sin x$

の極大値を求めよ。

[考え方]

まず，極大値について考えるので $f'(x)$ を求めよう。

$f'(x)=-4\sin4x+16\sqrt{2}\sin x-16\sqrt{2}\cos x$

とりあえず，変数がちらばっているので，ちらばりを減らすために，次のように三角関数の合成を使おう！ ◀ 三角関数の合成については One Point Lesson (P.211) を見よ！

$16\sqrt{2}\sin x-16\sqrt{2}\cos x$

$=16\sqrt{2}(\sin x-\cos x)$ ◀ $16\sqrt{2}$ でくくった

$=16\sqrt{2}\cdot\sqrt{2}\sin\left(x-\frac{\pi}{4}\right)$ ◀ 三角関数の合成！（詳しくは One Point Lesson 参照。）

$=32\sin\left(x-\frac{\pi}{4}\right)$

よって，$f'(x)=-4\sin 4x+32\sin\left(x-\frac{\pi}{4}\right)$ のようになって

少しは考えやすくなったよね。だけど，まだ よく分からないので，

式の形を考え，$x-\frac{\pi}{4}=t$ とおいてみよう。 ◀ これに気付かないと解けない！

すると，

$$\begin{cases}\sin 4x=\sin(4t+\pi) \\ \qquad=\sin 4t\cos\pi+\sin\pi\cos 4t \\ \qquad=-\sin 4t \quad\cdots\cdots ① \\ \sin\left(x-\frac{\pi}{4}\right)=\sin t \quad\cdots\cdots ②\end{cases}$$

◀ $x=t+\frac{\pi}{4}$
◀ 加法定理
◀ $\cos\pi=-1,\ \sin\pi=0$
◀ $x-\frac{\pi}{4}=t$

のようになるので，①と②より

$x=t+\frac{\pi}{4}$ とおくと，ここが t になり考えやすくなる！

$f'(x)=-4\sin 4x+32\sin\left(x-\frac{\pi}{4}\right)$

$\Leftrightarrow\ f'(t)=4\sin 4t+32\sin t$ となり，キレイな形になった！

さらに，

$\sin 4t=\sin(2\cdot 2t)$ ◀ $4t=2\cdot 2t$

$\quad=2\sin 2t\cos 2t$ ◀ $\sin 2\theta=2\sin\theta\cos\theta$

$\quad=4\sin t\cos t\cos 2t$ より， ◀ $\sin 2t=2\sin t\cos t$

$f'(t)=4(\sin 4t+8\sin t)$

$\Leftrightarrow\ f'(t)=4(4\sin t\cos t\cos 2t+8\sin t)$ ◀ $\sin 4t=4\sin t\cos t\cos 2t$ を代入した

$\Leftrightarrow\ f'(t)=16\sin t(\cos t\cos 2t+2)$ がいえるので， ◀ $4\sin t$ でくくった

$\cos t\cos 2t+2>0$ を考え， ◀ $\begin{cases}-1\leqq\cos t\leqq 1 \\ -1\leqq\cos 2t\leqq 1\end{cases}$

$f'(t)$ の符号は $\sin t$ によって決まる！

ここで，t の範囲は　◀置き換えをしたときには必ず置き換えた文字の範囲について考える！

$0 \leqq x \leqq 2\pi$

$\Leftrightarrow -\frac{\pi}{4} \leqq x-\frac{\pi}{4} \leqq \frac{7}{4}\pi$　◀ $\frac{\pi}{4}$ 引いて，$x-\frac{\pi}{4}$ をつくった！

$\Leftrightarrow -\frac{\pi}{4} \leqq t \leqq \frac{7}{4}\pi$ となるので，　◀ $x-\frac{\pi}{4}=t$

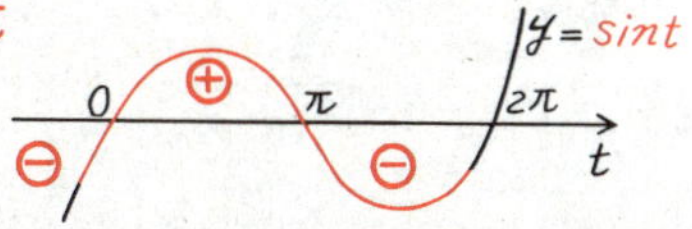

[図１]

$y=\sin t\left(-\frac{\pi}{4} \leqq t \leqq \frac{7}{4}\pi\right)$ のグラフは［図１］のようになるよね。

よって，増減表は［図２］のようになり，$t=\pi$ のとき極大値をとることが分かるよね。

t	$-\frac{\pi}{4}$		0		π		$\frac{7}{4}\pi$
$f'(t)$		$-$	0	$+$	0	$-$	
$f(t)$		↘	極小	↗	極大	↘	

[図２]

よって，

$x=t+\frac{\pi}{4}$ を考え，$x=\frac{5}{4}\pi$ のとき $f(x)$ は極大値をとる！　◀ $x=\pi+\frac{\pi}{4}$

[解答]

$f(x)=\cos 4x-16\sqrt{2}\cos x-16\sqrt{2}\sin x$ より，

$f'(x)=-4\sin 4x+16\sqrt{2}\sin x-16\sqrt{2}\cos x$

$=-4\sin 4x+16\sqrt{2}(\sin x-\cos x)$　◀ $16\sqrt{2}$ でくくった

$=-4\sin 4x+16\sqrt{2}\cdot\sqrt{2}\sin\left(x-\frac{\pi}{4}\right)$　◀三角関数の合成！

$=-4\sin 4x+32\sin\left(x-\frac{\pi}{4}\right)$

ここで，$x-\frac{\pi}{4}=t$ とおくと，　◀［考え方］参照

$f'(t)=-4\sin(4t+\pi)+32\sin t$ ◀ $x=t+\frac{\pi}{4}$

$=4\sin 4t+32\sin t$ ◀ $\sin(4t+\pi)=\sin 4t\underbrace{\cos\pi}_{-1}+\underbrace{\sin\pi}_{0}\cos 4t$

さらに，

$\sin 4t=4\sin t\cos t\cos 2t$ より， ◀ [考え方]参照

$f'(t)=4\cdot 4\sin t\cos t\cos 2t+32\sin t$ ◀ $f'(t)=4\sin 4t+32\sin t$

$=16\sin t(\cos t\cos 2t+2)$ ◀ $16\sin t$ でくくった

となり，増減表は 次のようになる。 ◀ $\cos t\cos 2t>0$ より，$f'(t)$ の符号は $\sin t$ によって決まる！

t	$-\frac{\pi}{4}$		0		π		$\frac{7}{4}\pi$
$f'(t)$		$-$	0	$+$	0	$-$	
$f(t)$		↘	極小	↗	極大	↘	

◀ 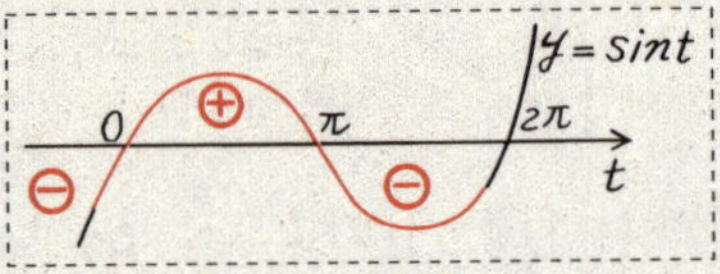

増減表より，**$t=\pi$ で極大値をとる** ことが分かる。

よって，$x=t+\frac{\pi}{4}$ より，

$f(x)$ は $\boldsymbol{x=\frac{5}{4}\pi}$ のとき極大値をとるので， ◀ $x=\pi+\frac{\pi}{4}$

極大値 $f\left(\frac{5}{4}\pi\right)=\cos 5\pi-16\sqrt{2}\cos\frac{5}{4}\pi-16\sqrt{2}\sin\frac{5}{4}\pi$

$=-1-16\sqrt{2}\left(-\frac{1}{\sqrt{2}}\right)-16\sqrt{2}\left(-\frac{1}{\sqrt{2}}\right)$

$=-1+16+16$

$=\mathbf{31}$ //

[Comment]

例題 39 は θ ではなく $\tan\theta$ を求める問題だったこともあって，比較的 簡単に求めることができた。しかし，一般的には **例題 40** のように三角関数の問題は 考えにくいものなのである。

▶式の形から「$x=t+\frac{\pi}{4}$ と置き換える」ことは 数式を見慣れている人でないと気付かない！ つまり普通は この **例題 40** は解けないのである。 ◀ ただし，次に解くときには気付くようにしておこう！

なぜ考えにくいのか，というと“三角関数の問題”だからだよね。

だから，もしも“三角関数の問題”を x^2+2x+3 のような“整式の問題”に変えることができたら，非常に考えやすくなるよね。

実は，次の ***Point*** などを使うことによって
“三角関数の最大・最小問題”を“整式の最大・最小問題”に
変えることができる問題は少なくないのである！

Point 7.1 **〈対称式について〉**

$\boldsymbol{x}$ **と** $\boldsymbol{y}$ **に関する対称式は，**$\boldsymbol{x+y}$ と $\boldsymbol{xy}$ だけを使って
書き直すことができる。
➡$\mathbf{sin}\boldsymbol{x}$ **と** $\mathbf{cos}\boldsymbol{x}$ **の対称式は，**$\mathbf{sin}\boldsymbol{x}+\mathbf{cos}\boldsymbol{x}$ と $\mathbf{sin}\boldsymbol{x}\mathbf{cos}\boldsymbol{x}$ だけを使って
書き直すことができる！

▶「$\sin x$ と $\cos x$ の対称式」とは，
「$\sin x$ と $\cos x$ を入れ換えても同じ形になる式」のことである！

Ex. 1　$\dfrac{\sin x+\cos x}{\sin^4 x+\cos^4 x}$ **(例題 41)**　◀ $\dfrac{\sin x+\cos x}{\sin^4 x+\cos^4 x}=\dfrac{\cos x+\sin x}{\cos^4 x+\sin^4 x}$

Ex. 2　$\dfrac{1}{\sin x}+\dfrac{1}{\cos x}$ **(練習問題 16)**　◀ $\dfrac{1}{\sin x}+\dfrac{1}{\cos x}=\dfrac{1}{\cos x}+\dfrac{1}{\sin x}$

Point 7.2 **〈三角関数の対称式に関する特性〉**

$\sin x$ と $\cos x$ の対称式は，$\mathbf{sin}\boldsymbol{x}+\mathbf{cos}\boldsymbol{x}=\boldsymbol{t}$ **とおくと**
t だけで表すことができる！

[*Point 7.2* の解説]

$\boxed{\sin x+\cos x=t}$ とおくと，
$(\sin x+\cos x)^2=t^2$　◀ 両辺を2乗した！
$\Leftrightarrow\ \sin^2 x+\cos^2 x+2\sin x\cos x=t^2$　◀ 展開した
$\Leftrightarrow\ 1+2\sin x\cos x=t^2$　◀ $\sin^2 x+\cos^2 x=1$

$\Leftrightarrow$ $\boxed{\sin x\cos x=\dfrac{t^2-1}{2}}$ となり，

$\sin x+\cos x$ と $\sin x\cos x$ は t だけで表せる！

よって，$\sin x$ と $\cos x$ の対称式は

$\sin x+\cos x$ と $\sin x\cos x$ だけで表すことができるので，◀ Point 7.1

(**$\sin x+\cos x$ と $\sin x\cos x$** だけで表せる) $\sin x$ と $\cos x$ の対称式も

t だけで表せる！

以上のことを踏まえて 次の問題をやってみよう。

例題 41

$f(x)=\dfrac{\sin x+\cos x}{\sin^4 x+\cos^4 x}$ の最大値と最小値を求めよ。

[考え方]

三角関数の分数形の問題なので，そのまま素直に $f'(x)$ を考えると，

ものすごく面倒くさそうだよね。

そこで，

$f(x)=\dfrac{\sin x+\cos x}{\sin^4 x+\cos^4 x}$ は“$\sin x$ と $\cos x$ に関する対称式”であることを考え，

Point 7.2 を使ってみよう！

まず，$f(x)$ は“$\sin x$ と $\cos x$ に関する対称式”だから，

$\sin x+\cos x$ と $\sin x\cos x$ だけを使って表せる はずだよね。◀ Point 7.1

実際に，分母の $\sin^4 x+\cos^4 x$ は

$\sin^4 x+\cos^4 x=(\sin^2 x+\cos^2 x)^2-2\sin^2 x\cos^2 x$ ◀ $A^2+B^2=(A+B)^2-2AB$ $[A=\sin^2 x, B=\cos^2 x]$

$=1-2(\sin x\cos x)^2$ と書き直せるので，◀ $\sin^2 x+\cos^2 x=1$

$f(x)=\dfrac{\sin x+\cos x}{\sin^4 x+\cos^4 x}$

$=\dfrac{\sin x+\cos x}{1-2(\sin x\cos x)^2}$ ◀ $\sin x+\cos x$ と $\sin x\cos x$ だけで表せた！

ここで，$\boxed{\boldsymbol{\sin x+\cos x=t}\ \text{とおく}}$ と，

$(\sin x+\cos x)^2=t^2$ ◀両辺を2乗した！

$\Leftrightarrow\ (\sin^2x+\cos^2x)+2\sin x\cos x=t^2$ ◀展開した

$\Leftrightarrow\ 2\sin x\cos x=t^2-1$ ◀$\sin^2x+\cos^2x=1$

$\therefore\ \ \boldsymbol{\sin x\cos x=\dfrac{t^2-1}{2}}$ ◀両辺を2で割って，$\sin x\cos x$ について解いた

が得られるので，

$\begin{cases}\boldsymbol{\sin x+\cos x=t}\\ \boldsymbol{\sin x\cos x}=\dfrac{t^2-1}{2}\end{cases}$ を $f(x)$ に代入する　と，

$f(x)=\dfrac{\sin x+\cos x}{1-2(\sin x\cos x)^2}$

$\Leftrightarrow\ f(t)=\dfrac{t}{1-2\left(\dfrac{t^2-1}{2}\right)^2}$ ◀$\begin{cases}\sin x+\cos x=t\\ \sin x\cos x=\dfrac{t^2-1}{2}\end{cases}$

$=\dfrac{t}{1-\dfrac{t^4-2t^2+1}{2}}$

$=\dfrac{2t}{2-(t^4-2t^2+1)}$ ◀分母分子に2を掛けた

$=\dfrac{2t}{-t^4+2t^2+1}$ ◀整理した

となり，$\sin x$ と $\cos x$ が消えて t **だけの式**になったね！

ここで，

$\sin x+\cos x=t$ から t の範囲を求めよう！ ◀置き換えをしたときには必ず範囲を考えること！

三角関数の合成により，

$\sin x+\cos x=\sqrt{2}\sin\left(x+\dfrac{\pi}{4}\right)$ ……①　◀三角関数の合成！（詳しくは One Point Lesson 参照，）

また，$\boxed{-1 \leqq \sin\left(x+\dfrac{\pi}{4}\right) \leqq 1}$ より，

$-\sqrt{2} \leqq \sqrt{2}\sin\left(x+\dfrac{\pi}{4}\right) \leqq \sqrt{2}$ がいえるので，　◀ $\sqrt{2}$ を掛けた

$-\sqrt{2} \leqq t \leqq \sqrt{2}$ が得られた。　◀ $-\sqrt{2} \leqq \underbrace{\sqrt{2}\sin\left(x+\frac{\pi}{4}\right)}_{=t} \leqq \sqrt{2}$

以上より，この“三角関数の最大・最小問題”を
次のような“整式の最大・最小問題”に変えることに成功したね！

例題 41′

$f(t)=\dfrac{2t}{-t^4+2t^2+1}$ $[-\sqrt{2} \leqq t \leqq \sqrt{2}]$ の最大値と最小値を求めよ。

この**例題 41′** だったら　簡単に解けるよね。

$f(t)=\dfrac{2t}{-t^4+2t^2+1}$ より，

$$f'(t)=\frac{2(-t^4+2t^2+1)-2t(-4t^3+4t)}{(-t^4+2t^2+1)^2}$$ ◀ $\left\{\dfrac{f(x)}{g(x)}\right\}'=\dfrac{f'(x)g(x)-f(x)g'(x)}{\{g(x)\}^2}$

$$=\frac{6t^4-4t^2+2}{(-t^4+2t^2+1)^2}$$ ◀ $-2t^4+4t^2+2+8t^4-8t^2=6t^4-4t^2+2$

$(-t^4+2t^2+1)^2 \geqq 0$ より，
$f'(t)$ の符号は $6t^4-4t^2+2$ によって決まる　よね。

$$6t^4-4t^2+2=6\left(t^4-\frac{2}{3}t^2\right)+2$$ ◀ 平方完成するために 6 でくくった

$$=6\left(t^2-\frac{1}{3}\right)^2+2-\frac{6}{9}$$

$$=6\left(t^2-\frac{1}{3}\right)^2+\frac{4}{3}>0$$ ◀ ちなみに $6t^4-4t^2+2=0$ の判別式は $D/4=-8<0$ となるので，$6t^4-4t^2+2>0$ であることが分かる！

よって，$f'(t)>0$ がいえるので，
$f(t)$ は**増加関数**だよね。

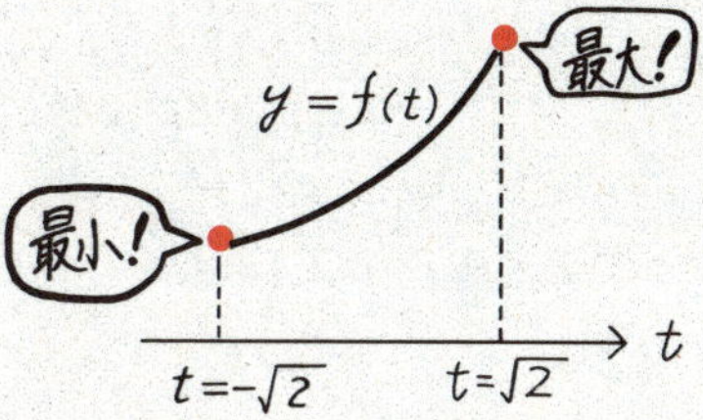

以上より，
$-\sqrt{2}\leqq t\leqq\sqrt{2}$ を考え，$f(t)$ は
$\boldsymbol{t=\sqrt{2}}$ のとき最大値をとり，
$\boldsymbol{t=-\sqrt{2}}$ のとき最小値をとる。　◀ $f(t)$ は増加関数だから！（上図を見よ！）

[解答]

$$f(x)=\frac{\sin x+\cos x}{\sin^4 x+\cos^4 x}$$

$$=\frac{\sin x+\cos x}{1-2(\sin x\cos x)^2}$$　◀ [考え方]参照

$\sin x+\cos x=t$ ……① とおく と，

$\sin x\cos x=\dfrac{t^2-1}{2}$ ……②　◀ [考え方]参照

また，

$t=\sin x+\cos x$ ……①

$=\sqrt{2}\sin\left(x+\dfrac{\pi}{4}\right)$ より，　◀ 三角関数の合成！

$-\sqrt{2}\leqq t\leqq\sqrt{2}$ ……③　◀ $-1\leqq\sin\theta\leqq 1$

①と②を $f(x)=\dfrac{\sin x+\cos x}{1-2(\sin x\cos x)^2}$ に代入する と，

$$f(t)=\frac{t}{1-2\left(\dfrac{t^2-1}{2}\right)^2}$$

$=\dfrac{2t}{-t^4+2t^2+1}$ となるので，　◀ 分母分子に2を掛けた

$$f'(t)=\frac{2(-t^4+2t^2+1)-2t(-4t^3+4t)}{(-t^4+2t^2+1)^2}$$

> ◀ $\left\{\frac{f(x)}{g(x)}\right\}'=\frac{f'(x)g(x)-f(x)g'(x)}{\{g(x)\}^2}$

$$=\frac{6t^4-4t^2+2}{(-t^4+2t^2+1)^2}$$

> ◀ 展開して整理した

$$=\frac{6\left(t^2-\frac{1}{3}\right)^2+\frac{4}{3}}{(-t^4+2t^2+1)^2}>0$$

> ◀ 平方完成した！（[考え方]参照）

よって，$f(t)$ は増加関数である。……（＊）

（＊）より，$-\sqrt{2}\leqq t\leqq\sqrt{2}$ …… ③ を考え，

最大値 $\boldsymbol{f(\sqrt{2})}=\frac{2\sqrt{2}}{-4+4+1}$

> ◀ $f(t)=\frac{2t}{-t^4+2t^2+1}$

$=\boldsymbol{2\sqrt{2}}$ //

最小値 $\boldsymbol{f(-2)}=\frac{-2\sqrt{2}}{-4+4+1}$

> ◀ $f(t)=\frac{2t}{-t^4+2t^2+1}$

$=\boldsymbol{-2\sqrt{2}}$ //

練習問題 16 

$0<x<\frac{\pi}{2}$ のとき，

$f(x)=\frac{1}{\sin x}+\frac{1}{\cos x}$ の最小値を求めよ。

例題 42 

$f(x)=\frac{\sin x-\cos x}{2+\sin x\cos x}$ の最小値を求めよ。

 **[考え方]**

$f(x)=\frac{\sin x-\cos x}{2+\sin x\cos x}$ は $\sin x$ と $\cos x$ の対称式になっていないよね。

だから，***Point 7.2*** が使えないね。

▶$f(x)$ の $\sin x$ と $\cos x$ を入れ換えると，

$\dfrac{\cos x-\sin x}{2+\sin x\cos x}$ となり，$f(x)=\dfrac{\sin x-\cos x}{2+\sin x\cos x}$ にならないから！

でも，普通に微分して考えると ちょっと面倒くさそうだよね。
そこで，**例題41** と同じように考えてみよう！ ◀式の形が似ているから！

$\sin x-\cos x=t$ とおく と，

$(\sin x-\cos x)^2=t^2$ ◀両辺を2乗した！

$\Leftrightarrow (\sin^2 x+\cos^2 x)-2\sin x\cos x=t^2$ ◀展開した

$\Leftrightarrow 1-2\sin x\cos x=t^2$ ◀$\sin^2 x+\cos^2 x=1$

$\therefore\ \boldsymbol{\sin x\cos x=\dfrac{1-t^2}{2}}$ ◀$\sin x\cos x$ について解いた

よって，$\begin{cases}\boldsymbol{\sin x-\cos x}=t & \cdots\cdots ① \\ \boldsymbol{\sin x\cos x}=\dfrac{1-t^2}{2} & \cdots\cdots ②\end{cases}$ がいえるよね。

①と② を $f(x)$ に代入する と，

$f(x)=\dfrac{\sin x-\cos x}{2+\sin x\cos x}$

$\Leftrightarrow f(t)=\dfrac{t}{2+\dfrac{1-t^2}{2}}$ ◀$\begin{cases}\sin x-\cos x=t \\ \sin x\cos x=\dfrac{1-t^2}{2}\end{cases}$

$=\dfrac{2t}{-t^2+5}$ となり， ◀分母分子に2を掛けた

$\sin x$ と $\cos x$ が消えて t だけの式になったね！

実は このように **$\sin x-\cos x$** と **$\sin x\cos x$** だけで表せる関数についても，
$\sin x-\cos x=t$ とおくことによって
t だけの式で表すことができるんだよ。

Point 7.3 〈特殊な三角関数の方程式〉

$f(x)$ が $\sin x-\cos x$ と $\sin x\cos x$ だけで書けたら，
$\sin x-\cos x=t$ とおくことにより，
$f(x)$ を t だけで表すことができる！

[解答]

$$f(x)=\frac{\sin x-\cos x}{2+\sin x\cos x}$$ ◀ $\sin x-\cos x$ と $\sin x\cos x$ だけで表せる関数！

$\sin x-\cos x=t$ とおく と， ◀ Point 7.3

$\sin x\cos x=\dfrac{1-t^2}{2}$ が得られる。 ◀ [考え方]参照

また， $t=\sin x-\cos x$
$=\sqrt{2}\sin\left(x-\dfrac{\pi}{4}\right)$ より， ◀ 三角関数の合成！（詳しくは One Point Lesson 参照。）

$-1\leqq\sin\left(x-\dfrac{\pi}{4}\right)\leqq 1$ を考え， ◀ $-1\leqq\sin\theta\leqq 1$

$-\sqrt{2}\leqq t\leqq\sqrt{2}$ …… ① ◀ $-\sqrt{2}\leqq\underbrace{\sqrt{2}\sin\left(x-\frac{\pi}{4}\right)}_{=t}\leqq\sqrt{2}$

$\begin{cases}\sin x-\cos x=t\\ \sin x\cos x=\dfrac{1-t^2}{2}\end{cases}$ を $f(x)$ に代入する と，

$$f(x)=\frac{\sin x-\cos x}{2+\sin x\cos x}$$

$$\Leftrightarrow f(t)=\frac{t}{2+\dfrac{1-t^2}{2}}$$ ◀ $\begin{cases}\sin x-\cos x=t\\ \sin x\cos x=\dfrac{1-t^2}{2}\end{cases}$

$$=\frac{2t}{-t^2+5}$$ となるので， ◀ 分母分子に2を掛けた

$$f'(t)=\frac{2(-t^2+5)-2t(-2t)}{(-t^2+5)^2}$$ ◀ $\left\{\frac{f(x)}{g(x)}\right\}'=\frac{f'(x)g(x)-f(x)g'(x)}{\{g(x)\}^2}$

$$=\frac{2t^2+10}{(-t^2+5)^2}>0$$ ◀ $\begin{cases}2t^2+10>0\\(-t^2+5)>0\end{cases}$

よって，$f(t)$ は増加関数である。

以上より，$-\sqrt{2}\leqq t\leqq\sqrt{2}$ …… ① を考え，

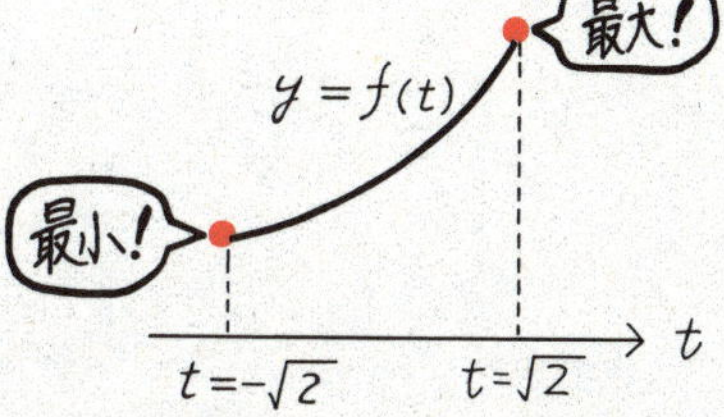

最大値 $\boldsymbol{f(\sqrt{2})}=\frac{2\sqrt{2}}{-2+5}$

$$=\boldsymbol{\frac{2\sqrt{2}}{3}}$$ ◀ $f(t)=\frac{2t}{-t^2+5}$

最小値 $\boldsymbol{f(-\sqrt{2})}=\frac{-2\sqrt{2}}{-2+5}$

$$=\boldsymbol{-\frac{2\sqrt{2}}{3}}$$ ◀ $f(t)=\frac{2t}{-t^2+5}$

練習問題 17

$f(x)=\sin x-\cos x+\frac{1}{2}\sin 2x$ の最大値と最小値を求めよ。

ただし，$0\leqq x\leqq\frac{\pi}{2}$ とする。

<メモ>

Section 8 不等式の証明

この章では，「微分を使って示す不等式の証明」について解説する。

8割くらいの問題が“ワンパターンの解法”で解けてしまうので，比較的ラクなところである。

解法のパターンをしっかり身に付けよう！

例題 43 

$x \geqq 0$ のとき，次の不等式を証明せよ。

$\cos x \geqq 1-\dfrac{x^2}{2}$

[考え方]

まず，不等式の証明については 次のことを覚えておこう！

Point 8.1 **〈不等式の証明の基本的な解法〉** 

「$f(x) \geqq g(x)$ の証明」

➡ $f(x)-g(x)$ を考え

$\boldsymbol{f(x)-g(x) \geqq 0}$ を示す！

問題文の $\cos x \geqq 1-\dfrac{x^2}{2}$ は $f(x) \geqq g(x)$ の形なので，***Point 8.1*** より

$\cos x-\left(1-\dfrac{x^2}{2}\right)$ について考えればいいよね。

そこで，

$f(x)=\cos x-1+\dfrac{x^2}{2}$ とおき，$f(x) \geqq 0$ を示すことにしよう。

さて，一般に

$f(x) \geqq 0$ を示すためには，$f(x)$ のグラフをかけばいい よね。

そこで，とりあえず $f(x)=\cos x-1+\dfrac{x^2}{2}$ を微分してみる と，

$\boldsymbol{f'(x)=-\sin x+x}$ …… ① となるよね。

だけど，$-\sin x+x$ の符号はよく分からないので さらに微分する と，

$\boldsymbol{f''(x)=-\cos x+1}$ …… ② となる。

$-\cos x+1$ だったら，符号は分かるよね！

一般に，$\cos x$ については $-1 \leqq \cos x \leqq 1$ がいえるので，
$-\cos x + 1 \geqq 0$ だと分かるね。
よって，$\boldsymbol{f''(x) \geqq 0}$ がいえる！

さらに，
$f''(x) \geqq 0$ より，$f'(x)$ は**増加関数**だといえる よね。

▶よく分からなければ，次のような置き換えをしてみよう。

式を見やすくするために $f'(x) = g(x)$ とおく と，
$f''(x) = g'(x)$ がいえるので，　◀両辺をxで微分した
$f''(x) \geqq 0$ は $g'(x) \geqq 0$ と書き直すことができるよね。

一般に，$g'(x) \geqq 0$ のとき，$g(x)$ は**増加関数** だよね。
よって，$g(x) = f'(x)$ より，
$f''(x) \geqq 0$ のとき，$f'(x)$ も**増加関数**である！

さて，ここで，問題文の $x \geqq 0$ を考え，
$f'(x) = -\sin x + x$ …… ① に $x = 0$ を代入してみる と，
$\boldsymbol{f'(0) = 0}$ …… ①′ がいえるよね。　◀sin0=0
よって，①′と
$f'(x)$ は**増加関数**であることを
考えると，$y = f'(x)$ のグラフは
［図１］のようになるよね。

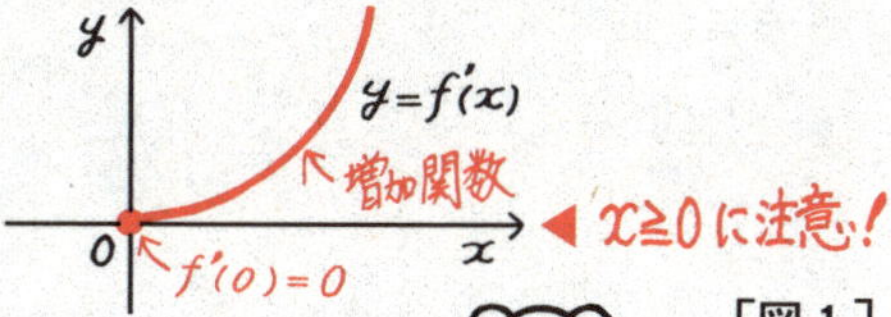

［図１］

よって，［図１］から $\boldsymbol{f'(x) \geqq 0}$ ……（＊）が分かった！

そして，さらに，
$\boldsymbol{f'(x) \geqq 0}$ ……（＊）から，$f(x)$ も**増加関数**だといえる よね！

問題文の $x \geqq 0$ を考え，$f(x) = \cos x - 1 + \dfrac{x^2}{2}$ に $x = 0$ を代入する と，

$f(0)=0$ …… ② がいえるよね。 ◀ $\cos 0=1$

よって，②と
$f(x)$ は**増加関数**であることを
考えると，$y=f(x)$ のグラフは
［図 2］のようになるよね。

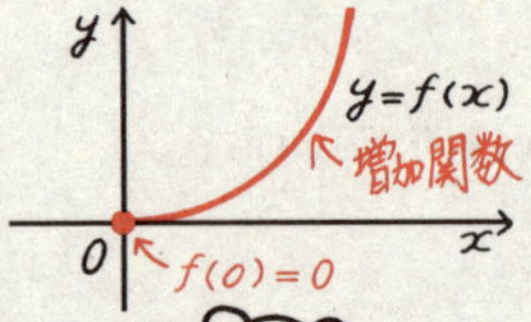

◀ $x\geqq 0$ に注意！

［図 2］

よって，［図 2］から **$f(x)\geqq 0$** が分かった！

よって，**$f(x)\geqq 0$** が示せたので， ◀ $f(x)=\cos x-1+\dfrac{x^2}{2}$

$\cos x\geqq 1-\dfrac{x^2}{2}$ を示すことができたね！ ◀ $\cos x-1+\dfrac{x^2}{2}\geqq 0$

［解答］

$f(x)=\cos x-1+\dfrac{x^2}{2}$ とおく。

$f'(x)=-\sin x+x$
$f''(x)=-\cos x+1\geqq 0$ より，
$f'(x)$ は**増加関数**である。…… ①
さらに，
$f'(0)=0$ より，①を考え，$f'(x)\geqq 0$ ◀
よって，$f(x)$ は**増加関数**である。…… ②

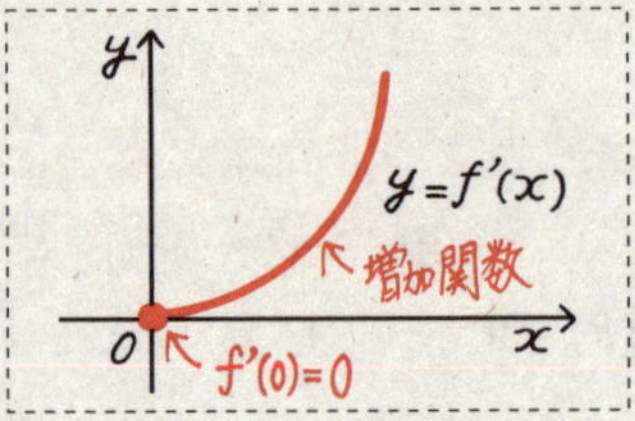

さらに，
$f(0)=0$ より，②を考え，$f(x)\geqq 0$ ◀

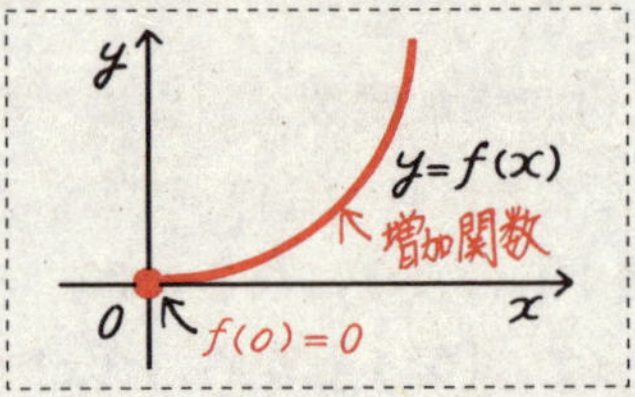

以上より，
$x\geqq 0$ のとき，**$\cos x\geqq 1-\dfrac{x^2}{2}$** がいえた。

(*q. e. d.*)

練習問題 18

$x>0$ のとき，$\sin x>x-\dfrac{x^3}{6}$ を証明せよ。

例題 44

$0 \leqq x \leqq \dfrac{\pi}{2}$ において，次の不等式を証明せよ。

(1)　$\dfrac{2}{\pi}x \leqq \sin x$　　　　(2)　$\cos x \leqq 1-\dfrac{1}{\pi}x^2$

[考え方]

(1)　$f(x)=\sin x-\dfrac{2}{\pi}x$ とおく。

Point 8.1 に従って，今から $f(x) \geqq 0$ を示そう。

一般に $f(x) \geqq 0$ を示すためには，$f(x)$ のグラフをかけばいい ので，

増減表をかくために，とりあえず $f(x)=\sin x-\dfrac{2}{\pi}x$ を微分してみる と，

$\boldsymbol{f'(x)=\cos x-\dfrac{2}{\pi}}$　◀ $(\sin x)'=\cos x$

となるよね。

だけど，$\cos x-\dfrac{2}{\pi}$ の符号はよく分からないので，

さらに微分する と，

$\boldsymbol{f''(x)=-\sin x}$　◀ $(\cos x)'=-\sin x$

となるよね。

$0 \leqq x \leqq \dfrac{\pi}{2}$ のとき，$0 \leqq \sin x \leqq 1$ となるので，

$\boldsymbol{f''(x) \leqq 0}$ がいえるよね。　◀ $-1 \leqq \underbrace{-\sin x}_{f''(x)} \leqq 0$

よって，

$f'(x)$ は**減少関数**である ……(＊) ことが分かるよね！

さて，ここで，問題文の $0 \leqq x \leqq \dfrac{\pi}{2}$ を考え，

$f'(x)=\cos x-\dfrac{2}{\pi}$ に $x=0$ と $x=\dfrac{\pi}{2}$ を代入する と，

$$\begin{cases} f'(0)=1-\dfrac{2}{\pi}>0 \\ f'\left(\dfrac{\pi}{2}\right)=-\dfrac{2}{\pi}<0 \end{cases}$$ となるよね。

◀ $\cos 0-\frac{2}{\pi}$

◀ $\cos\frac{\pi}{2}-\frac{2}{\pi}$

よって，

$y=f'(x)$ のグラフは，（＊）を考え，次のようになることが分かった！

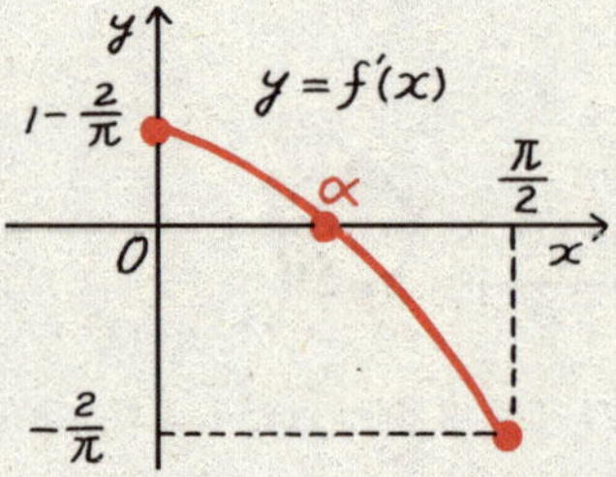

◀ $f'(x)$ は減少関数なので，
$0\leqq x\leqq\frac{\pi}{2}$ において
$f'(x)=0$ となる α が
1つだけ存在する！

とりあえず ここまでの結果を増減表にまとめてみると，

次のようになるよね。

x	0		α		$\frac{\pi}{2}$
$f'(x)$		＋	0	−	
$f(x)$		↗	最大	↘	

◀

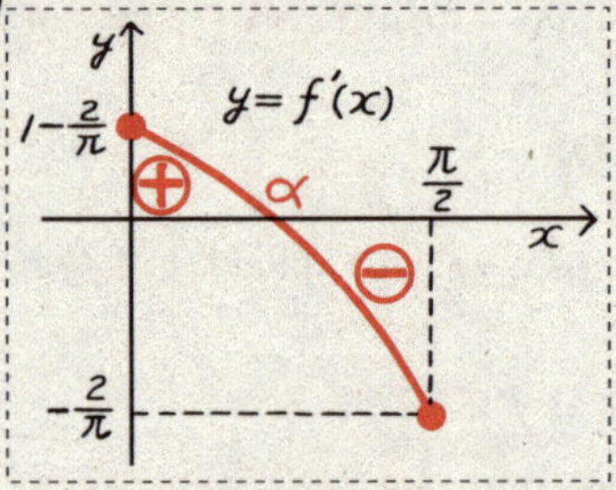

よって，$f(x)=\sin x-\frac{2}{\pi}x$ より，

$$\begin{cases} f(0)=\sin 0-0=0 \\ f\left(\dfrac{\pi}{2}\right)=\sin\dfrac{\pi}{2}-1=0 \end{cases}$$

◀ $\sin 0=0$

◀ $\sin\frac{\pi}{2}=1$

が分かるので，増減表は 次のようになる！

x	0		α		$\frac{\pi}{2}$
$f'(x)$		＋	0	−	
$f(x)$	0	↗	最大	↘	0

増減表から，$y=f(x)$ のグラフは右図のようになるよね。

よって，

$f(x)\geqq 0$ がいえるよね！

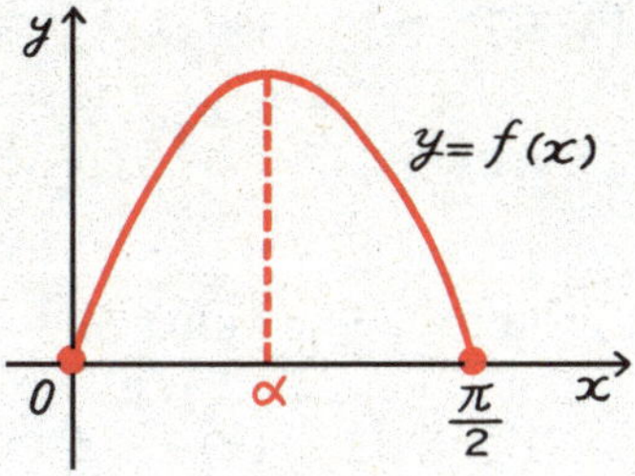

[解答]

(1)　$f(x)=\sin x-\dfrac{2}{\pi}x$ とおく。

$f'(x)=\cos x-\dfrac{2}{\pi}$

$f''(x)=-\sin x\leqq 0$ より，　◀ $0\leqq x\leqq\dfrac{\pi}{2}$ のとき　$0\leqq\sin x\leqq 1$

$f'(x)$ は**減少関数**である。 ……（∗）

よって，

$$\begin{cases} f'(0)=1-\dfrac{2}{\pi}>0 \\ f'\left(\dfrac{\pi}{2}\right)=-\dfrac{2}{\pi}<0 \end{cases}$$

と（∗）を考え，

増減表は次のようになる。　◀ [考え方]参照

x	0		α		$\dfrac{\pi}{2}$
$f'(x)$		＋	0	－	
$f(x)$	0	↗	最大	↘	0

［ただし，α は $f'(x)=0$ の解，つまり，$\cos\alpha=\dfrac{2}{\pi}$ を満たす定数とする。］

増減表より，$f(x)\geqq 0$ がいえるので，

$0\leqq x\leqq\dfrac{\pi}{2}$ において $\dfrac{2}{\pi}x\leqq\sin x$ がいえた。　　(*q. e. d.*)

[考え方]

(2)　この問題は(1)，(2)というような“誘導問題”になっているから前の問題の結果をうまく使えば解けそうだね！

[解答]

(2) $g(x)=1-\frac{1}{\pi}x^2-\cos x$ とおく。

$g'(x)=-\frac{2}{\pi}x+\sin x$ より

(1)を考え，$g'(x)\geqq 0$ がいえる。 ◀(1)で $\frac{2}{\pi}x\leqq\sin x$ を示した!

よって，

$g(x)$ は**増加関数**である。 ……(＊＊)

さらに，$g(0)=0$ より， ◀$g(0)=1-\cos 0$

(＊＊) を考え，$\boldsymbol{g(x)\geqq 0}$ がいえる。 ◀

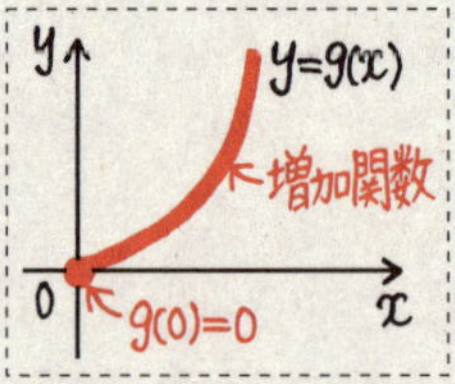

よって，

$0\leqq x\leqq\frac{\pi}{2}$ において $\boldsymbol{\cos x\leqq 1-\frac{1}{\pi}x^2}$ がいえた。 (*q. e. d.*)

練習問題 19

$a\geqq\frac{1}{2}$ のとき 次の不等式が成り立つことを証明せよ。

$1-ax^2\leqq\cos x$

例題 45

(1) $x>0$ のとき次の不等式を証明せよ。

$$e^x>1+\frac{x}{1!}+\frac{x^2}{2!}+\cdots\cdots+\frac{x^n}{n!}\ (n\text{ は自然数})$$

(2) (1)の不等式を用いて，与えられた任意の整数 k に対して，

$\lim_{x\to\infty}x^ke^{-x}=0$ であることを証明せよ。 [慶大-理工]

[考え方]

(1)　まず，右辺の $\boldsymbol{F_n(x)=1+\frac{x}{1!}+\frac{x^2}{2!}+\cdots\cdots+\frac{x^n}{n!}}$ は入試で頻出なので，

$F_n(x)$ について解説しよう。

$F_n(x)=1+\frac{x}{1!}+\frac{x^2}{2!}+\frac{x^3}{3!}+\cdots\cdots+\frac{x^{n-1}}{(n-1)!}+\frac{x^n}{n!}$ を x で微分する と，

$F_n'(x)=1+\frac{x}{1!}+\frac{x^2}{2!}+\cdots\cdots+\frac{x^{n-2}}{(n-2)!}+\frac{x^{n-1}}{(n-1)!}$　◀《注》を見よ

が得られるよね。

▶《注》 $\left(\frac{x^n}{n!}\right)'=\frac{x^{n-1}}{(n-1)!}$ について

$$\left(\frac{x^n}{n!}\right)'=\frac{1}{n!}(x^n)'$$　◀ $\frac{1}{n!}$ は定数

$$=\frac{1}{n!}\cdot nx^{n-1}$$　◀ $(x^n)'=nx^{n-1}$

$$=\frac{1}{n(n-1)!}\cdot nx^{n-1}$$　◀ $n!=n\underbrace{(n-1)(n-2)\cdots\cdots3\cdot2\cdot1}_{(n-1)!}$

$$=\boldsymbol{\frac{x^{n-1}}{(n-1)!}}$$　◀分母分子の n を約分した

この $\boldsymbol{F_n'(x)}$ は $\boldsymbol{F_{n-1}(x)=1+\frac{x}{1!}+\frac{x^2}{2!}+\cdots\cdots+\frac{x^{n-1}}{(n-1)!}}$ と等しい よね。

これが $F_n(x)$ の重要な性質であり，たいていの $\boldsymbol{F_n(x)}$ に関する問題はこれに着目すれば解けてしまうのである！

Point 8.2　〈$\boldsymbol{F_n(x)=\sum_{k=0}^{n}\frac{x^k}{k!}}$ の重要な性質について〉

$\boldsymbol{F_n(x)=1+\frac{x}{1!}+\frac{x^2}{2!}+\cdots\cdots+\frac{x^{n-1}}{(n-1)!}+\frac{x^n}{n!}}$ において，

$\boldsymbol{F_n'(x)=1+\frac{x}{1!}+\frac{x^2}{2!}+\cdots\cdots+\frac{x^{n-1}}{(n-1)!}}$ となるので，

$\boldsymbol{F_n'(x)=F_{n-1}(x)}$ が成立する！

では，この ***Point 8.2*** を踏まえて，実際に問題を解いてみよう。

まず，***Point 8.1*** を考え，

$f_n(x)=e^x-\left\{1+\dfrac{x}{1!}+\dfrac{x^2}{2!}+\cdots\cdots+\dfrac{x^{n-1}}{(n-1)!}+\dfrac{x^n}{n!}\right\}$ とおく。

さて，$f_n(x)\geqq 0$ を証明するためには，何を使って証明すればいいのか分かるかい？

これまでは1，2回 微分して 増減表をかくことによって 何とか解くことができていたけれど，

とりあえず今回の $f_n(x)$ については何回微分しても，

$f_n'(x)=e^x-\left\{1+\dfrac{x}{1!}+\dfrac{x^2}{2!}+\cdots\cdots+\dfrac{x^{n-2}}{(n-2)!}+\dfrac{x^{n-1}}{(n-1)!}\right\}$

$f_n''(x)=e^x-\left\{1+\dfrac{x}{1!}+\dfrac{x^2}{2!}+\cdots\cdots+\dfrac{x^{n-2}}{(n-2)!}\right\}$ のように

ほとんど形が変わらないので 証明できそうにないよね。

そこで，ちょっと方針を変えることにしよう。

そもそも この問題はちょっと特殊で，

一般の自然数 n についての証明問題 だよね。

つまり，

任意の自然数 n について $f_n(x)>0$ を示さなければならないので，
「数学的帰納法」を使えば解けそう だよね！

(i) $n=1$ のとき

$f_1(x)=e^x-1-x$ より，　◀ $f_n(x)=e^x-\left(1+\dfrac{x}{1!}+\cdots\cdots+\dfrac{x^n}{n!}\right)$

$f_1'(x)=e^x-1>0$　◀ $x>0$ より $e^x>e^0=1$

よって，$f_1(x)$ は増加関数 だよね。

また，

$f_1(0)=e^0-1$

$\quad =0$ より，　◀ $e^0=1$

$x>0$ のとき $\boldsymbol{f_1(x)>0}$ がいえるよね。◀

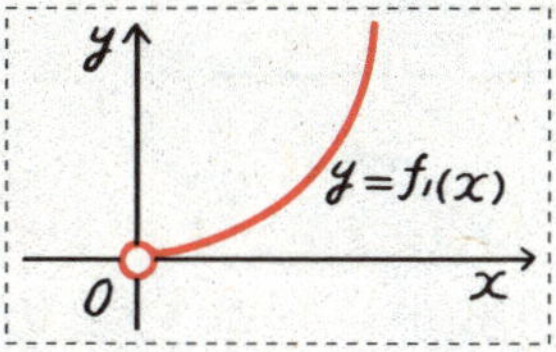

(ii)　$n=k$ のとき

$$f_k(x)=e^x-\left(1+\frac{x}{1!}+\frac{x^2}{2!}+\cdots\cdots+\frac{x^k}{k!}\right)>0 \;\cdots\cdots(*)$$

が成立すると仮定する。

以下，

(＊) を使って $n=k+1$ のときの $f_{k+1}(x)>0$ を示せばいい よね。

$$f_{k+1}(x)=e^x-\left\{1+\frac{x}{1!}+\frac{x^2}{2!}+\cdots\cdots+\frac{x^k}{k!}+\frac{x^{k+1}}{(k+1)!}\right\}$$ より，

$$f_{k+1}'(x)=e^x-\left(1+\frac{x}{1!}+\frac{x^2}{2!}+\cdots\cdots+\frac{x^k}{k!}\right)$$ となり，◀ 微分したら $f_k(x)$ が出てきた！

$f_{k+1}'(x)$ が $f_k(x)$ と同じ形になったね！　◀ Point8.2

よって，$f_k(x)>0$ ……(＊) から $f_{k+1}'(x)=f_k(x)>0$ がいえる！

さらに，$f_{k+1}'(x)>0$ から
$f_{k+1}(x)$ は**増加関数**であるといえる よね。

また，$f_{k+1}(0)=0$ より，　◀ $f_{k+1}(0)=e^0-1$

$x>0$ のとき $\boldsymbol{f_{k+1}(x)>0}$ がいえるよね。◀

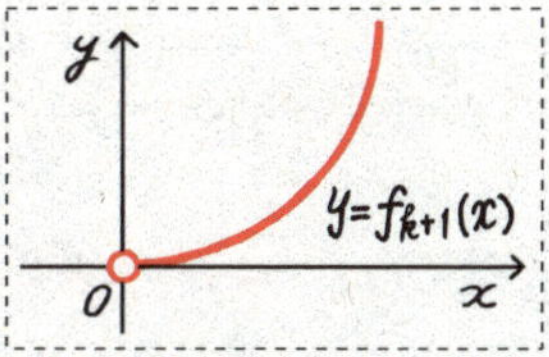

よって，

$n=k+1$ のときも $f_n(x)>0$ が成立するので，
数学的帰納法により，すべての自然数 n について $\boldsymbol{f_n(x)>0}$ が示せたね！

[解答]

(1)　$f_n(x)=e^x-\left(1+\dfrac{x}{1!}+\dfrac{x^2}{2!}+\cdots\cdots+\dfrac{x^n}{n!}\right)$ とおく。

(i) $n=1$ のとき

$f_1(x)=e^x-1-x$ より,

$$\begin{cases} f_1'(x)=e^x-1>0 \\ f_1(0)=0 \end{cases}$$ がいえるので, ◀ $f_1(x)$ は増加関数!

$x>0$ のとき $\boldsymbol{f_1(x)>0}$ がいえる。 ◀ [考え方]参照

(ii) $n=k$ のとき

$$f_k(x)=e^x-\left(1+\frac{x}{1!}+\frac{x^2}{2!}+\cdots\cdots+\frac{x^k}{k!}\right)>0 \quad \cdots\cdots(*)$$

が成立すると仮定する。

$$f_{k+1}(x)=e^x-\left\{1+\frac{x}{1!}+\frac{x^2}{2!}+\cdots\cdots+\frac{x^k}{k!}+\frac{x^{k+1}}{(k+1)!}\right\}$$ より,

$$f_{k+1}'(x)=e^x-\left(1+\frac{x}{1!}+\frac{x^2}{2!}+\cdots\cdots+\frac{x^k}{k!}\right)$$ ◀ Point 8.2

$$=f_k(x)>0$$ がいえる。 ◀ $(*)$より!

よって, $f_{k+1}(x)$ は**増加関数**である。……①

また, $f_{k+1}(0)=0$ がいえるので, ①を考え,

$x>0$ のとき $\boldsymbol{f_{k+1}(x)>0}$ がいえる。 ◀

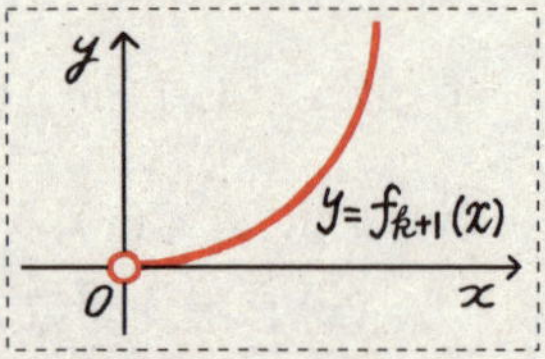

よって, $n=k+1$ のときも $f_n(x)>0$ が成立する ので,

数学的帰納法により, $\boldsymbol{f_n(x)>0}$ が示せた。 (q. e. d.)

[考え方] ◀ 以下の解法は"知っておくべき解法"なので必ず覚えること!

(2) まず, (1)より, $n=k+1$ の場合を考え, ◀ 誘導問題だから前の結果を使う!

$$e^x>1+\frac{x}{1!}+\frac{x^2}{2!}+\cdots\cdots+\frac{x^k}{k!}+\frac{x^{k+1}}{(k+1)!} \quad \cdots\cdots(\bigstar)$$

がいえるよね。

また,

$x>0$ のとき $1+\frac{x}{1!}+\frac{x^2}{2!}+\cdots\cdots+\frac{x^k}{k!}>0$ がいえる ので, ◀ すべての項が正だから!

$$\boxed{1+\frac{x}{1!}+\frac{x^2}{2!}+\cdots\cdots+\frac{x^k}{k!}}+\frac{x^{k+1}}{(k+1)!}>\frac{x^{k+1}}{(k+1)!}\quad\cdots\cdots(\bigstar\bigstar)$$

がいえるよね。

よって，(★) と (★★) を合わせると，

$\boxed{e^x>\frac{x^{k+1}}{(k+1)!}}$ が得られる！　◀ $e^x>1+\frac{x}{1!}+\cdots+\frac{x^k}{k!}+\frac{x^{k+1}}{(k+1)!}>\frac{x^{k+1}}{(k+1)!}$

さて，ここで

$e^x>\frac{x^{k+1}}{(k+1)!}$ から問題文の x^ke^{-x} をつくってみよう！

$$e^x>\frac{x^{k+1}}{(k+1)!}$$

$\Leftrightarrow 1>\frac{x^{k+1}e^{-x}}{(k+1)!}$　◀両辺に e^{-x} を掛けた

$\Leftrightarrow (k+1)!>x^{k+1}e^{-x}$　◀両辺に $(k+1)!$ を掛けた

$\Leftrightarrow \boxed{\frac{(k+1)!}{x}>x^ke^{-x}}$　◀両辺を $x\,(>0)$ で割って x^ke^{-x} をつくった！

↑左辺の分母に x が入っているのがポイント！

次に，$\lim_{x\to\infty}\frac{(k+1)!}{x}$ について考えよう。

$\boxed{(k+1)!\ は定数}$ なので，

$\lim_{x\to\infty}\frac{(k+1)!}{x}=(k+1)!\lim_{x\to\infty}\frac{1}{x}=0$ がいえるよね。　◀ $\lim_{x\to\infty}\frac{1}{x}=0$

よって，

$0<x^ke^{-x}<\frac{(k+1)!}{x}$ を考え，　◀ $0<x^ke^{-x}$ は「明らか」としていきなり書く！

はさみうちの定理より，

$\boldsymbol{\lim_{x\to\infty}x^ke^{-x}=0}$ がいえるよね。//　◀ $\underbrace{\lim_{x\to\infty}0}_{0}<\lim_{x\to\infty}x^ke^{-x}<\underbrace{\lim_{x\to\infty}\frac{(k+1)!}{x}}_{0}$

この(2)の証明方法は覚えておこう！

[解答]

(2) (1)より，$e^x > \dfrac{x^{k+1}}{(k+1)!}$ ……（★）がいえる。 ◀前の問題の結果を使う！

さらに（★）より，

$0 < x^k e^{-x} < \dfrac{(k+1)!}{x}$ がいえる。 ◀[考え方]参照

$$\begin{cases} \displaystyle\lim_{x\to\infty} 0 = 0 \\ \displaystyle\lim_{x\to\infty} \frac{(k+1)!}{x} = 0 \end{cases}$$ より， ◀$(k+1)!$は定数！

はさみうちの定理を考え，$\displaystyle\lim_{x\to\infty} x^k e^{-x} = 0$ // (q. e. d.)

[研究] テイラー展開について

（ここは興味をもった人だけが読んでください。）

$\sin x$ などの関数を 次のように 整式の和として近似したものを「**テイラー展開**」という（「**マクローリン展開**」ともいう）。

テイラー展開

$$f(x) = \sum_{k=0}^{\infty} \frac{f^{(k)}(0)}{k!} x^k$$

◀これは「テイラー展開」の特殊な形で，「マクローリン展開」という場合もある

$$= f(0) + \frac{f'(0)}{1!}x + \frac{f''(0)}{2!}x^2 + \cdots\cdots + \frac{f^{(n)}(0)}{n!}x^n + \cdots\cdots$$

▶「$f^{(k)}(x)$」は，$f(x)$ を k 回微分したものを意味する。

Ex. 1　$\sin x$ の「テイラー展開」

$$\sin x = x - \frac{x^3}{3!} + \frac{x^5}{5!} - \frac{x^7}{7!} + \cdots\cdots + \frac{(-1)^n x^{2n+1}}{(2n+1)!} + \cdots\cdots$$

▶$f(x) = \sin x$ ➡ $f(0) = 0$

$f'(x) = \cos x$ ➡ $f'(0) = 1$

$f''(x) = -\sin x$ ➡ $f''(0) = 0$

$f'''(x) = -\cos x$ ➡ $f'''(0) = -1$

⋮　　より，

$$\sin x = 0 + \frac{1}{1!}x + \frac{0}{2!}x^2 + \frac{-1}{3!}x^3 + \cdots\cdots$$

$$= x - \frac{x^3}{3!} + \cdots\cdots$$

Ex. 2　$\cos x$ の「テイラー展開」

$$\cos x = 1 - \frac{x^2}{2!} + \frac{x^4}{4!} - \frac{x^6}{6!} + \cdots\cdots + \frac{(-1)^n x^{2n}}{(2n)!} + \cdots\cdots$$

▶$f(x) = \cos x$ ➡ $f(0) = 1$

$f'(x) = -\sin x$ ➡ $f'(0) = 0$

$f''(x) = -\cos x$ ➡ $f''(0) = -1$

$f'''(x) = \sin x$ ➡ $f'''(0) = 0$

⋮　　より，

$$\cos x = 1 + \frac{0}{1!}x + \frac{-1}{2!}x^2 + \frac{0}{3!}x^3 + \cdots\cdots$$

$$= 1 - \frac{x^2}{2!} + \cdots\cdots$$

Ex.3 e^x の「テイラー展開」

$$\boldsymbol{e^x=1+\frac{x}{1!}+\frac{x^2}{2!}+\frac{x^3}{3!}+\cdots\cdots+\frac{x^n}{n!}+\cdots\cdots}$$

▶ $f(x)=e^x \Rightarrow f(0)=1$

$f'(x)=e^x \Rightarrow f'(0)=1$

$f''(x)=e^x \Rightarrow f''(0)=1$

$f'''(x)=e^x \Rightarrow f'''(0)=1$

⋮　　　　より，

$$e^x=1+\frac{1}{1!}x+\frac{1}{2!}x^2+\frac{1}{3!}x^3+\cdots\cdots$$

$$=\boldsymbol{1+\frac{x}{1!}+\frac{x^2}{2!}+\frac{x^3}{3!}+\cdots\cdots}$$

この**「テイラー展開」**が入試問題の背景になっている場合は非常に多いのである！

Ex. 1 の応用例

練習問題 18 の $\sin x>x-\dfrac{x^3}{6}$ ……①　◀ $\dfrac{x^3}{6}=\dfrac{x^3}{3!}$

Ex. 2 の応用例

例題 43 の $\cos x \geqq 1-\dfrac{x^2}{2}$ ……②

Ex. 3 の応用例

例題 45 の $e^x>1+\dfrac{x}{1!}+\dfrac{x^2}{2!}+\cdots\cdots+\dfrac{x^n}{n!}$ ……③

▶これらの不等式の“直感的な意味”は 次のように考えればよい！
①，②，③はテイラー展開の式を途中で切っているので，当然（？）$\sin x$ や $\cos x$ や e^x の方が大きくなるよね。

[Comment]

この **「テイラー展開」** を知っているからといって，すぐに解ける入試問題はあまりない。

しかし，次の **参考問題1，2** のように，解く前に答えが予想できると，見通しが非常によくなる場合もあるので，余力のある人は覚えてもよい。

参考問題1

任意の実数 x に対して，不等式

$1+kx^2 \leqq \cos x$ を満たすような定数 k の範囲を求めよ。　［早大-理工］

▶ $\cos x = 1 - \dfrac{1}{2}x^2 + \cdots\cdots$ より，答えは $k \leqq -\dfrac{1}{2}$ だと予想できる。

参考問題2

$x \geqq 0$ において，つねに $x - ax^3 \leqq \sin x \leqq x - \dfrac{x^3}{6} + bx^5$ を満たすような定数 a，b について最小となるものをそれぞれ求めよ。

［横浜国大（後期）］

▶ $\sin x = x - \dfrac{1}{6}x^3 + \dfrac{1}{120}x^5 + \cdots\cdots$ より，答えは

$$\begin{cases} (a \text{ の最小値}) = \dfrac{1}{6} \\ (b \text{ の最小値}) = \dfrac{1}{120} \end{cases}$$

だと予想できる。

練習問題 20

(1)　$x>0$ のとき，次の不等式を証明せよ。

$x > \log(1+x) > x - \dfrac{x^2}{2}$

(2)　$a_n = \left(1+\dfrac{1}{n^2}\right)\left(1+\dfrac{2}{n^2}\right)\left(1+\dfrac{3}{n^2}\right)\cdots\cdots\left(1+\dfrac{n}{n^2}\right)$

とおくとき，$\displaystyle\lim_{n\to\infty} a_n$ を求めよ。

例題 46

$x>0$ のとき，$x+1>e^{x-\frac{x^2}{2}}$ が成り立つことを示せ。

[考え方]

とりあえず，$x+1>e^{x-\frac{x^2}{2}}$ は指数が入っているので，考えにくいよね。そこで『**極限が本当によくわかる本**』などで解説した 次の ***Point*** を思い出せばよい！

Point 8. 3 **〈指数の入った関係式〉**

指数の入った関係式は log をとれ！

$x+1>e^{x-\frac{x^2}{2}}$ の両辺に log をとる と，

$$\log(x+1)>\log e^{x-\frac{x^2}{2}}$$

$$\Leftrightarrow \log(x+1)>\left(x-\frac{x^2}{2}\right)\log e$$ ◀ $\log a^b=b\log a$

$$\Leftrightarrow \log(x+1)>x-\frac{x^2}{2} \quad \cdots\cdots(*)$$ ◀ $\log_e e=1$

(＊) だったら，指数が入っていないので 簡単そうだよね！

$f(x)=\log(x+1)-x+\frac{x^2}{2}$ とおく と， ◀ Point 8.1

$$f'(x)=\frac{1}{x+1}-1+x$$ ◀ $\{\log f(x)\}'=\frac{f'(x)}{f(x)}$

$$=\frac{1-(x+1)+x^2+x}{x+1}$$ ◀ 分母をそろえた

$$=\frac{x^2}{x+1}>0$$ ◀ 問題文より $x>0$

よって，$f(x)=\log(x+1)-x+\frac{x^2}{2}$ は**増加関数** だね。

さらに，　◀問題文の条件は $x>0$ なので，スタート地点の $x=0$ を考える！

$f(0)=\log 1$　◀ $f(x)=\log(x+1)-x+\dfrac{x^2}{2}$

$\quad=0$ より，

$f(x)=\log(x+1)-x+\dfrac{x^2}{2}$ のグラフの

概形は右図のようになるので，

$\boldsymbol{f(x)>0}$ がいえるよね。

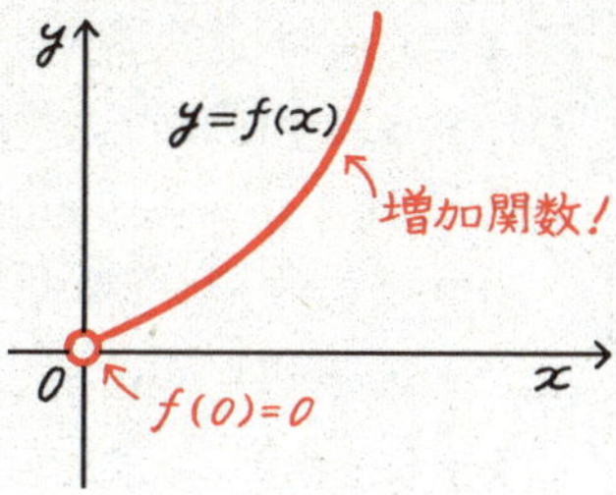

[解答]

$$x+1>e^{x-\frac{x^2}{2}}$$
$$\Leftrightarrow \log(x+1)>\log e^{x-\frac{x^2}{2}}$$　◀両辺に log をとった
$$\Leftrightarrow \log(x+1)>x-\frac{x^2}{2}$$　より，　◀[考え方]参照

$\log(x+1)>x-\dfrac{x^2}{2}$ を示す。

$f(x)=\log(x+1)-x+\dfrac{x^2}{2}$ とおく。　◀ Point 8.1

$$f'(x)=\frac{1}{x+1}-1+x$$
$$=\frac{x^2}{x+1}>0$$　◀分母をそろえた

よって，$f(x)$ は**増加関数**である。……（＊）

$f(0)=\mathbf{0}$ より，（＊）を考え，$x>0$ のとき $\boldsymbol{f(x)>0}$ がいえる。

以上より，

$\boldsymbol{x+1>e^{x-\frac{x^2}{2}}}$ // $(x>0)$ が示せた。　$(q.\,e.\,d.)$

練習問題 21

　$0<x\leqq 1$ のとき，次の不等式を証明せよ。

$$1+\frac{8}{10}x<(1+x)^{\frac{9}{10}}<1+\frac{9}{10}x$$

[名工大]

練習問題 22 

$x \geqq 0$ に対して $f(x)$ は $1+x=e^{x+f(x)}$ を満たす関数とする。

(1) $-x^2 \leqq f(x) \leqq 0$ であることを証明せよ。

(2) 数列 $\{na_n\}$ $(a_n \geqq 0)$ が収束するとき，
$\lim_{n\to\infty} nf(a_n)=0$ を証明せよ。

(3) (2)において $\lim_{n\to\infty} na_n=b$ のとき，
$\lim_{n\to\infty}(1+a_n)^n$ を求めよ。 ［早大-理工］

例題 47 

$0<a<b$ のとき，$\log\frac{b}{a}<\frac{1}{2}(b-a)\left(\frac{1}{a}+\frac{1}{b}\right)$
を証明せよ。 ［筑波大］

 **[考え方]**

まず，$\log\frac{b}{a}<\frac{1}{2}(b-a)\left(\frac{1}{a}+\frac{1}{b}\right)$ は

a と b の 2 変数の問題なので 考えにくいよね。 

そこで，とりあえず 右辺を展開してみると， 

$$\log\frac{b}{a}<\frac{1}{2}(b-a)\left(\frac{1}{a}+\frac{1}{b}\right)$$

$$\Leftrightarrow \log\frac{b}{a}<\frac{1}{2}\left(\frac{b}{a}+1-1-\frac{a}{b}\right)$$ ◀右辺を展開した

$$\Leftrightarrow \log\frac{b}{a}<\frac{1}{2}\left(\frac{b}{a}-\frac{a}{b}\right) \cdots\cdots (*)$$ ◀右辺を整理した

のように，多少は考えやすい式になったよね。 

とりあえず $\log\frac{b}{a}<\frac{1}{2}\left(\frac{b}{a}-\frac{a}{b}\right)$ ……($*$) は“2 変数の式”だけど，

実は，ちょっと考えると“1 変数の式”になることは分かるかい？ 

(＊) をよく見てみると，

変数はすべて $\dfrac{b}{a}$ の形になっていることが分かるよね。

そこで，$\dfrac{b}{a}=t$ とおく　と，(＊) は

$\log t<\dfrac{1}{2}\left(t-\dfrac{1}{t}\right)$ …… (＊)′ のようになるよね。

(＊)′ だったら，変数が t だけなので考えやすいよね！

このように，$\dfrac{b}{a}\left(\text{or } \dfrac{a}{b}\right)$ を t とおくことにより，2変数の式が

1変数になる式のことを

「同《どう》次《じ》式」というんだよ。

[解答]

$$\log\frac{b}{a}<\frac{1}{2}(b-a)\left(\frac{1}{a}+\frac{1}{b}\right)$$

$\Leftrightarrow$ $\log\dfrac{b}{a}<\dfrac{1}{2}\left(\dfrac{b}{a}-\dfrac{a}{b}\right)$ …… (＊)　◀ 右辺を展開して整理した

$\dfrac{b}{a}=t$ とおく　と，

(＊) $\Leftrightarrow$ $\log t<\dfrac{1}{2}\left(t-\dfrac{1}{t}\right)$ …… ①　◀ t だけの式になった！

また，$0<a<b$ より，　◀ $\dfrac{b}{a}=t$ とおいたので，a と b の条件式を t の式に書き直す必要がある！

$0<a<b$

$\Leftrightarrow$ $0<1<\dfrac{b}{a}$　◀ $a\,(>0)$ で割って $\dfrac{b}{a}\,(=t)$ の形をつくった！

$\therefore$ $1<t$ …… ② が得られる。　◀ $\dfrac{b}{a}=t$

以下，

$1<t$ …… ② のもとで，$\log t<\frac{1}{2}\left(t-\frac{1}{t}\right)$ …… ① を証明する。

$f(t)=\frac{t}{2}-\frac{1}{2t}-\log t$ とおく と，◀ Point 8.1

$f'(t)=\frac{1}{2}+\frac{1}{2t^2}-\frac{1}{t}$ ◀ $\left(\frac{1}{t}\right)'=(t^{-1})'=-t^{-2}=-\frac{1}{t^2}$

$=\frac{t^2+1-2t}{2t^2}$ ◀ 分母をそろえた

$=\frac{(t-1)^2}{2t^2}>0$ ◀ $t>1$ ……②より！

よって，$f(t)$ は**増加関数**である。

さらに， ◀ ②より $t>1$ なので，スタート地点の $t=1$ を考える！

$f(1)=\frac{1}{2}-\frac{1}{2}-\log 1$

$=0$ より， ◀ $\log 1=0$

$t>1$ …… ② のとき，$\boldsymbol{f(t)>0}$ がいえる。

以上より，

$0<a<b$ のとき，$\boldsymbol{\log\frac{b}{a}<\frac{1}{2}(b-a)\left(\frac{1}{a}+\frac{1}{b}\right)}$ がいえた。　$(q.e.d.)$

練習問題 23

a，$b>0$ のとき，$a\log(a^2+b^2)<(2a\log a)+b$ を証明せよ。

次の **例題 48** と **練習問題 24** は やや難しいので，
自信のない人は やらなくてもいいです。

例題 48

$t>0$，$a\geqq 1$ のとき，

不等式 $te^{\frac{a}{t}}>2$ が成立することを示せ。

[考え方]

まず，$te^{\frac{a}{t}}>2$ は 2 変数の問題だけど，同次式ではないよね。

$\left(\blacktriangleright\ \dfrac{a}{t}=x\right.$ とおいても x だけの式にならないから！$\left.\right)$

つまり，基本的に高校生は“1 変数の微分”しかできないので，この問題はこれまでの知識では解くことができないんだよ。

そこで，次の ***Point*** が必要になる！

Point 8. 4 〈**2 変数の問題で，同次式とみなせない場合の解法**〉

> 2 変数の問題で，同次式とみなせないとき
>
> ↓
>
> **1 つの文字を固定**して（▶**定数**とみなして）
>
> **もう 1 つの文字についての方程式**とみなす！

さて，では具体的に ***Point 8.4*** の使い方について解説しよう。

まず，$te^{\frac{a}{t}}>2$ において a と t のどちらを固定すれば考えやすくなるのか分かるかい？

実際に 2 通りの場合について考えてみよう。

Pattern 1

> ***t* を固定**して ***a* を動かす**とき

$te^{\frac{a}{t}}>2$ を a の関数とみなすと，

$f(a)=te^{\frac{a}{t}}-2$ が 0 より大きいことを示せばいいよね。 ◀ *Point 8.1*

そこで，a で微分してみる と，

$$f'(a)=t\cdot\frac{1}{t}e^{\frac{a}{t}}$$ ◀ $\frac{1}{t}$ は定数なので，$\left(e^{\frac{1}{t}a}\right)'=\left(\frac{1}{t}a\right)'e^{\frac{1}{t}a}=\frac{1}{t}\cdot e^{\frac{1}{t}a}$

$$=e^{\frac{a}{t}}$$ のように，

簡単に微分ができるので，**Pattern 1** は考えやすいよね。

Pattern 2

a を固定して t を動かすとき

$te^{\frac{a}{t}}>2$ を t の関数とみなすと，

$f(t)=te^{\frac{a}{t}}-2$ が 0 より大きいことを示せばいいよね。 ◀ Point 8.1

そこで，t で微分してみる と，

$f'(t)=e^{\frac{a}{t}}+t\left(\frac{a}{t}\right)'e^{\frac{a}{t}}$ ◀ $(te^{\frac{a}{t}})'=(t)'e^{\frac{a}{t}}+t\cdot(e^{\frac{a}{t}})'$

$=e^{\frac{a}{t}}-\frac{a}{t}e^{\frac{a}{t}}$ のように， ◀ $\left(\frac{1}{t}\right)'=(t^{-1})'=-t^{-2}=-\frac{1}{t^2}$

ちょっと微分しにくいよね。

また，そもそも

$f(a)=te^{\frac{a}{t}}$ は変数が e^a だけなのに対して，

$f(t)=te^{\frac{a}{t}}$ は変数が t と $e^{\frac{1}{t}}$ であることを考えても，

Pattern 1 の方がラクそうだよね！

そこで，**Pattern 1** の $f(a)=te^{\frac{a}{t}}-2$ について考えよう。

$te^{\frac{a}{t}}>2$ を示すためには $f(a)>0$ を示せばいい よね。 ◀ Point 8.1

まず，$f(a)=te^{\frac{a}{t}}-2$ より，

$f'(a)=e^{\frac{a}{t}}>0$ がいえるので， ◀ $(e^{\frac{a}{t}})'=\frac{1}{t}e^{\frac{a}{t}}$

$f(a)$ は**増加関数**だといえるよね。…… ①

①より，$a\geqq1$ を考え，$\boldsymbol{f(a)\geqq f(1)}$ がいえるね。 ◀

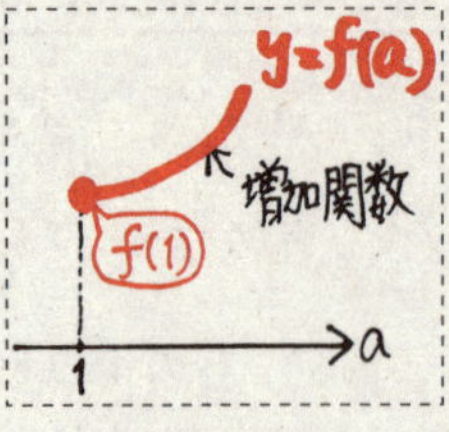

さらに，$f(1)=te^{\frac{1}{t}}-2$ より， ◀ $f(a)=te^{\frac{a}{t}}-2$

$\boldsymbol{f(a)\geqq te^{\frac{1}{t}}-2}$ …… ② がいえる！ ◀ $f(a)\geqq f(1)$

よって，

$f(a)>0$ を示すためには，②より $te^{\frac{1}{t}}-2>0$ を示せばいい よね。

$f(a) \geqq te^{\frac{1}{t}}-2>0$ がいえたら $f(a)>0$ がいえる！

$te^{\frac{1}{t}}-2>0$ を示すのは 簡単そうだよね。
だって，

$te^{\frac{1}{t}}-2>0$ は t **だけ**（◀1変数）**の不等式**でしょ！

まず，$g(t)=te^{\frac{1}{t}}-2$ とおこう。　◀Point 8.1

$g'(t)=e^{\frac{1}{t}}+t\left(\frac{1}{t}\right)'e^{\frac{1}{t}}$　◀$(te^{\frac{1}{t}})'=(t)'e^{\frac{1}{t}}+t(e^{\frac{1}{t}})'$

$=e^{\frac{1}{t}}-\frac{1}{t}e^{\frac{1}{t}}$　◀$\left(\frac{1}{t}\right)'=(t^{-1})'=-t^{-2}=-\frac{1}{t^2}$

$=\left(1-\frac{1}{t}\right)e^{\frac{1}{t}}$　◀$e^{\frac{1}{t}}$でくくった

$=\left(\frac{t-1}{t}\right)e^{\frac{1}{t}}$ より，　◀分母をそろえた

$t>0$ のとき，$\frac{1}{t}e^{\frac{1}{t}}>0$ なので，
$g'(t)$ の符号は $(t-1)$ によって決まる よね。

よって，$y=t-1$ のグラフを考え，
増減表は 次のようになる。

t	0		1	
$g'(t)$		$-$	0	$+$
$g(t)$		↘	$e-2$	↗

◀

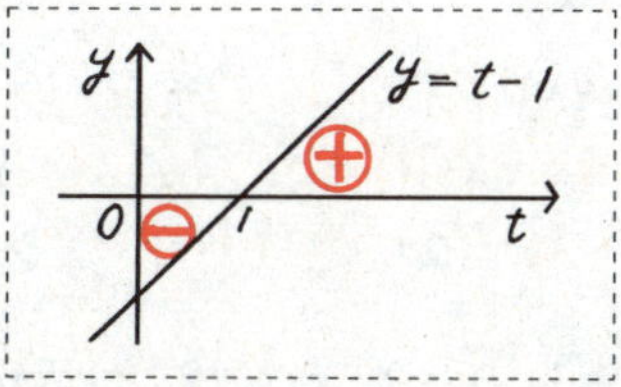

増減表より，
$g(t) \geqq e-2$ がいえるよね。

さらに，$e-2>0$ より，　◀$e=2.718\cdots$
$g(t) \geqq e-2>0$ がいえるので，
$f(a) \geqq g(t)>0$ が得られるよね。　◀$f(a) \geqq te^{\frac{1}{t}}-2$ ……②
$\qquad\qquad\qquad\qquad\qquad\qquad\qquad\qquad\qquad\qquad\qquad\qquad\qquad\qquad\qquad\;\; \| $
$\qquad\qquad\qquad\qquad\qquad\qquad\qquad\qquad\qquad\qquad\qquad\qquad\qquad\qquad g(t)>0$

よって，$f(a)>0$ が示せたので，
$t>0$，$a \geqq 1$ のとき $\boldsymbol{te^{\frac{a}{t}}>2}$ が成立する！

[解答]

$\boxed{f(a)=te^{\frac{a}{t}}-2\ \text{とおく}}$ と， ◀ Point 8.1 , Point 8.4

$f'(a)=e^{\frac{a}{t}}>0$ がいえるので， ◀ $e^{f(x)}>0$

$f(a)$ は**増加関数**である。

よって，$f(1)=te^{\frac{1}{t}}-2$ より，

$a\geqq 1$ では，$f(a)\geqq te^{\frac{1}{t}}-2$ ……① がいえる。

さらに，$\boxed{g(t)=te^{\frac{1}{t}}-2\ \text{とおく}}$ と， ◀ Point 8.1

$g'(t)=e^{\frac{1}{t}}-\dfrac{1}{t}e^{\frac{1}{t}}$ ◀ $(te^{\frac{1}{t}})'=(t)'e^{\frac{1}{t}}+t(e^{\frac{1}{t}})'$

$=\left(\dfrac{t-1}{t}\right)e^{\frac{1}{t}}$ より， ◀ $\frac{1}{t}e^{\frac{1}{t}}>0$ より，$g'(t)$ の符号は $t-1$ によって決まる!

増減表は 次のようになる。

t	0		1	
$g'(t)$		$-$	0	$+$
$g(t)$		↘	$e-2$	↗

◀

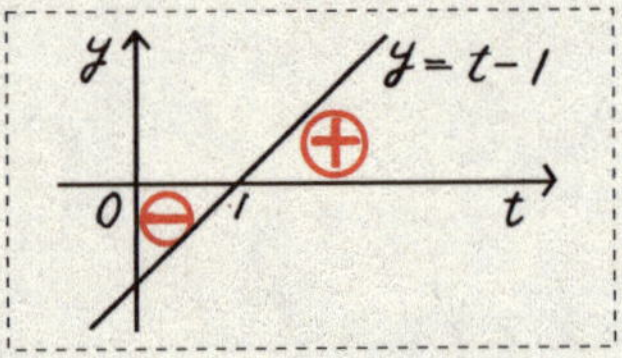

増減表より，$g(t)\geqq e-2$ ……② がいえる。

①, ② より，$f(a)\geqq g(t)\geqq e-2$ がいえるので，

$e-2>0$ を考え， ◀ $e=2.718\cdots$

$f(a)>0$ がいえる。 ◀ $f(a)\geqq g(t)\geqq e-2>0$

以上より，$t>0$, $a\geqq 1$ のとき $te^{\frac{a}{t}}>2$ が示せた。 (q. e. d.)

練習問題 24

$a>0$ とする。このとき，$x>0$ の範囲で不等式

$(x^2-2ax+1)e^{-x}<1$ が成立することを示せ。

One Point Lesson
～三角関数の合成について～

Point 1 **〈三角関数の合成〉**

$a\sin\theta + b\cos\theta = \sqrt{a^2+b^2}\sin(\theta+\alpha)$　　[α は定数]

▶ α の求め方について

α の求め方

Step 1

$a\sin\theta + b\cos\theta$ から順に $\sin\theta$ と $\cos\theta$ の係数を抜き出す！

➡ $(a,\ b)$

Step 2

$\sin\theta$ と $\cos\theta$ の係数の $(a,\ b)$ を図示する。

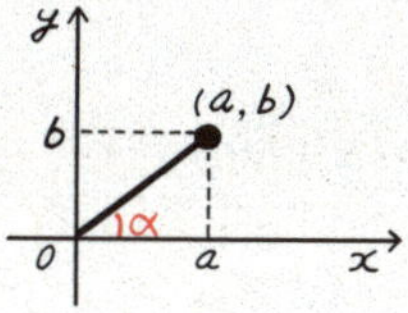

◀ x軸の正方向と(a, b)のなす角が α になる！

Ex. 1　$\sqrt{3}\sin x+\cos x$ について

$$\sqrt{3}\sin x+\cos x=\sqrt{(\sqrt{3})^2+1^2}\,\sin(x+\alpha)$$ ◀ Point 1

$$=2\sin(x+\alpha)$$

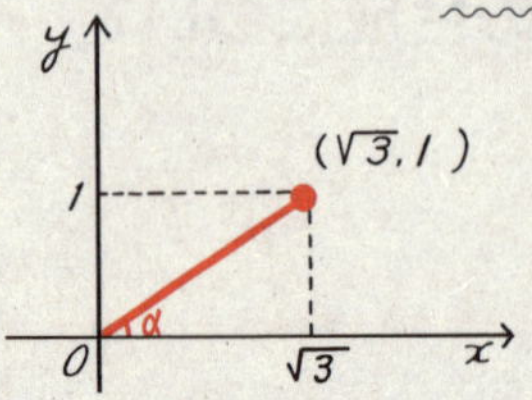

◀(sinxの係数, cosxの係数)

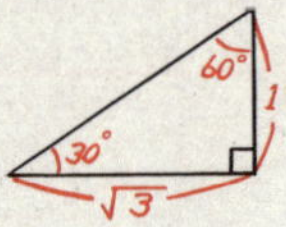

左図より, $\alpha=30°$ だと分かる!

∴　$\boldsymbol{\sqrt{3}\sin x+\cos x=2\sin(x+30°)}$

Ex. 2　$\sin x+\sqrt{3}\cos x$ について **(例題29)**

$$\sin x+\sqrt{3}\cos x=\sqrt{1^2+(\sqrt{3})^2}\,\sin(x+\alpha)$$ ◀ Point 1

$$=2\sin(x+\alpha)$$

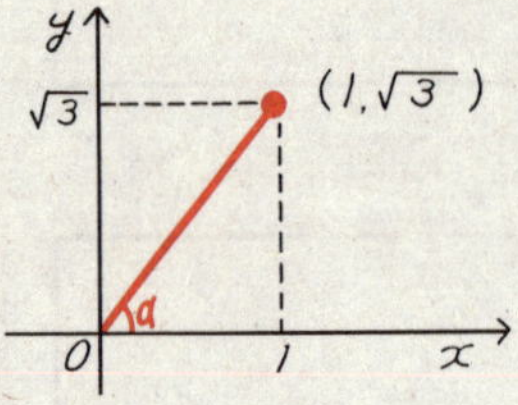

◀(sinxの係数, cosxの係数)

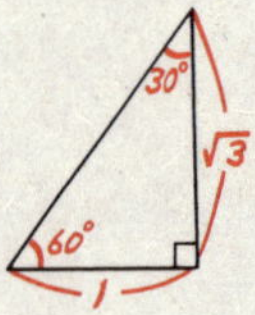

左図より, $\alpha=60°$ だと分かる!

∴　$\boldsymbol{\sin x+\sqrt{3}\cos x=2\sin(x+60°)}$

Ex. 3　$\sin x+\cos x$ について（例題 41）

$$\sin x+\cos x=\sqrt{1^2+1^2}\sin(x+\alpha)$$ ◀ Point 1

$$=\sqrt{2}\sin(x+\alpha)$$

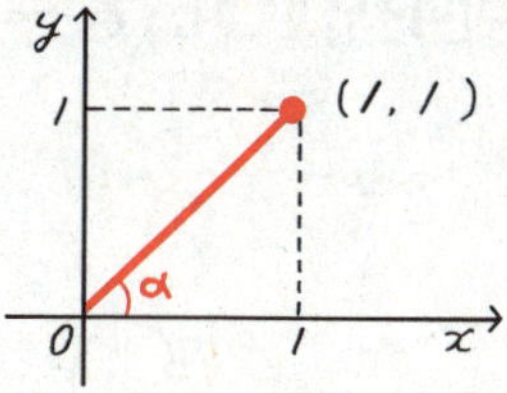

◀（sinxの係数，cosxの係数）

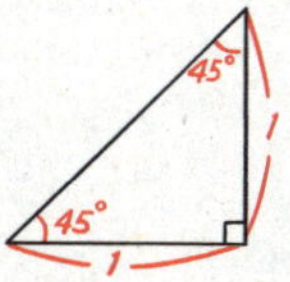

左図より，$\alpha=45°$ だと分かる！

∴　$\mathbf{\sin x+\cos x=\sqrt{2}\sin(x+45°)}$

Ex. 4　$\sin x-\cos x$ について（例題 40，42）

$$\sin x-\cos x=\sqrt{1^2+(-1)^2}\sin(x+\alpha)$$ ◀ Point 1

$$=\sqrt{2}\sin(x+\alpha)$$

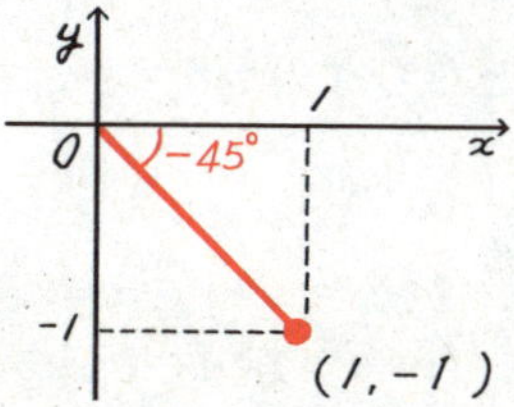

左図より，$\alpha=-45°$ だと分かる！

∴　$\mathbf{\sin x-\cos x=\sqrt{2}\sin(x-45°)}$

◀（sinxの係数，cosxの係数）

One Point Lesson
~凹凸《おうとつ》について~

凹凸《おうとつ》とは?

例えば,単に「曲線が減少する図をかけ」といわれたら,
[図1]のようにかく人もいれば,
[図2]のようにかく人もいるだろう。

[図1]

[図2]

このように“減少する場合”というのは2種類あるので,
精密にグラフをかくためには[図1]か[図2]のどちらなのかを
判断する必要があるんだよ。

ちなみに,[図1]のようになっている場合は,
「上に凸《とつ》」といい, ◀[図1]'を見よ
[図2]のようになっている場合は,
「下に凸《とつ》」というんだ。 ◀[図2]'を見よ

[図1]'

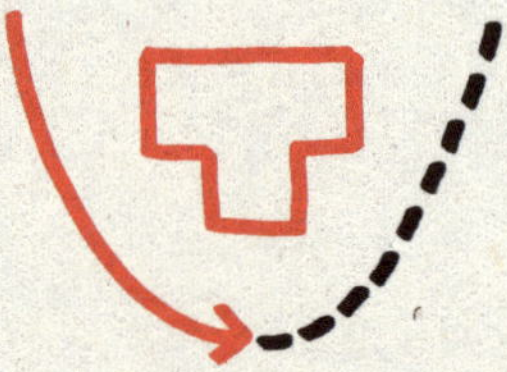

[図2]'

同様に，曲線が “増加する場合” は 次の 2 通りが考えられるよね。

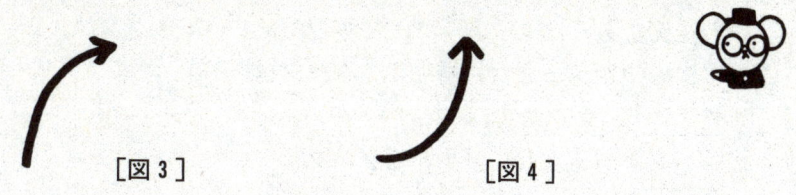

［図 3 ］

［図 4 ］

［図 3 ］のようになっている場合は，
「**上に凸《とつ》**」といい，　◀[図3]' を見よ

［図 4 ］のようになっている場合は，
「**下に凸《とつ》**」というんだ。　◀[図4]' を見よ

［図 3 ］′

［図 4 ］′

Point 2 〈“上に凸” と “下に凸” について〉

曲線が［図 A］のように
なっているときに
「**上に凸《とつ》**」といい，
曲線が［図 B］のように
なっているときに
「**下に凸《とつ》**」という。

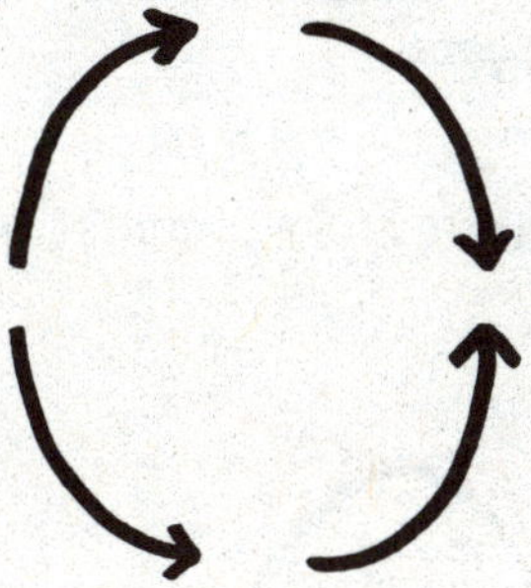

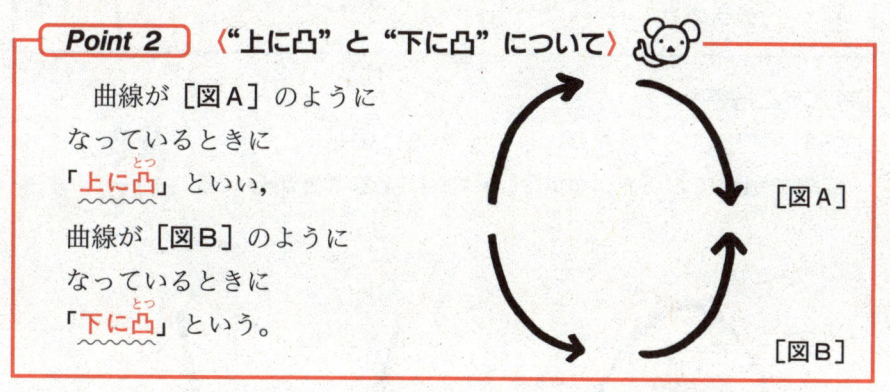

［図 A］

［図 B］

この基本事項を踏まえて，次の**補題**をやってみよう。

補題

次の空欄にあてはまるように，どちらか正しいほうを選べ。

(1)　接線の傾きが x と共に増加するグラフは

（グラフ①，グラフ②） で，

接線の傾きが x と共に減少するグラフは

（グラフ①，グラフ②） である。

(2)　$f''(x)>0$ を満たすグラフは （グラフ①，グラフ②） で，

$f''(x)<0$ を満たすグラフは （グラフ①，グラフ②） である。

つまり，

$f''(x)>0$ を満たすグラフは （上，下） に凸のグラフで，

$f''(x)<0$ を満たすグラフは （上，下） に凸のグラフである。

グラフ①

グラフ②

[考え方と解答]

(1)　まず実際に，グラフ① と グラフ② に関して

接線を引いてみると，次の図のようになることが分かる。

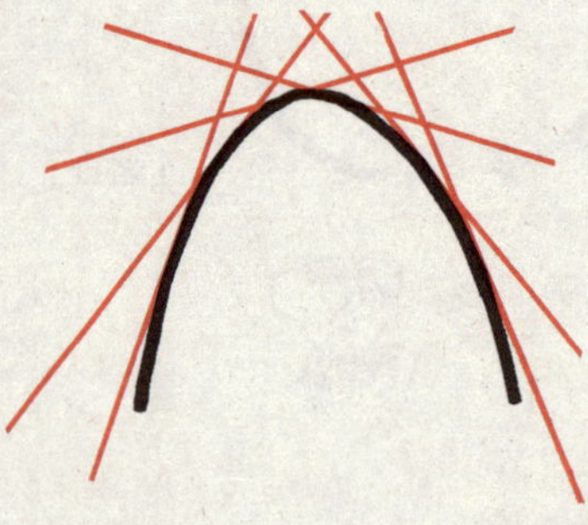
［図 1］

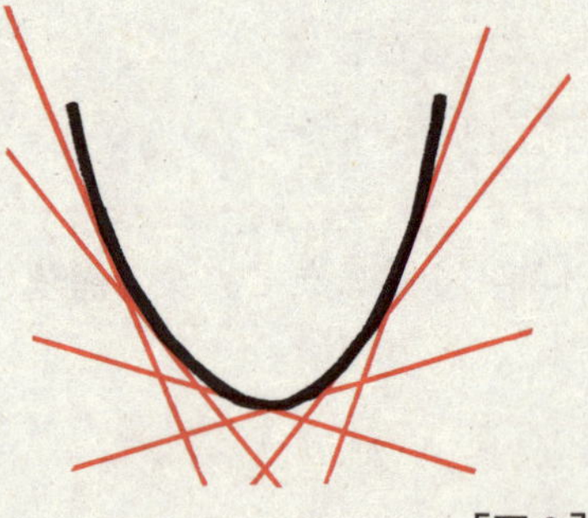
［図 2］

[図 1] を見れば分かるように，グラフ① の場合，
接線の傾きは x と共に減少しているよね。 ◀ 接点のx座標が増えると共に接線の傾きは減少していっている!

また，**[図 2]** を見れば分かるように，グラフ② の場合，
接線の傾きは x と共に増加しているよね。 ◀ 接点のx座標が減ると共に接線の傾きは増加していっている!

よって，
接線の傾きが x と共に増加するグラフは
グラフ② で，
接線の傾きが x と共に減少するグラフは
グラフ① であることが分かった。

(2) まず，

$f''(x)>0$
$\Leftrightarrow$ $\boldsymbol{f'(x)}$ は**増加関数** ……(＊) がいえるよね。

さらに，
$\boldsymbol{f'(x)}$ は **"$\boldsymbol{y=f(x)}$ の接線の傾き"** を表しているので，

$f''(x)>0$ というのは，
"$\boldsymbol{y=f(x)}$ の接線の傾き" が x と共に**増加している**

ということだよね。

よって (1)より，$\boldsymbol{f''(x)>0}$ を満たすのは **グラフ②** だと分かるよね。

また，

$f''(x)<0$
$\Leftrightarrow$ $\boldsymbol{f'(x)}$ は**減少関数** で，

$\boldsymbol{f'(x)}$ は **"$\boldsymbol{y=f(x)}$ の接線の傾き"** を表しているので，

$f''(x)<0$ というのは，
"$\boldsymbol{y=f(x)}$ の接線の傾き" が x と共に**減少している**

ということだよね。

よって (1)より，$\boldsymbol{f''(x)<0}$ を満たすのは **グラフ①** だと分かるよね。

さらに，***Point 2*** より，
グラフ②は“**下に凸**”で，
グラフ①は“**上に凸**”なので，
$f''(x)>0$ を満たすグラフは 下 に凸なグラフで，
$f''(x)<0$ を満たすグラフは 上 に凸なグラフ
であることが分かったね！

Point 3 **〈曲線の“凹凸の判定”の仕方について〉**

① **$f''(x)>0$** のとき，$y=f(x)$ のグラフは下に凸である。

② **$f''(x)<0$** のとき，$y=f(x)$ のグラフは上に凸である。

▶ **覚え方**

$y=x^2$ と **$y=-x^2$** を思い浮かべればよい！

①について

$y=x^2$ のグラフは

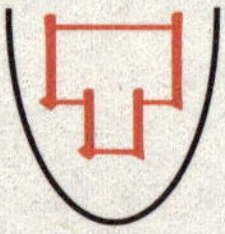

で，下に凸だよね。

$y'=2x$ ➡ $y''=2>0$ より，
下に凸のとき $y''>0$ だと分かる！

②について

$y=-x^2$ のグラフは

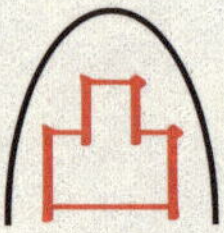

で，上に凸だよね。

$y'=-2x$ ➡ $y''=-2<0$ より，
上に凸のとき $y''<0$ だと分かる！

One Point Lessonは
ここまで。またね♪

One Point Lesson
～凹凸《おうとつ》を調べて グラフを精密にかく～

まず，「グラフをかけ」という問題は

(i) **単に「グラフの概形をかけ」という問題**
(ii) **“凹凸《おうとつ》を調べて”「グラフを精密にかけ」という問題**

の 2 つの場合があるんだよ。

(i)の場合は，
$f'(x)$ を求めて 増減表をかけば
ほとんど終わり なんだ。

◀ Section3 で詳しく解説します

でも，(ii)の場合は，
$f''(x)$ まで求めて “凹凸を調べて” 増減表を
かかなくてはいけない んだよ。

さて，では どうやって問題を
(i)か(ii)のどちらなのかを見分ければいいのか，というと，
問題文に“凹凸を調べよ”という文章がない場合は
(i)の問題だと考えていいんだよ。

ちなみに，これまでやってきた問題では，問題文に
「凹凸を調べよ」という文章は入っていなかったよね。

そこで，この ***One Point Lesson*** では，たまに出題される
「“凹凸を調べて” グラフを精密にかく問題」について解説しよう。

まず，次の**問題**をやってみよう。

問題1

$f(x)=\dfrac{1}{e^x-1}$ とおく。次の各問いに答えよ。

(1) 次のそれぞれの極限値を求めよ（答えだけでよい）。

$\lim_{x\to\infty} f(x)$, $\lim_{x\to-\infty} f(x)$, $\lim_{x\to+0} f(x)$, $\lim_{x\to-0} f(x)$

(2) $f(x)$ の第1次導関数，第2次導関数を計算せよ。

(3) $y=f(x)$ の値の増減，凹凸を調べてグラフをかけ。

[考え方と解答]

(1) $\lim_{x\to\infty} f(x)$ について

◀これは $\dfrac{1}{\infty}(=0)$ になることが明らかなので，イキナリ答えを書いてもよい！

まず，

$x\to\infty$ のとき $\dfrac{1}{e^x}\to0$ となるので，

◀ $\dfrac{1}{e^\infty}=\dfrac{1}{\infty}=0$

$f(x)=\dfrac{1}{e^x-1}$ から $\dfrac{1}{e^x}$ をつくり出すために

$f(x)$ の分母分子を e^x で割る と，

$$f(x)=\frac{\frac{1}{e^x}}{1-\frac{1}{e^x}} \quad \cdots\cdots ①$$ となるよね。

よって，

$$\lim_{x\to\infty} f(x)=\lim_{x\to\infty}\frac{\frac{1}{e^x}}{1-\frac{1}{e^x}}$$

◀①の極限を考える！

$$=\frac{0}{1-0}$$

◀ $\lim_{x\to\infty}\dfrac{1}{e^x}=0$

$=\mathbf{0}$ が得られた。

$\lim_{x \to -\infty} f(x)$ について

まず，$x \to -\infty$ は 少し考えにくいので，
『極限が本当によくわかる本』の ***Point 1.8*** に従って
$x = -t$ とおく と，

$$\lim_{x \to -\infty} f(x) = \lim_{x \to -\infty} \frac{1}{e^x - 1}$$

$$= \lim_{t \to \infty} \frac{1}{e^{-t} - 1} \cdots\cdots ②$$

◀ $x = -t$ を代入した（$x \to -\infty$ のとき $t \to \infty$）

が得られるよね。

よって，$t \to \infty$ のとき $e^{-t} \to 0$ を考え　◀ $e^{-\infty} = \frac{1}{e^{\infty}} = \frac{1}{\infty} = 0$

$$\lim_{x \to -\infty} f(x) = \lim_{t \to \infty} \frac{1}{e^{-t} - 1} \cdots\cdots ②$$

$$= \frac{1}{0 - 1}$$

◀ $\lim_{t \to \infty} e^{-t} = \lim_{t \to \infty} \frac{1}{e^t} = 0$

$= \mathbf{-1}$ が得られた。

$\lim_{x \to +0} f(x)$ と $\lim_{x \to -0} f(x)$ について

まず，$\boldsymbol{x \to +0}$ と $\boldsymbol{x \to -0}$ を考える前に，(2 つの極限に共通する)
$\boldsymbol{x \to 0}$ について考えてみよう。

$$\lim_{x \to 0} f(x) = \lim_{x \to 0} \frac{1}{e^x - 1} = \frac{1}{e^0 - 1} = \frac{1}{1 - 1} = \frac{\mathbf{1}}{\mathbf{0}}$$ となるので，

$x \to 0$ のとき，$f(x)$ は ∞ or $-\infty$ になることが分かるよね。

つまり，$\lim_{x \to +0} f(x)$ と $\lim_{x \to -0} f(x)$ については，必ず
∞ か $-\infty$ のどちらかになるんだよ！

そこで，以下，$x \to +0$ と $x \to -0$ のとき
それぞれ ∞ か $-\infty$ のどちらになるのかを判別しよう。

まず，$\boldsymbol{x \to +0}$ のとき，
分母の
$\boldsymbol{e^x - 1}$ は常に正だよね。◀

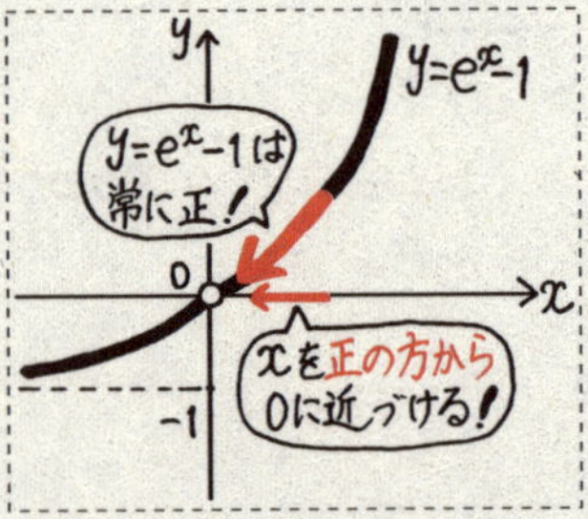

よって，

$$\lim_{x \to +0} f(x) = \lim_{x \to +0} \frac{1}{e^x - 1}$$

$$= \infty$$

であることが分かった。

また，$\boldsymbol{x \to -0}$ のとき，
分母の $\boldsymbol{e^x - 1}$ は常に負だよね。◀

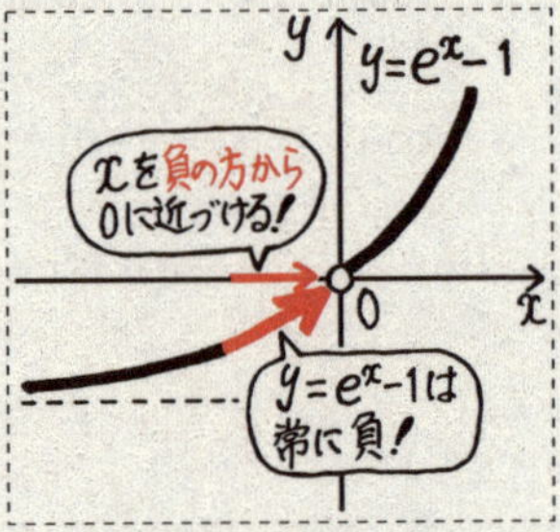

よって，

$$\lim_{x \to -0} f(x) = \lim_{x \to -0} \frac{1}{e^x - 1}$$

$$= -\infty$$

であることが分かった。

(2)　まず，$f'(x)$ を求めるために $f(x) = \dfrac{1}{e^x - 1}$ を微分すると，

$$f'(x) = \frac{0 \cdot (e^x - 1) - 1 \cdot e^x}{(e^x - 1)^2} \quad ◀ \frac{1' \cdot (e^x - 1) - 1 \cdot (e^x - 1)'}{(e^x - 1)^2}$$

$$= -\frac{e^x}{(e^x - 1)^2}$$ ……③ が得られる。

次に，$f''(x)$ を求めるために $f'(x) = -\dfrac{e^x}{(e^x - 1)^2}$ ……③ を微分すると，

$$f''(x) = \frac{(-e^x)'(e^x - 1)^2 - (-e^x)\{(e^x - 1)^2\}'}{\{(e^x - 1)^2\}^2}$$ ◀ ③をさらに微分した！

$$= \frac{-e^x(e^x - 1)^2 + e^x \cdot 2(e^x - 1)e^x}{(e^x - 1)^4}$$ ◀ $\begin{cases} (-e^x)' = -e^x \\ \{(e^x - 1)^2\}' = 2(e^x - 1) \cdot (e^x - 1)' = 2(e^x - 1)e^x \end{cases}$

$$= \frac{e^x(e^x - 1)\{-(e^x - 1) + 2e^x\}}{(e^x - 1)^4}$$ ◀ $e^x(e^x - 1)$ でくくった

$$= \frac{e^x(-e^x + 1 + 2e^x)}{(e^x - 1)^3}$$ ◀ 分母分子の $(e^x - 1)$ を約分した

$$= \frac{e^x(e^x + 1)}{(e^x - 1)^3}$$ ……④ が得られる。

(3) 増減表をかくために，$f'(x)$ と $f''(x)$ の符号について考えよう。

まず，$f'(x)=-\dfrac{e^x}{(e^x-1)^2}$ ……③ については，

$\dfrac{e^x}{(e^x-1)^2}>0$ を考え，**$f'(x)$ は常に負** ……(★) であることが分かるよね。

◀ $f'(x)=-\dfrac{e^x}{(e^x-1)^2}$ ← 正!

また，

$f''(x)=\dfrac{e^x(e^x+1)}{(e^x-1)^3}$ ……④ については，

$f''(x)=\dfrac{e^x(e^x+1)}{(e^x-1)^2}\cdot\dfrac{1}{e^x-1}$ より，

$\dfrac{e^x(e^x+1)}{(e^x-1)^2}>0$ を考え，$f''(x)$ の符号は e^x-1 によって決まる よね。

そこで $y=e^x-1$ のグラフを考えると，
$f''(x)$ の符号は［図 1］のようになることが分かるよね。

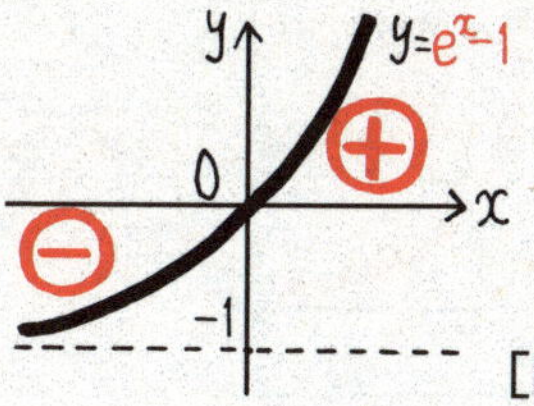

［図 1］

よって，(★) と［図 1］を考え，
$f(x)=\dfrac{1}{e^x-1}$ の増減表は 次のようになるよね。

x		0	
$f'(x)$	$-$		$-$
$f''(x)$	$-$		$+$
$f(x)$	↘		↘

◀ (★) より!
◀ ［図1］より!
◀ 《注》を見よ!

《注》 

$\boldsymbol{f''(x)<0}$ で $\boldsymbol{f'(x)<0}$ のときは **“上に凸”** で **“減少関数”** のグラフになるので，増減表の $f(x)$ については “↘” のように書く。

また，

$\boldsymbol{f''(x)>0}$ で $\boldsymbol{f'(x)<0}$ のときは **“下に凸”** で **“減少関数”** のグラフになるので，増減表の $f(x)$ については “↘” のように書く。

同様に，

$\boldsymbol{f''(x)<0}$ で $\boldsymbol{f'(x)>0}$ のときは **“上に凸”** で **“増加関数”** のグラフになるので，増減表の $f(x)$ については “↗” のように書く。

また，

$\boldsymbol{f''(x)>0}$ で $\boldsymbol{f'(x)>0}$ のときは **“下に凸”** で **“増加関数”** のグラフになるので，増減表の $f(x)$ については “↗” のように書く。

以上より，増減表と(1)を考え，
$f(x)=\dfrac{1}{e^x-1}$ のグラフは
［図 2］ のようになる。

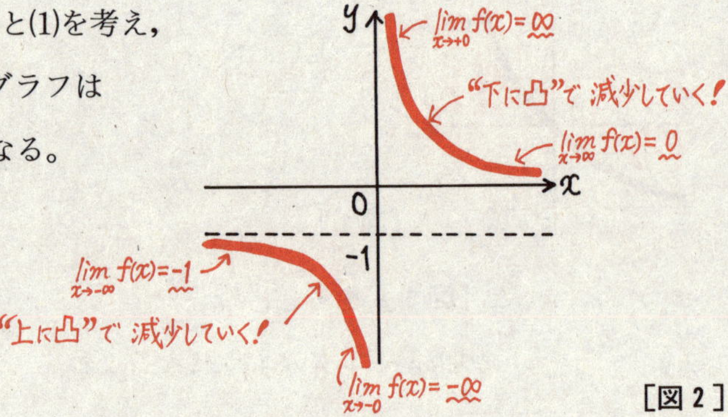

［図 2］

問題 2

正の実数 x に対して定義された次の関数を考える。

$$f(x)=\left(\frac{1}{x}\right)^{\log x}$$

次の問いに答えよ。

(1) $\lim_{x\to+0} f(x)$ および $\lim_{x\to\infty} f(x)$ を求めよ。

(2) $f(x)$ の第 1 次導関数 $f'(x)$ と 第 2 次導関数 $f''(x)$ を求めよ。

(3) 変曲点の x 座標を求めよ。

(4) 曲線 $y=f(x)$ の凹凸を調べ，$y=f(x)$ のグラフをかけ。

[考え方と解答]

(1) まず，$f(x)=\left(\frac{1}{x}\right)^{\log x}$ は指数が入っているので，考えにくいよね。

そこで，***Point 8.3*** に従って 両辺に log をとる と，

$$f(x)=\left(\frac{1}{x}\right)^{\log x}$$

$\Leftrightarrow \log f(x)=\log\left(\frac{1}{x}\right)^{\log x}$ ◀両辺に log をとった!

$\Leftrightarrow \log f(x)=(\log x)\log\left(\frac{1}{x}\right)$ ◀ $\log A^n = n\log A$

$\Leftrightarrow \log f(x)=(\log x)\cdot(-\log x)$ ◀ $\log\left(\frac{1}{x}\right)=\log x^{-1}=-\log x$

$\Leftrightarrow \boldsymbol{\log f(x)=-(\log x)^2}$ ……(＊) ◀ $A\cdot(-A)=-A^2$

が得られるよね。

さて，今から（＊）を使って

$\lim_{x\to+0} f(x)$ と $\lim_{x\to\infty} f(x)$ を求めてみよう。

$\boldsymbol{x\to+0}$ のとき，$\log x\to-\infty$ を考え

$-(\log x)^2\to\boldsymbol{-\infty}$ ◀ $-(-\infty)^2=-\infty$

となるよね。

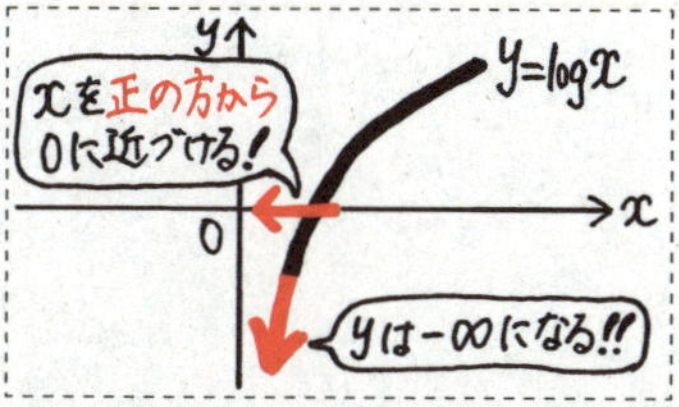

よって，(＊)より

$\lim_{x\to+0}\log f(x)=\lim_{x\to+0}\{-(\log x)^2\}$

$\Leftrightarrow \lim_{x\to+0}\log f(x)=-\infty$ ◀ $x\to+0$ のとき $-(\log x)^2\to-\infty$

∴ $\lim_{x\to+0} f(x)=0$ が得られた。 ◀ $\lim_{x\to+0}\log_e f(x)=-\infty$
➡ $\lim_{x\to+0} f(x)=e^{-\infty}=\frac{1}{e^{\infty}}=0$

$x\to\infty$ のとき，$\log x\to\infty$ を考え
$-(\log x)^2\to-\infty$ ◀ $-(\infty)^2=-\infty$
となるよね。 ◀

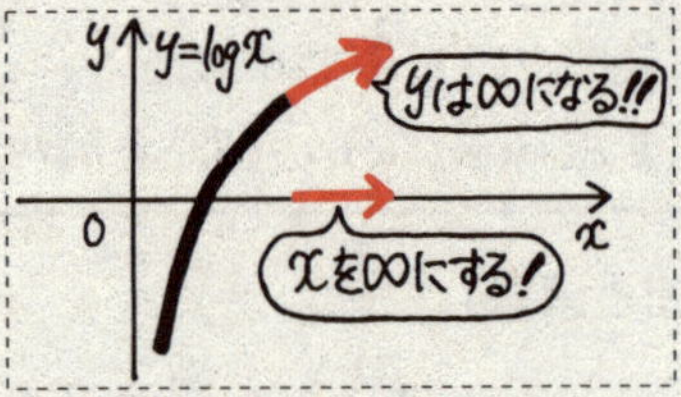

よって，(＊)より

$\lim_{x\to\infty}\log f(x)=\lim_{x\to\infty}\{-(\log x)^2\}$

$\Leftrightarrow \lim_{x\to\infty}\log f(x)=-\infty$ ◀ $x\to\infty$ のとき $-(\log x)^2\to-\infty$

∴ $\lim_{x\to\infty} f(x)=0$ が得られた。 ◀ $\lim_{x\to\infty}\log_e f(x)=-\infty$
➡ $\lim_{x\to\infty} f(x)=e^{-\infty}=\frac{1}{e^{\infty}}=0$

(2) $\log f(x)=-(\log x)^2$ ……(＊)を微分すると，

$\frac{f'(x)}{f(x)}=-2(\log x)\cdot(\log x)'$ ◀ $\begin{cases}(\log f(x))'=\frac{f'(x)}{f(x)}\\ \{(f(x))^n\}'=n(f(x))^{n-1}\cdot f'(x)\end{cases}$

$\Leftrightarrow \frac{f'(x)}{f(x)}=-2\log x\cdot\frac{1}{x}$ ◀ $(\log x)'=\frac{1}{x}$

$\Leftrightarrow f'(x)=-2\log x\cdot\frac{1}{x}\cdot f(x)$ ……① ◀ 両辺に $f(x)$ を掛けて $f'(x)$ について解いた

$\Leftrightarrow f'(x)=-2\log x\cdot\frac{1}{x}\cdot\left(\frac{1}{x}\right)^{\log x}$ ◀ $f(x)=\left(\frac{1}{x}\right)^{\log x}$ を代入した

∴ $f'(x)=-2\left(\frac{1}{x}\right)^{\log x+1}\cdot\log x$ ……①′ ◀ $\frac{1}{x}\cdot\left(\frac{1}{x}\right)^{\log x}=\left(\frac{1}{x}\right)^{\log x+1}$

$f'(x)=-2\cdot\dfrac{\log x}{x}\cdot f(x)$ ……① をさらに微分すると，　◀ ①'は微分しにくいので，①を使う！

$f''(x)=-2\left(\dfrac{\log x}{x}\right)'f(x)-2\cdot\dfrac{\log x}{x}\cdot f'(x)$　◀ $\{f(x)g(x)\}'=f'(x)g(x)+f(x)g'(x)$

$=-2\cdot\dfrac{1-\log x}{x^2}\cdot f(x)$　◀ $\left(\dfrac{\log x}{x}\right)'=\dfrac{(\log x)'\cdot x-\log x\cdot(x)'}{x^2}$

$\quad-2\cdot\dfrac{\log x}{x}\cdot\left(-2\cdot\dfrac{\log x}{x}\cdot f(x)\right)$　◀ $f'(x)=-2\cdot\dfrac{\log x}{x}\cdot f(x)$ ……①を代入した

$=2\left\{-\dfrac{1-\log x}{x^2}+2\cdot\dfrac{(\log x)^2}{x^2}\right\}f(x)$　◀ $2\cdot f(x)$でくくった

$=2\cdot\dfrac{-1+\log x+2(\log x)^2}{x^2}\cdot f(x)$　◀ 分母をそろえた

$=2\cdot\dfrac{(2\log x-1)(\log x+1)}{x^2}\cdot f(x)$　◀ $2X^2+X-1=(2X-1)(X+1)$

$=2(2\log x-1)(\log x+1)\cdot\dfrac{1}{x^2}\cdot\left(\dfrac{1}{x}\right)^{\log x}$　◀ $f(x)=\left(\dfrac{1}{x}\right)^{\log x}$を代入した

$=\mathbf{2(2\log x-1)(\log x+1)\left(\dfrac{1}{x}\right)^{\log x+2}}$ ……②　◀ $\dfrac{1}{x^2}\left(\dfrac{1}{x}\right)^{\log x}=\left(\dfrac{1}{x}\right)^2\cdot\left(\dfrac{1}{x}\right)^{\log x}=\left(\dfrac{1}{x}\right)^{\log x+2}$

(3)　まず，「変曲点」の x 座標は，$f''(x)=0$ を解けば求めることができて，「変曲点」の図形的な意味は **“カーブの変わる点”** なんだよ。

Point 4　**〈変曲点について〉**

変曲点の x 座標は，$f''(x)=0$ **の解**である。
また，変曲点の図形的な意味は **“カーブの変わる点”** である。

さて，では この **Point 4** を踏まえて
実際に「変曲点」を求めてみよう。

$f''(x)=2(2\log x-1)(\log x+1)\left(\frac{1}{x}\right)^{\log x+2}$ …… ② より，

$\boldsymbol{f''(x)=0}$

$\Leftrightarrow\ 2(2\log x-1)(\log x+1)\left(\frac{1}{x}\right)^{\log x+2}=0$

$\Leftrightarrow\ (2\log x-1)(\log x+1)=0$ ◀ $a>0$ のとき $a^{f(x)}>0$ だから $\left(\frac{1}{x}\right)^{\log x+2}>0$ がいえるので，両辺を $2\left(\frac{1}{x}\right)^{\log x+2}$ [≠0] で割った！

$\Leftrightarrow\ \log x=\frac{1}{2},\ -1$

$\Leftrightarrow\ x=e^{\frac{1}{2}},\ e^{-1}$ ◀ $\log_a b=c \Rightarrow b=a^c$

よって，

$y=f(x)$ の変曲点の x 座標は $\boldsymbol{x=e^{\frac{1}{2}},\ e^{-1}}$ // である。

(4) まず，増減表をかくために，

$f'(x)$ の符号について考えてみよう。

$f'(x)=-2\left(\frac{1}{x}\right)^{\log x+1}\cdot\log x$ …… ①′ より

「$2\left(\frac{1}{x}\right)^{\log x+1}>0$ を考え，$f'(x)$ の符号は $-\log x$ によって決まる」ことが分かるよね。

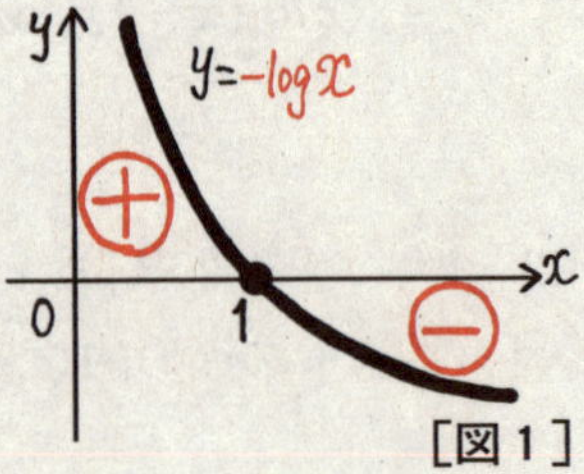

[図１]

よって，$y=-\log x$ のグラフを考え，

$f'(x)$ の符号は［図１］のように

なるよね。

次に，$f''(x)$ の符号について考えてみよう。

$f''(x)=2(2\log x-1)(\log x+1)\left(\frac{1}{x}\right)^{\log x+2}$ …… ② より，

「$2\left(\frac{1}{x}\right)^{\log x+2}>0$ を考え，$f''(x)$ の符号は $(2\log x-1)(\log x+1)$ によって決まる」ことが分かるよね。

以下，$(2\log x-1)(\log x+1)$ の符号について考えよう。

まず，$(2\log x-1)(\log x+1)>0$ とすると，

$\log x<-1,\ \frac{1}{2}<\log x$ ◀ $(2X-1)(X+1)>0$ ➡ $X<-1,\ \frac{1}{2}<X$

⇔ $\boldsymbol{x<e^{-1},\ e^{\frac{1}{2}}<x}$ ……ⓐ

となるよね。

次に，$(2\log x-1)(\log x+1)<0$ とすると

$-1<\log x<\frac{1}{2}$ ◀ $(2X-1)(X+1)<0$ ➡ $-1<X<\frac{1}{2}$

⇔ $\boldsymbol{e^{-1}<x<e^{\frac{1}{2}}}$ ……ⓑ

となるよね。

また，$(2\log x-1)(\log x+1)=0$ とすると

$2\log x-1=0,\ \log x+1=0$ ◀ AB=0 ⇔ A=0 or B=0

⇔ $\log x=\frac{1}{2},\ -1$

⇔ $\boldsymbol{x=e^{\frac{1}{2}},\ e^{-1}}$ ……ⓒ ◀ $\log_a b=c$ ➡ $b=a^c$

となるよね。

よって，

(i) $\boldsymbol{(0<)x<e^{-1}}$ のとき，$f''(x)$ の符号は **正**
(ii) $\boldsymbol{e^{-1}<x<e^{\frac{1}{2}}}$ のとき，$f''(x)$ の符号は **負**
(iii) $\boldsymbol{e^{\frac{1}{2}}<x}$ のとき，$f''(x)$ の符号は **正**

であることが分かった。

以上より，$f''(x)$ の符号は **[図 2]** のようになることが分かった。

x	0		e^{-1}		$e^{\frac{1}{2}}$	
$f''(x)$		+	0	−	0	+

(i)より！ (ii)より！ (iii)より！

[図 2]

[図 1] と **[図 2]** より，増減表は次のようになる。

x	0		e^{-1}		1		$e^{\frac{1}{2}}$		
$f'(x)$		+		+	0	−		−	◀［図1］より！
$f''(x)$		+	0	−		−	0	+	◀［図2］より！
$f(x)$		↗	e^{-1}	↗	1	↘	$e^{-\frac{1}{4}}$	↘	◀ P.224の((注))を見よ！

よって，増減表から

$0<x<e^{-1}$ のときは“下に凸”な 増加関数で，
$e^{-1}<x<1$ のときは“上に凸”な 増加関数で，
$1<x<e^{\frac{1}{2}}$ のときは“上に凸”な 減少関数で，
$e^{\frac{1}{2}}<x$ のときは“下に凸”な 減少関数 であることが分かったね！

以上より，(1)と増減表を考え

$f(x)=\left(\dfrac{1}{x}\right)^{\log x}$ のグラフは［図 3］のようになる。

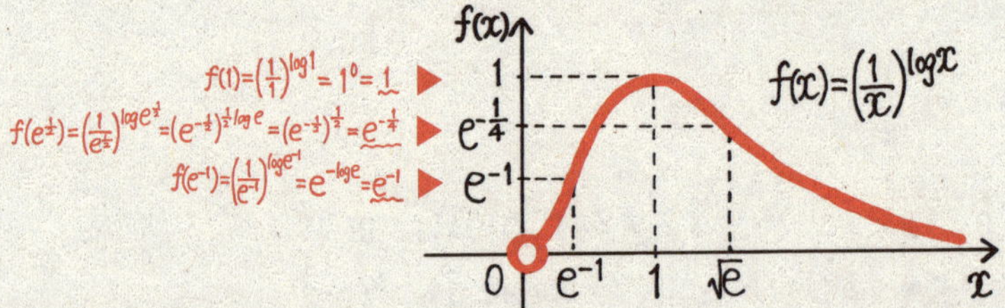
$f(1)=\left(\frac{1}{1}\right)^{\log 1}=1^0=1$
$f(e^{\frac{1}{2}})=\left(\frac{1}{e^{\frac{1}{2}}}\right)^{\log e^{\frac{1}{2}}}=(e^{-\frac{1}{2}})^{\frac{1}{2}\log e}=(e^{-\frac{1}{2}})^{\frac{1}{2}}=e^{-\frac{1}{4}}$
$f(e^{-1})=\left(\frac{1}{e^{-1}}\right)^{\log e^{-1}}=e^{-\log e}=e^{-1}$
$f(x)$
1
$e^{-\frac{1}{4}}$
e^{-1}
0
e^{-1}
1
$\sqrt{e}$
x
$f(x)=\left(\frac{1}{x}\right)^{\log x}$
［図 3］

最後に **問題 2** の応用問題として，次の**演習問題**をやってみよう。

演習問題

$x>0$ の範囲で定義された関数

$f(x)=\left(\dfrac{e}{x}\right)^{\log x}$ について，次の問いに答えよ。

(1) 関数 $f(x)$ の増減を調べ，極値を求めよ。

(2) 曲線 $y=f(x)$ の凹凸を調べ，変曲点の座標を求めよ。

(3) $\displaystyle\lim_{x\to+0} f(x)$ と $\displaystyle\lim_{x\to+\infty} f(x)$ を調べ，曲線 $y=f(x)$ のグラフをかけ。

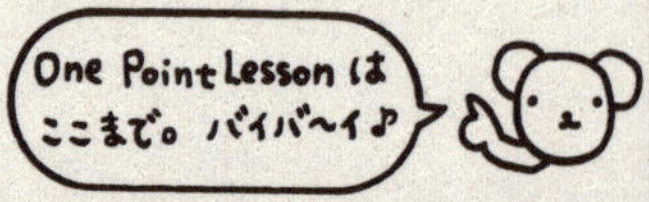
One Point Lesson は
ここまで。バイバ〜イ♪

One Point Lesson の演習問題の解答

演習問題

[考え方と解答]

(1)　$f(x)=\left(\dfrac{e}{x}\right)^{\log x}$ は 指数が入っているので，直接 微分しにくいよね。

そこで，**問題 2** と同様に 両辺に log をとる と，　◀ Point 8.3

$f(x)=\left(\dfrac{e}{x}\right)^{\log x}$

$\Leftrightarrow\ \log f(x)=\log\left(\dfrac{e}{x}\right)^{\log x}$　◀ 両辺に log をとった！

$\Leftrightarrow\ \log f(x)=(\log x)\log\left(\dfrac{e}{x}\right)$　◀ $\log A^n=n\log A$

$\Leftrightarrow\ \log f(x)=\log x\cdot(\log e-\log x)$　◀ $\log A-\log B=\log\dfrac{A}{B}$

$\Leftrightarrow\ \boldsymbol{\log f(x)=\log x\cdot(1-\log x)}$ ……（＊）　◀ $\log e=1$

が得られるよね。

$\log f(x)=\log x\cdot(1-\log x)$ ……（＊）だったら 微分しやすそうだよね。

そこで，（＊）を x で微分すると，

$\dfrac{f'(x)}{f(x)}=(\log x)'\cdot(1-\log x)+\log x\cdot(1-\log x)'$　◀ $\{\log f(x)\}'=\dfrac{f'(x)}{f(x)}$

$\Leftrightarrow\ \dfrac{f'(x)}{f(x)}=\dfrac{1}{x}\cdot(1-\log x)+\log x\cdot\left(-\dfrac{1}{x}\right)$　◀ $(\log x)'=\dfrac{1}{x}$，$(1-\log x)'=-\dfrac{1}{x}$

$\Leftrightarrow\ \dfrac{f'(x)}{f(x)}=\dfrac{1-\log x-\log x}{x}$　◀ 分母をそろえた

$\Leftrightarrow\ \boldsymbol{f'(x)=\dfrac{1-2\log x}{x}\cdot f(x)}$ …… ①　◀ 両辺に $f(x)$ を掛けて $f'(x)$ について解いた

が得られるよね。

$\dfrac{1}{x}\cdot f(x)>0$ を考え，$f'(x)$ の符号は $1-2\log x$ によって決まる ことが分かるよね。

$y=1-2\log x$ のグラフは［図 1］のようになるので，
$x>0$ を考え，増減表は［図 2］のようになる。

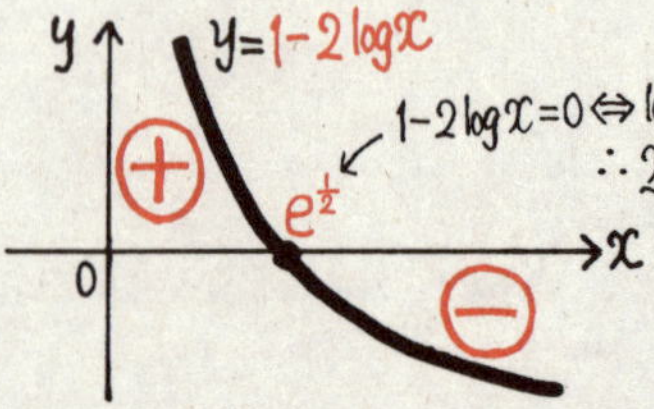

［図 1］

x	0		$e^{\frac{1}{2}}$	
$f'(x)$		+	0	−
$f(x)$		↗	極大！	↘

［図 2］

よって，$x=e^{\frac{1}{2}}$ のとき $f(x)$ は極大となるので，

極大値 $f(e^{\frac{1}{2}})$

$=\left(\dfrac{e}{e^{\frac{1}{2}}}\right)^{\frac{1}{2}}$ ◀ $\left(\dfrac{e}{x}\right)^{\log x}$ に $x=e^{\frac{1}{2}}$ ($\Rightarrow \log x=\frac{1}{2}$) を代入した

$=e^{\frac{1}{4}}$ ◀ $\left(\dfrac{e}{e^{\frac{1}{2}}}\right)^{\frac{1}{2}}=(e^{\frac{1}{2}})^{\frac{1}{2}}=e^{\frac{1}{4}}$

であることが分かった。

(2) 凹凸を調べたり，変曲点を求めるためには
$f''(x)$を求めなくてはいけないよね。 ◀ Point 4

そこで，$f'(x)=\dfrac{1-2\log x}{x}\cdot f(x)$ …… ① を x で微分すると，

$$f''(x)=\left(\frac{1-2\log x}{x}\right)'\cdot f(x)+\frac{1-2\log x}{x}\cdot f'(x)$$ ◀ $\{f(x)g(x)\}'=f'(x)g(x)+f(x)g'(x)$

$$=\frac{2\log x-3}{x^2}\cdot f(x)$$ ◀ 下の《注》を見よ

$$+\frac{1-2\log x}{x}\cdot\left(\frac{1-2\log x}{x}\cdot f(x)\right)$$ ◀ ①を代入した

《注》 $\left(\dfrac{1-2\log x}{x}\right)'=\dfrac{2\log x-3}{x^2}$ について

$$\left(\frac{1-2\log x}{x}\right)'=\frac{(1-2\log x)'x-(1-2\log x)\cdot x'}{x^2}$$ ◀ $\left\{\dfrac{f(x)}{g(x)}\right\}'=\dfrac{f'(x)g(x)-f(x)g'(x)}{\{g(x)\}^2}$

$$=\frac{-\frac{2}{x}\cdot x-(1-2\log x)\cdot 1}{x^2}$$ ◀ $\begin{cases}(1-2\log x)'=-2\cdot\frac{1}{x}=-\frac{2}{x}\\ x'=1\end{cases}$

$$=\frac{\mathbf{2\log x-3}}{\mathbf{x^2}}$$ ◀ $-2-1+2\log x$

$$=\frac{2\log x-3+(1-2\log x)^2}{x^2}\cdot f(x)$$ ◀ 分母をそろえて $f(x)$ でくくった

$$=\frac{2\log x-3+1-4\log x+4(\log x)^2}{x^2}\cdot f(x)$$ ◀ $(1-2X)^2=1-4X+4X^2$

$$=\frac{4(\log x)^2-2\log x-2}{x^2}\cdot f(x)$$ ◀ 整理した

$$=\frac{\mathbf{2(2\log x+1)(\log x-1)}}{\mathbf{x^2}}\cdot \boldsymbol{f(x)} \cdots\cdots ②$$ ◀ $4X^2-2X-2$
$=2(2X^2-X-1)$
$=2(2X+1)(X-1)$

が得られるよね。

さて ここで，$f''(x)$ が求められたので，

変曲点を求めるために $f''(x)=0$ とする と， ◀ Point 4

$$\frac{2(2\log x+1)(\log x-1)}{x^2}\cdot f(x)=0$$ ◀ $f''(x)=\frac{2(2\log x+1)(\log x-1)}{x^2}\cdot f(x)$

$\Leftrightarrow$ $(2\log x+1)(\log x-1)=0$ ◀ 両辺を $\frac{2}{x^2}\cdot f(x)$ [$\neq 0$] で割った

$\Leftrightarrow$ $\log x=-\frac{1}{2},\ 1$ ◀ $2\log x+1=0$ or $\log x-1=0$

$\Leftrightarrow$ $\boldsymbol{x=e^{-\frac{1}{2}},\ e}$ ◀ $\log_a b=c \Leftrightarrow b=a^c$

よって，変曲点の x 座標は $\boldsymbol{x=e^{-\frac{1}{2}},\ e}$ であることが分かった。

$\boldsymbol{x=e^{-\frac{1}{2}}}$ $\left(▶\log x=-\frac{1}{2}\right)$ のとき， ◀ 変曲点の y 座標を求める！

$$\boldsymbol{f(e^{-\frac{1}{2}})}=\left(\frac{e}{e^{-\frac{1}{2}}}\right)^{\frac{1}{2}}$$ ◀ $f(x)=\left(\frac{e}{x}\right)^{\log x}$ に $x=e^{-\frac{1}{2}}$ (▶$\log x=-\frac{1}{2}$) を代入した

$$=\boldsymbol{e^{-\frac{3}{4}}} \cdots\cdots ③$$ ◀ $\left(\frac{e}{e^{-\frac{1}{2}}}\right)^{-\frac{1}{2}}=(e\cdot e^{\frac{1}{2}})^{-\frac{1}{2}}=(e^{1+\frac{1}{2}})^{-\frac{1}{2}}=(e^{\frac{3}{2}})^{-\frac{1}{2}}=e^{-\frac{3}{4}}$

$\boldsymbol{x=e}$ (▶$\log x=1$) のとき，　◀変曲点のy座標を求める!

$\boldsymbol{f(e)}=\left(\dfrac{e}{e}\right)^1$　◀ $f(x)=\left(\dfrac{e}{x}\right)^{\log x}$ に $x=e$ (▶$\log x=1$) を代入した

$=\mathbf{1}$ …… ④

よって，③と④より，変曲点の座標は

$\left(e^{-\frac{1}{2}},\ e^{-\frac{3}{4}}\right),\ (e,\ 1)$ // であることが分かった。

次に $y=f(x)$ の凹凸を調べるために，$f''(x)$ の符号について考えよう。

$f''(x)=\dfrac{2(2\log x+1)(\log x-1)}{x^2}\cdot f(x)$ …… ② より

$\dfrac{2}{x^2}\cdot f(x)>0$ を考え，$f''(x)$ の符号は $(2\log x+1)(\log x-1)$ によって決まる ことが分かる。

以下，$(2\log x+1)(\log x-1)$ の符号について考えよう。

まず，$(2\log x+1)(\log x-1)>0$ とすると，

$\log x<-\dfrac{1}{2},\ 1<\log x$　◀ $(2X+1)(X-1)>0$ ➡ $X<-\frac{1}{2},\ 1<X$

⇔ $\boldsymbol{x<e^{-\frac{1}{2}},\ e<x}$ …… ⑤

となるよね。

次に，$(2\log x+1)(\log x-1)<0$ とすると，

$-\dfrac{1}{2}<\log x<1$　◀ $(2X+1)(X-1)<0$ ➡ $-\frac{1}{2}<X<1$

⇔ $\boldsymbol{e^{-\frac{1}{2}}<x<e}$ …… ⑥

となるよね。

また，$(2\log x+1)(\log x-1)=0$ とすると，

$\log x=-\dfrac{1}{2},\ 1$

⇔ $\boldsymbol{x=e^{-\frac{1}{2}},\ e}$ …… ⑦　◀ $\log_a b=c$ ➡ $b=a^c$

となるよね。

よって，

(iv)　**$(0<)x<e^{-\frac{1}{2}}$** のとき，$f''(x)$ の符号は **正**

(v)　**$e^{-\frac{1}{2}}<x<e$** のとき，$f''(x)$ の符号は **負**

(vi)　**$e<x$** のとき，$f''(x)$ の符号は **正**

であることが分かった。

以上より，
$f''(x)$ の符号は
［図 3 ］のようになる
ことが分かった。

x	0		$e^{-\frac{1}{2}}$		e	
$f''(x)$		$+$	0	$-$	0	$+$
$f(x)$		下に凸	$e^{-\frac{3}{4}}$	上に凸	1	下に凸

［図 3 ］

(3)　まず，$\lim_{x\to+0} f(x)=\lim_{x\to+0}\left(\frac{e}{x}\right)^{\log x}$ の形のままでは とても考えにくいので，
(1)でつくった $\log f(x)=\log x\cdot(1-\log x)$ ……（＊）を使って考えよう。

$x\to+0$ のとき，$\log x\to-\infty$ となるので，
$\log x\cdot(1-\log x)\to-\infty$ となるよね。　◀ $-\infty(1+\infty)\to-\infty$

よって，$\lim_{x\to+0}\log f(x)=-\infty$ より，　◀ $\log f(x)=\log x(1-\log x)\to-\infty$

$\lim_{x\to+0} f(x)=0$ が分かった。　◀ $\lim_{x\to+0}\log_e f(x)=-\infty$
$\Rightarrow \lim_{x\to+0} f(x)=e^{-\infty}=\frac{1}{e^{\infty}}=0$

次に，
$x\to+\infty$ のとき，$\log x\to\infty$ となるので，
$\log x\cdot(1-\log x)\to-\infty$ となるよね。　◀ $\infty(1-\infty)\to-\infty$

よって，$\lim_{x\to+\infty}\log f(x)=-\infty$ より，　◀ $\log f(x)=\log x(1-\log x)\to-\infty$

$\lim_{x\to+\infty} f(x)=0$ が分かった。　◀ $\lim_{x\to\infty}\log_e f(x)=-\infty$
$\Rightarrow \lim_{x\to\infty} f(x)=e^{-\infty}=\frac{1}{e^{\infty}}=0$

また，［図 2］と［図 3］より 増減表は 次のようになる。

x	0		$e^{-\frac{1}{2}}$		$e^{\frac{1}{2}}$		e	
$f'(x)$		$+$		$+$	0	$-$		$-$
$f''(x)$		$+$	0	$-$		$-$	0	$+$
$f(x)$		↗	$e^{-\frac{3}{4}}$	↗	$e^{\frac{1}{4}}$	↘	1	↘

↑(2)より！（$e^{-\frac{3}{4}}$） ↑(1)より！（$e^{\frac{1}{4}}$） ↑(2)より！（1）

◀［図2］より！

◀［図3］より！

◀『極限が本当によくわかる本』の Point 1.5 (P.15) を見よ！

よって，増減表と

$$\begin{cases} \lim_{x \to +0} f(x) = \underset{\sim}{\mathbf{0}} \\ \lim_{x \to +\infty} f(x) = \underset{\sim}{\mathbf{0}} \end{cases}$$ を考え，

$f(x)=\left(\dfrac{e}{x}\right)^{\log x}$ のグラフは

［図 4］のようになることが分かった。

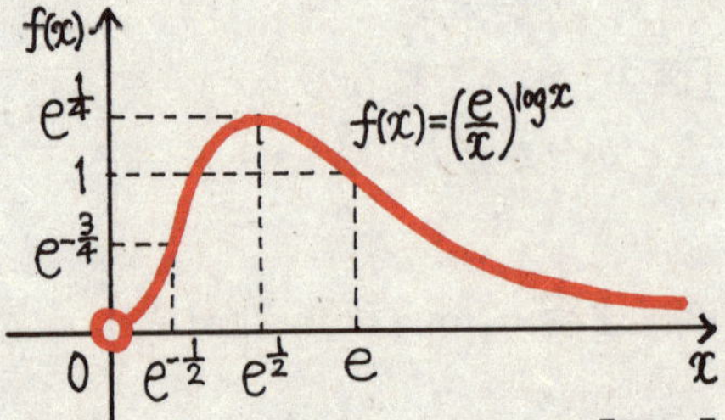

［図 4］

Point 一覧表　～索引にかえて～

Point 1. 1　〈$f'(x)$ の定義式とその意味〉 (P. 2)

$$f'(x)=\lim_{h\to 0}\frac{f(x+h)-f(x)}{h}$$

$f'(x)$ の図形的な意味は，

$y=f(x)$ の $(x,\ f(x))$ における「接線の傾き」を表す！

Point 1. 2　〈$f'(x)$ の公式〉 (P. 3)

$$f'(x)=\lim_{h\to 0}\frac{f(x+ah)-f(x)}{ah}$$

◀ $a=1$ のとき Point 1.1 になる！

Point 1. 3　〈$f'(a)$ の基本公式〉 (P. 7)

① $f'(a)=\lim_{h\to 0}\frac{f(a+h)-f(a)}{h}$

② $f'(a)=\lim_{x\to a}\frac{f(x)-f(a)}{x-a}$

Point 1. 4　〈$f'(a)$ の公式の応用形〉 (P. 11)

$\lim_{x\to a} g(x)=a$ のとき，$f'(a)=\lim_{x\to a}\frac{f(g(x))-f(a)}{g(x)-a}$

Point 1. 5　〈$f'(x)$ の公式の応用〉 (P. 13)

$$f'(x)=\lim_{h\to 0}\frac{f(x+ah)-f(x-bh)}{(a+b)h}$$

Point 1. 6 **〈$f(x)$ が微分可能であるための条件〉** (P. 14)

$f'(x)=\lim_{h\to 0}\frac{f(x+h)-f(x)}{h}$ を計算して,

$f'(x)$ に **h が入らずに“1 つの有限な(▶一定な)値”になれば,**

$f(x)$ は微分可能である!

Point 1. 7 **〈$f(x)$ が $x=a$ で微分可能であるための条件〉** (P. 21)

$f'(a)=\lim_{x\to a}\frac{f(x)-f(a)}{x-a}$ を計算して,

$f'(a)$ に **x が入らずに“1 つの有限な(▶一定な)値”になれば,**

$f(x)$ は $x=a$ で微分可能である!

Point 2. 1 **〈微分の基本公式〉** (P. 31)

① $\{f(x)g(x)\}'=f'(x)g(x)+f(x)g'(x)$

② $\left\{\frac{f(x)}{g(x)}\right\}'=\frac{f'(x)g(x)-f(x)g'(x)}{\{g(x)\}^2}$

③ $\{(f(x))^n\}'=n\{f(x)\}^{n-1}\cdot f'(x)$

Point 2. 2 **〈$\frac{1}{(x+a)^k}$ の微分の簡単な求め方〉** (P. 32)

$\frac{1}{(x+a)^k}$ の形の微分は,

$\frac{1}{(x+a)^k}$ を $(x+a)^{-k}$ と書き直して, ◀ $\frac{1}{A^k}=A^{-k}$

$(x+a)^{-k}$ を微分する! ◀ $(x+a)^n$ の形なら Point 2.1③ が使える!

Point 2. 3 **〈微分の公式〉** (P. 35)

① $\{\sin f(x)\}' = f'(x) \cdot \cos f(x)$ ◀例えば $\{\sin(x^2+1)\}'$ の場合は $(x^2+1)' \cdot \cos(x^2+1) = 2x \cdot \cos(x^2+1)$ となる

Ex. $(\sin x)' = \cos x$

② $\{\cos f(x)\}' = f'(x) \cdot \{-\sin f(x)\}$ ◀例えば $\{\cos(x^2+1)\}'$ の場合は $(x^2+1)' \cdot \{-\sin(x^2+1)\} = -2x \cdot \sin(x^2+1)$ となる

Ex. $(\cos x)' = -\sin x$

③ $\{\tan f(x)\}' = f'(x) \cdot \dfrac{1}{\cos^2 f(x)}$ ◀例えば $\{\tan(x^2+1)\}'$ の場合は $(x^2+1)' \cdot \dfrac{1}{\cos^2(x^2+1)} = \dfrac{2x}{\cos^2(x^2+1)}$ となる

Ex. $(\tan x)' = \dfrac{1}{\cos^2 x}$

④ $\{a^{f(x)}\}' = f'(x) \cdot a^{f(x)} \log a$ ◀例えば $(a^{x^2+1})'$ の場合は $(x^2+1)' \cdot a^{x^2+1} \log a = 2x \cdot a^{x^2+1} \log a$ となる

Ex. $(a^x)' = a^x \log a$

⑤ $\{e^{f(x)}\}' = f'(x) \cdot e^{f(x)}$ ◀例えば $(e^{x^2+1})'$ の場合は $(x^2+1)' \cdot e^{x^2+1} = 2x \cdot e^{x^2+1}$ となる

Ex. $(e^x)' = e^x$

⑥ $\{\log f(x)\}' = \dfrac{f'(x)}{f(x)}$ ◀例えば $\{\log(x^2+1)\}'$ の場合は $\dfrac{(x^2+1)'}{x^2+1} = \dfrac{2x}{x^2+1}$ となる

Ex. $(\log x)' = \dfrac{1}{x}$

Point 2. 4 **〈$\dfrac{dy}{dx}$ の意味について〉** (P. 39)

「y を x で微分したもの」を $\dfrac{dy}{dx}$ と書く！

Point 2. 5 **〈接線の公式〉** (P. 41)

$y=f(x)$ 上の点 $(a,\ f(a))$ における接線は，

$$y - f(a) = \frac{dy_{\,y=f(a)}}{dx_{\,x=a}}(x-a)$$ である！

Point 2. 6 **〈微分の記号〉** (P. 44)

y を x で n 回微分したものを $\dfrac{d^n y}{dx^n}$ と表す。

Point 3. 1 **〈漸近線について〉** (P. 55)

$\dfrac{f(x)}{g(x)}$ において $g(x)=0$ の解があれば,

(その解を $x=\alpha$ とおくと) $x=\alpha$ **は漸近線**になる。

Point 3. 2 **〈極限の記号〉** (P. 57)

正の方から a に近づける場合は $\lim\limits_{x \to a+0}$ と書き,

負の方から a に近づける場合は $\lim\limits_{x \to a-0}$ と書く。

Point 3. 3 **〈グラフのかき方〉** (P. 63)

グラフをかくときには, **増減表**と $\lim\limits_{x\to\infty} f(x)$ と $\lim\limits_{x\to-\infty} f(x)$ を調べよ!

Point 3. 4 **〈数式の原則〉** (P. 65)

$\dfrac{f(x)}{g(x)}$ において, ◀ $f(x)$ と $g(x)$ は整式!

(分母の $g(x)$ の次数) $\leqq$ (分子の $f(x)$ の次数) ならば,

(分母の $g(x)$ の次数) $>$ (分子の $f(x)$ の次数) となるまで

分子の次数を下げよ!

Point 3. 5 **〈関数のスピード〉** (P. 73)

① $\log x$ は (x^n に比べて) **ノロマな関数!**

② a^x ($a>1$) は (x^n に比べて) **ものすごく速い関数!**

Point 3.6 **〈$y=e^{-x}\sin x$ のグラフ〉** (P.78)

$y=e^{-x}\sin x$ は「減衰関数《げんすい》」といい，グラフは次のようになる。

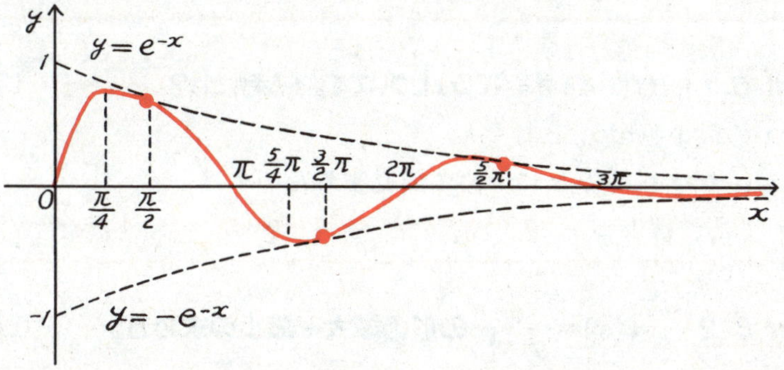

Point 4.1 **〈$f'(x)$ の符号の調べ方〉** (P.91)

$f'(x)$ の符号を調べるとき，すぐに符号が分からない場合は
$f'(x)=g(x)-h(x)$ のように**「関数の差の形」**にして
$y=g(x)$ と $y=h(x)$ **のグラフの上下関係を調べよ！**

Point 4.2 **〈極値について〉** (P.94)

① $a \leqq x \leqq b$ において，端点の $x=a$ と $x=b$ **では極値をとらない！**
② $f'(x)=g(x)-h(x)$ において，
$y=g(x)$ と $y=h(x)$ が $x=\alpha$ で接するとき，
$x=\alpha$ は極値にはならない！ ◀ $f'(\alpha)=0$ を満たしていたとしても！

Point 4.3 **〈極大値と極小値〉** (P.106)

① $f'(\alpha)=0$，$f''(\alpha)<0$ のとき，$f(x)$ は $x=\alpha$ **で極大値**をもつ。
② $f'(\beta)=0$，$f''(\beta)>0$ のとき，$f(x)$ は $x=\beta$ **で極小値**をもつ。

Point 5.1 〈文字定数を含む方程式の解法〉 (P. 110)

文字定数を含む方程式では，
定数を分離せよ！ (▶定数について解け！)

Point 6.1 〈$f(x) \geqq a$ がすべての x について成立する条件とは?〉 (P. 133)

$f(x)$ の最小値を A とおくと，
$f(x) \geqq a$ がすべての x について成立するためには
$A \geqq a$ であればよい。 ◀「a の最大値」=「A ($f(x)$ の最小値)」を表す!

Point 6.2 〈$f(x) = \dfrac{a}{g(x)}$ の形の最大・最小の求め方〉 (P. 135)

$f(x) = \dfrac{a}{g(x)}$ (a は正の定数) において，

$g(x)$ が**最大**のとき $f(x)$ は**最小**になり
$g(x)$ が**最小**のとき $f(x)$ は**最大**になる ことを考え，

$f(x)$ の最大・最小問題では，**$g(x)$ の最大・最小**について考えよ!

Point 6.3 〈三角関数で1変数の問題〉 (P. 142)

三角関数の式で，**$\sin x$** (or **$\cos x$**) **だけの式**のとき，
$\sin x = t$ (or **$\cos x = t$**) とおけ!

Point 6.4 〈漸近線が $x = \ell$ の形になる場合について〉 (P. 162)

(i) $y = \dfrac{g(x)}{h(x)}$ において，**$h(x) = 0$ となる $x = \ell$** が存在し，

$\displaystyle \lim_{x \to \ell} \frac{g(x)}{h(x)} = \infty$ (or $-\infty$) になるとき，その **$x = \ell$** が漸近線となる。

(ii) $\log f(x)$ を含む関数において，**$f(x) = 0$ となる $x = \ell$** が存在し，
$x \to \ell$ とすると 関数が ∞(or $-\infty$) になるとき，
その **$x = \ell$** が漸近線となる。

Point 6. 5 〈漸近線 $y=ax+b$ の求め方〉 (P. 164)

(i) $x\to\infty$ のときの漸近線 $y=ax+b$ の求め方

Step 1 —— a の求め方

$\displaystyle\lim_{x\to\infty}\frac{f(x)}{x}$ を計算すればよい！

$$\lim_{x\to\infty}\frac{f(x)}{x}=a$$

▶式の直感的な意味は 次のように考えれば分かる！

$x\to\infty$ のときの $y=f(x)$ の漸近線は $y=ax+b$ なので，

$x\to\infty$ のとき $f(x)\fallingdotseq ax+b$ がいえる！ ◀ $x\to\infty$ のとき $f(x)$ は $ax+b$ とほとんど同じ関数になる！

これを x で割ると，$\dfrac{f(x)}{x}\fallingdotseq a+\dfrac{b}{x}$

よって，$\displaystyle\lim_{x\to\infty}\frac{b}{x}=0$ を考え，$\displaystyle\lim_{x\to\infty}\frac{f(x)}{x}\fallingdotseq a$

Step 2 —— b の求め方

$\displaystyle\lim_{x\to\infty}\{f(x)-ax\}$ を計算すればよい！

$$\lim_{x\to\infty}\{f(x)-ax\}=b$$

▶式の直感的な意味は 次のように考えれば分かる！

$x\to\infty$ のとき $f(x)\fallingdotseq ax+b$ なので，

$x\to\infty$ のとき $f(x)-ax\fallingdotseq b$ である。 ◀ b について解いた

よって，$\displaystyle\lim_{x\to\infty}\{f(x)-ax\}\fallingdotseq\lim_{x\to\infty}b=b$

(ii) $x\to-\infty$ のときの漸近線 $y=ax+b$ の求め方

$$\begin{cases}\displaystyle\lim_{x\to-\infty}\frac{f(x)}{x}=a\\ \displaystyle\lim_{x\to-\infty}\{f(x)-ax\}=b\end{cases}$$ を計算すればよい！

Point 7. 1 **〈対称式について〉** (P. 175)

x と y に関する対称式は，$x+y$ と xy だけを使って書き直すことができる。
→**$\sin x$ と $\cos x$ の対称式は，$\sin x+\cos x$ と $\sin x\cos x$** だけを使って書き直すことができる！

Point 7. 2 **〈三角関数の対称式に関する特性〉** (P. 175)

$\sin x$ と $\cos x$ の対称式は，**$\sin x+\cos x=t$ とおく**と
t だけで表すことができる！

Point 7. 3 **〈特殊な三角関数の方程式〉** (P. 182)

$f(x)$ が **$\sin x-\cos x$ と $\sin x\cos x$** だけで書けたら，
$\sin x-\cos x=t$ とおくことにより，
$f(x)$ を t だけで表すことができる！

Point 8. 1 **〈不等式の証明の基本的な解法〉** (P. 186)

「$f(x)\geqq g(x)$ の証明」
→ $f(x)-g(x)$ を考え
$f(x)-g(x)\geqq 0$ を示す！

Point 8. 2 **〈$F_n(x)=\sum_{k=0}^{n}\frac{x^k}{k!}$ の重要な性質について〉** (P. 193)

$$F_n(x)=1+\frac{x}{1!}+\frac{x^2}{2!}+\cdots\cdots+\frac{x^{n-1}}{(n-1)!}+\frac{x^n}{n!}$$ において，

$$F_n'(x)=1+\frac{x}{1!}+\frac{x^2}{2!}+\cdots\cdots+\frac{x^{n-1}}{(n-1)!}$$ となるので，

$F_n'(x)=F_{n-1}(x)$ が成立する！

Point 8. 3 **〈指数の入った関係式〉** (P. 202)

指数の入った関係式は log をとれ！

Point 8. 4 〈2変数の問題で，同次式とみなせない場合の解法〉 (P. 207)

2変数の問題で，同次式とみなせないとき

↓

1つの文字を固定して（▶**定数**とみなして）

もう1つの文字についての方程式とみなす！

Point 1 〈三角関数の合成〉 (P. 211)

$a\sin\theta + b\cos\theta = \sqrt{a^2 + b^2}\sin(\theta + \alpha)$ 　［α は定数］

Point 2 〈“上に凸”と“下に凸”について〉 (P. 215)

曲線が［図A］のように
なっているときに
「上に凸《とつ》」といい，
曲線が［図B］のように
なっているときに
「下に凸《とつ》」という。

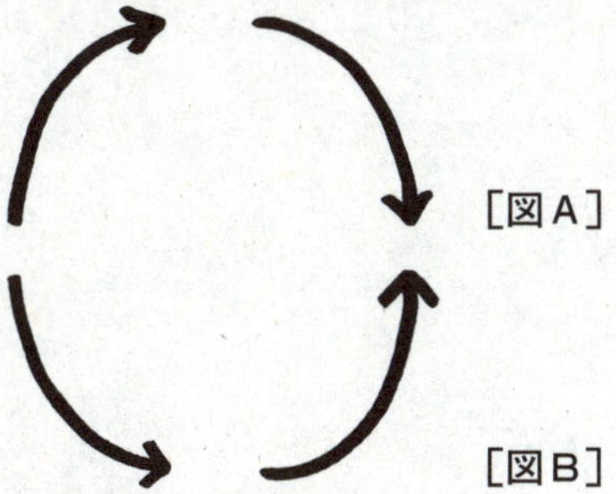

Point 3 〈曲線の“凹凸の判定”の仕方について〉 (P. 218)

① $f''(x) > 0$ のとき，$y = f(x)$ のグラフは**下に凸**である。

② $f''(x) < 0$ のとき，$y = f(x)$ のグラフは**上に凸**である。

Point 4 〈変曲点について〉 (P. 227)

変曲点の x 座標は，$f''(x) = 0$ **の解**である。
また，変曲点の図形的な意味は **“カーブの変わる点”** である。

<メモ>

<メモ>

<メモ>

細野真宏の
微　分が
本当によくわかる本

解答＆解説編

「別冊解答・解説編」は本体にこの表紙を残したまま、ていねいに抜き取ってください。
なお、「別冊解答・解説編」抜き取りの際の損傷についてのお取り替えはご遠慮願います。

小学館

1週間集中講義シリーズ

偏差値を30からUP70に上げる数学

細野真宏の微分が本当によくわかる本

解答&解説

小学館

Section 1　微分の定義

1

[考え方]

(1)　まず，$\dfrac{x^2f(a)-a^2f(x)}{x^2-a^2}$ の分子の形から，***Point 1.3*** ② の $f'(a)=\lim_{x\to a}\dfrac{f(x)-f(a)}{x-a}$ を使えばいい ことが分かるよね。

また，***Point 1.3*** ② を使うためには，
分子に $-a^2f(x)$ があるので $+a^2f(a)$ が必要だよね。
そこで，$\dfrac{x^2f(a)-a^2f(x)}{x^2-a^2}$ を次のように変形しよう。

$$\frac{x^2f(a)-a^2f(x)}{x^2-a^2}$$

$$=\frac{x^2f(a)-a^2f(a)-a^2f(x)+a^2f(a)}{x^2-a^2}$$

◀ $-a^2f(a)+a^2f(a)$ $[=0]$ を加えて $+a^2f(a)$ をつくった！

$$=\frac{x^2f(a)-a^2f(a)}{x^2-a^2}-\frac{a^2f(x)-a^2f(a)}{x^2-a^2}$$

$$=\frac{f(a)(x^2-a^2)}{x^2-a^2}-\frac{a^2\{f(x)-f(a)\}}{x^2-a^2}$$

◀ $f(a)$ と a^2 でくくった

$$=\boldsymbol{f(a)-a^2\cdot\frac{f(x)-f(a)}{x^2-a^2}}\ \cdots\cdots ①$$

よって，①より，

$$\lim_{x\to a}\frac{x^2f(a)-a^2f(x)}{x^2-a^2}$$

$$=\lim_{x\to a}\left(f(a)-a^2\cdot\frac{f(x)-f(a)}{x^2-a^2}\right)$$

◀ ①を代入した

$$=\lim_{x\to a}f(a)-\lim_{x\to a}a^2\cdot\frac{f(x)-f(a)}{x^2-a^2}$$

◀ $\lim_{x\to a}(g(x)-h(x))=\lim_{x\to a}g(x)-\lim_{x\to a}h(x)$

$$=f(a)-a^2\cdot\lim_{x\to a}\frac{f(x)-f(a)}{x^2-a^2}$$

$$=f(a)-a^2\cdot\lim_{x\to a}\frac{f(x)-f(a)}{(x-a)(x+a)}$$ ◀ $x^2-a^2=(x-a)(x+a)$

$$=f(a)-a^2\cdot\lim_{x\to a}\frac{f(x)-f(a)}{x-a}\cdot\frac{1}{x+a}$$ ◀ Point 1.3 の形がつくれた!

$$=f(a)-a^2\cdot f'(a)\cdot\frac{1}{a+a}$$ ◀ $\lim_{x\to a}\frac{f(x)-f(a)}{x-a}=f'(a)$

$=\boldsymbol{f(a)-\frac{a}{2}f'(a)}$ のように求めることができた。

[解答]

(1) $\lim_{x\to a}\frac{x^2f(a)-a^2f(x)}{x^2-a^2}$

$$=\lim_{x\to a}\frac{x^2f(a)-a^2f(a)-a^2f(x)+a^2f(a)}{x^2-a^2}$$ ◀ $-a^2f(a)+a^2f(a)$ [$=0$] を加えた!

$$=\lim_{x\to a}\frac{x^2f(a)-a^2f(a)}{x^2-a^2}-\lim_{x\to a}\frac{a^2f(x)-a^2f(a)}{x^2-a^2}$$ ◀ $\lim_{x\to a}(g(x)-h(x))=\lim_{x\to a}g(x)-\lim_{x\to a}h(x)$

$$=f(a)\cdot\lim_{x\to a}\frac{x^2-a^2}{x^2-a^2}-a^2\cdot\lim_{x\to a}\frac{f(x)-f(a)}{x^2-a^2}$$ ◀ $f(a)$ と a^2 をくくり出した

$$=f(a)\cdot\lim_{x\to a}1-a^2\cdot\lim_{x\to a}\frac{f(x)-f(a)}{x-a}\cdot\frac{1}{x+a}$$ ◀ $x^2-a^2=(x-a)(x+a)$

$$=f(a)-a^2\cdot f'(a)\cdot\frac{1}{a+a}$$ ◀ $\lim_{x\to a}\frac{f(x)-f(a)}{x-a}=f'(a)$

$$=\boldsymbol{f(a)-\frac{a}{2}f'(a)}$$ // ◀ $a^2\cdot f'(a)\cdot\frac{1}{2a}=\frac{a}{2}\cdot f'(a)$

[考え方]

(2) まず，$\frac{x^2f(1)-f(x^2)}{x-1}$ の分子には $f(x^2)$ があるので，**Point 1.4** を使えばいいよね。

だけど，**Point 1.4** を使うためには，

$-f(x^2)$ があるので $+f(1)$ が必要だよね。◀ $-f(x^2)+f(1)=-(f(x^2)-f(1))$ の形をつくる！

そこで，次のように変形しよう。

$$\frac{x^2f(1)-f(x^2)}{x-1}$$

$$=\frac{x^2f(1)-f(1)-f(x^2)+f(1)}{x-1}$$ ◀ $-f(1)+f(1)$ [$=0$] を加えた！

$$=\frac{x^2f(1)-f(1)}{x-1}-\frac{f(x^2)-f(1)}{x-1}$$ ◀ Point 1.4 の形に近づけた！

$$=\frac{f(1)\cdot(x^2-1)}{x-1}-\frac{f(x^2)-f(1)}{x-1}$$ ◀ $f(1)$ でくくった

$$=\boldsymbol{f(1)\cdot(x+1)-\frac{f(x^2)-f(1)}{x-1}}\ \cdots\cdots ②$$ ◀ $\frac{f(1)(x^2-1)}{x-1}=\frac{f(1)(x-1)(x+1)}{x-1}=f(1)(x+1)$

②だったら簡単だよね。

だって，$\lim_{x\to1}f(1)\cdot(x+1)$ は

$$\lim_{x\to1}f(1)\cdot(x+1)=f(1)\cdot(1+1)$$ ◀ $\lim_{x\to1}x=1$

$=\boldsymbol{2f(1)}$ のように簡単に求められるし，

$\lim_{x\to1}\frac{f(x^2)-f(1)}{x-1}$ は **例題 2** (2)と全く同じ形でしょ！

［解答］

(2) $\lim_{x\to1}\frac{x^2f(1)-f(x^2)}{x-1}$

$$=\lim_{x\to1}\frac{x^2f(1)-f(1)-f(x^2)+f(1)}{x-1}$$ ◀ $-f(1)+f(1)$ [$=0$] を加えた！

$$=\lim_{x\to1}\frac{x^2f(1)-f(1)}{x-1}-\lim_{x\to1}\frac{f(x^2)-f(1)}{x-1}$$ ◀ Point 1.4 の形に近づけた！

$$=f(1)\lim_{x\to1}\frac{x^2-1}{x-1}-\lim_{x\to1}\frac{f(x^2)-f(1)}{x-1}\cdot\frac{x+1}{x+1}$$ ◀ 分母を x^2-1 の形にする！

$$=f(1)\lim_{x\to1}\frac{(x-1)(x+1)}{x-1}-\lim_{x\to1}\frac{f(x^2)-f(1)}{x^2-1}\cdot(x+1)$$

$$=f(1)\lim_{x\to1}(x+1)-f'(1)\cdot(1+1)$$ ◀ $\lim_{x\to1}\frac{f(x^2)-f(1)}{x^2-1}=f'(1)$

$$=2f(1)-2f'(1)$$ ◀ $\lim_{x\to1}(x+1)=1+1=2$

2

[考え方]

まず,

「$f(x)$ がすべての x において微分可能である」ことを示すためには,

Point 1.6 より $f'(x)=\lim_{h\to0}\frac{f(x+h)-f(x)}{h}$ を計算すればいい よね。

そこで,$f'(x)=\lim_{h\to0}\frac{f(x+h)-f(x)}{h}$ が計算できるように

問題文の条件 $\boldsymbol{f(x+y)=f(x)+f(y)+f(x)f(y)}$ ……(＊)において

$y=h$ とおく と,

$$f(x+h)=f(x)+f(h)+f(x)f(h)$$ ◀ $y=h$ を代入した

$$\Leftrightarrow f(x+h)-f(x)=f(h)+f(x)f(h)$$ ◀ $f(x+h)-f(x)$ の形をつくった！

$$\Leftrightarrow \boldsymbol{f(x+h)-f(x)=f(h)\{1+f(x)\}}\ \cdots\cdots①$$ ◀ 右辺を $f(h)$ でくくった

が得られるよね。

ここで,①を使って $f'(x)=\lim_{h\to0}\frac{f(x+h)-f(x)}{h}$ を計算してみよう。

$f'(x)=\lim_{h\to0}\frac{f(x+h)-f(x)}{h}$ に ①を代入する と,

$$f'(x)=\lim_{h\to0}\frac{f(x+h)-f(x)}{h}$$

$$=\lim_{h\to0}\frac{f(h)\{1+f(x)\}}{h}$$ ◀ $f(x+h)-f(x)=f(h)\{1+f(x)\}$……① を代入した

$$=\{1+f(x)\}\cdot\lim_{h\to0}\frac{f(h)}{h}\ \cdots\cdots ②$$ ◀ $\{1+f(x)\}$ は $\lim_{h\to0}$ に関係ないので $\lim_{h\to0}$ の外に出した！

が得られるよね。

あとは，②の $\lim_{h\to0}\frac{f(h)}{h}$ から h が消えてくれれば終わり ◀ Point 1.6

だけれど，$\lim_{h\to0}\frac{f(h)}{h}$ は これ以上計算できないよね。

そこで，まだ使っていない

問題文の条件の「$f(x)$ が $x=0$ で微分可能」について考えてみよう。

まず「$f(x)$ が $x=0$ で微分可能」を式で表すためには，***Point 1.3*** ①の

$f'(a)=\lim_{h\to0}\frac{f(a+h)-f(a)}{h}$ に ◀ $x=a$ で微分可能 ➡ $f'(a)=\lim_{h\to0}\frac{f(a+h)-f(a)}{h}$

$a=0$ を代入すればいいよね。 ◀ $x=0$ で微分可能なので！

すると，

$$f'(0)=\lim_{h\to0}\frac{f(0+h)-f(0)}{h}$$ ◀ $f'(a)=\lim_{h\to0}\frac{f(a+h)-f(a)}{h}$ に $a=0$ を代入した

$$\Leftrightarrow\ f'(0)=\lim_{h\to0}\frac{f(h)-f(0)}{h}\ \cdots\cdots ③$$

がいえるよね。とりあえず，

②の $\lim_{h\to0}\frac{f(h)}{h}$ と $\lim_{h\to0}\frac{f(h)-f(0)}{h}$ ……③ はかなり形が似ているよね。

違いは，③には $f(0)$ があって，②には $f(0)$ がないところだね。

そこで，

例題 6(1) と同じように $f(0)$ について考えよう。

①に $h=0$ を代入すると， ◀ $f(0)$ をつくってみる！

$$f(x+h)-f(x)=f(h)\{1+f(x)\}\ \cdots\cdots ①$$

$$\Leftrightarrow\ f(x+0)-f(x)=f(0)\{1+f(x)\}$$ ◀ $h=0$ を代入した

$$\Leftrightarrow\ f(0)\{1+f(x)\}=0$$ ◀ $f(x)-f(x)=f(0)\{1+f(x)\}$

$$\Leftrightarrow\ f(0)=0\ \text{or}\ 1+f(x)=0$$ ◀ $AB=0$ ➡ $A=0$ or $B=0$

が得られるよね。

よって，

$$\begin{cases} \text{(i)} & \boldsymbol{f(0)=0} \text{ のとき} \\ \text{(ii)} & \boldsymbol{f(x)=-1} \text{ のとき} \end{cases}$$

◀ $1+f(x)=0$ のとき

の2通りについて考えてみよう。

(i) $f(0)=0$ のとき

$f(0)=0$ より，

$$f'(x)=\{1+f(x)\}\cdot\lim_{h\to 0}\frac{f(h)}{h} \quad \cdots\cdots ②$$

$$=\{1+f(x)\}\cdot\lim_{h\to 0}\frac{f(h)-f(0)}{h} \quad \cdots\cdots ②'$$

◀ $f(0)=0$ より！

と書けるので，$f'(0)=\lim_{h\to 0}\dfrac{f(h)-f(0)}{h}$ ……③ を考え，

$$f'(x)=\{1+f(x)\}\cdot\lim_{h\to 0}\frac{f(h)-f(0)}{h} \quad \cdots\cdots ②'$$

$$=\boldsymbol{\{1+f(x)\}\cdot f'(0)}$$

◀ $f'(x)=\{1+f(x)\}\lim_{h\to 0}\dfrac{f(h)-f(0)}{h}$ ……②′
$\lim_{h\to 0}\dfrac{f(h)-f(0)}{h}$ ＝ $f'(0)$ (③より！)

がいえるよね。

よって，

$f'(x)$ から h が消えてくれたので **$f(x)$ は微分可能**だよね。

(ii) $f(x)=-1$ のとき

$f(x)=-1$ は明らかに**すべての x で微分可能**だよね。

だって，$f(x)=-1$ は すべての x で

$f'(x)=0$ となるでしょ。 ◀ $f'(x)=(-1)'=0$

よって，(i)と(ii)より

$f(x)$ は**すべての x で微分可能である**ことが分かったね！

[解答]

$f(x+y)=f(x)+f(y)+f(x)f(y)$ ……(＊)

$y=h$ とおく と，

$f(x+h)=f(x)+f(h)+f(x)f(h)$

$\Leftrightarrow f(x+h)-f(x)=f(h)\{1+f(x)\}$ ……① が得られるので，

$$f'(x)=\lim_{h\to 0}\frac{f(x+h)-f(x)}{h}$$ ◀Point1.1

$$=\lim_{h\to 0}\frac{f(h)\{1+f(x)\}}{h}$$ ◀ $f(x+h)-f(x)=f(h)\{1+f(x)\}$……①を代入した

$$=\{1+f(x)\}\cdot\lim_{h\to 0}\frac{f(h)}{h} \quad \cdots\cdots ②$$ ◀ $\{1+f(x)\}$ は $\lim_{h\to 0}$ に関係ないので $\lim_{h\to 0}$ の外に出した！

ここで，①に $h=0$ を代入する と， ◀例題6と同様に $f(0)$ を求める！

$f(x+0)-f(x)=f(0)\{1+f(x)\}$

$\Leftrightarrow f(0)\{1+f(x)\}=0$ ◀ $f(x)-f(x)=f(0)\{1+f(x)\}$

$\Leftrightarrow$ $\boldsymbol{f(0)=0}$ or $\boldsymbol{f(x)=-1}$ が得られる。 ◀ $f(0)=0$ or $1+f(x)=0$

(i) $\boldsymbol{f(0)=0}$ のとき

$$f'(x)=\{1+f(x)\}\cdot\lim_{h\to 0}\frac{f(h)}{h} \quad \cdots\cdots ②$$

$$=\{1+f(x)\}\cdot\lim_{h\to 0}\frac{f(h)-f(0)}{h}$$ ◀ $f(0)=0$ より！

$$=\{1+f(x)\}\cdot f'(0)$$ ◀ h が消えた！

よって，微分可能である。

(ii) $\boldsymbol{f(x)=-1}$ のとき ◀ $1+f(x)=0$ のとき

$f(x)=-1$ は明らかに すべての x で微分可能である。 ◀ $f'(x)=(-1)'=0$

よって，(i)と(ii) より，

$f(x)$ は**すべての x で微分可能**である。 ($q.e.d.$)

3

[考え方]

まず,「$x=0$ における $f(x)$ の微分可能性」を調べるので,
Point 1.7 に従って,

$$f'(0)=\lim_{x\to 0}\frac{f(x)-f(0)}{x-0}$$ ◀ Point 1.7 の $a=0$ の場合!

$$=\lim_{x\to 0}\frac{f(x)-f(0)}{x}$$ ……① を計算してみればいいよね。

ここで,問題文の条件より,$x \neq 0$ のとき

$$f(x)=x+2x^3\sin\frac{1}{x}$$ ……② であり,

「$x=0$ のとき $f(x)$ は0」なので

$f(0)=0$ ……③ もいえるよね。

よって, ①に②,③を代入する と,

$$f'(0)=\lim_{x\to 0}\frac{f(x)-f(0)}{x}$$ ……①

$$=\lim_{x\to 0}\frac{x+2x^3\sin\frac{1}{x}-0}{x}$$ ◀ $\begin{cases} f(x)=x+2x^3\sin\frac{1}{x} \cdots\cdots ② \\ f(0)=0 \cdots\cdots ③ \end{cases}$

$$=\lim_{x\to 0}\left(1+2x^2\sin\frac{1}{x}\right)$$ ……④ ◀ 分母分子の x を約分した

となるよね。

あとは, ④の $\lim_{x\to 0}2x^2\sin\frac{1}{x}$ について考えればいい よね。

まず, $\lim_{x\to 0}\frac{1}{x}$ は ∞ (or $-\infty$) になり, $\lim_{x\to 0}2x^2$ は0 になるので,

$\lim_{x\to 0}2x^2\sin\frac{1}{x}$ は $0\cdot\sin\infty$ (or $0\cdot\sin(-\infty)$) のように

ちょっと分かりにくい形になってしまうよね。

このように，直接 $\lim_{x \to 0} 2x^2 \sin \frac{1}{x}$ を考えるのは大変そうなので，

「**はさみうちの定理**」を考えよう。 ◀「はさみうちの定理」は，直接極限を求めることができないときに使うものである！（▶詳しくは『極限が本当によくわかる本』の Section 3 を参照！）

まず，$x \to 0$ のとき $\sin \frac{1}{x}$ は -1 と 1 の間を振動しているので，$\boldsymbol{-1 \leqq \sin \frac{1}{x} \leqq 1}$ がいえるよね。

よって，

$$-1 \leqq \sin \frac{1}{x} \leqq 1$$

$$\Leftrightarrow \ -2x^2 \leqq 2x^2 \sin \frac{1}{x} \leqq 2x^2$$

◀ $2x^2(>0)$ を掛けて $2x^2\sin\frac{1}{x}$ をつくった！

が得られるので，

$$\lim_{x \to 0}(-2x^2) \leqq \lim_{x \to 0}\left(2x^2 \sin \frac{1}{x}\right) \leqq \lim_{x \to 0}(2x^2)$$

$$\Leftrightarrow \ 0 \leqq \lim_{x \to 0}\left(2x^2 \sin \frac{1}{x}\right) \leqq 0$$

◀ $\begin{cases} \lim_{x \to 0}(-2x^2) = 0 \\ \lim_{x \to 0}(2x^2) = 0 \end{cases}$

となり，はさみうちの定理を考え，

$\boldsymbol{\lim_{x \to 0}\left(2x^2 \sin \frac{1}{x}\right) = 0}$ …… ⑤ が得られたね。

よって，⑤を考え，

$$f'(0) = \lim_{x \to 0}\left(1 + 2x^2 \sin \frac{1}{x}\right) \quad \cdots\cdots ④$$

$$= 1 + 0$$

◀ $\lim_{x \to 0}\left(2x^2 \sin \frac{1}{x}\right) = 0$ ……⑤を代入した

$$= \mathbf{1}$$ となり，

$f'(0)$ は“**1つの有限な（▶一定な）値**”になったよね。

よって，$f(x)$ は $\boldsymbol{x=0}$ **において微分可能である**ことが分かった！

[解答]

$$f'(0)=\lim_{x\to 0}\frac{f(x)-f(0)}{x-0}$$ ◀ Point 1.7 の $a=0$ の場合!

$$=\lim_{x\to 0}\frac{x+2x^3\sin\frac{1}{x}}{x}$$ ◀ $\begin{cases} f(x)=x+2x^3\sin\frac{1}{x} \\ f(0)=0 \end{cases}$

$$=\lim_{x\to 0}\left(1+2x^2\sin\frac{1}{x}\right) \cdots\cdots ①$$ ◀ 分母分子の x を約分した

ここで,

$-1\leqq\sin\frac{1}{x}\leqq 1$ より, ◀ [考え方]参照

$-2x^2\leqq 2x^2\sin\frac{1}{x}\leqq 2x^2$ ◀ $2x^2(>0)$ を掛けて $2x^2\sin\frac{1}{x}$ をつくった!

がいえる ので,

$$\lim_{x\to 0}(-2x^2)\leqq\lim_{x\to 0}\left(2x^2\sin\frac{1}{x}\right)\leqq\lim_{x\to 0}(2x^2)$$

$$\Leftrightarrow\ 0\leqq\lim_{x\to 0}\left(2x^2\sin\frac{1}{x}\right)\leqq 0$$ ◀ $\lim_{x\to 0}(-2x^2)=0,\ \lim_{x\to 0}(2x^2)=0$

よって，はさみうちの定理を考え,

$\lim_{x\to 0}\left(2x^2\sin\frac{1}{x}\right)=0$ ……② が得られる。

①，②より，$\boldsymbol{f'(0)=1}$ となるので,
$f(x)$ は $\boldsymbol{x=0}$ **で 微分可能である。**//

◀ $f'(0)=\lim_{x\to 0}\left(1+2x^2\sin\frac{1}{x}\right)$……①
（$2x^2\sin\frac{1}{x}$ → 0 (②より!)）

Section 2　いろんな関数の微分について

4

[考え方]

まず，$y^2=8x$ 上の点 $(8,\ -8)$ における接線は，***Point 2.5*** より

$y-(-8)=$ 傾き $(x-8)$ ……(＊)

という形で書けるよね。

よって，あとは「$(8,\ -8)$ における接線の傾き」を求めればいいね。

そこでまず，接線の傾き $\left(◀\dfrac{dy}{dx}\right)$ を求めるために

$y^2=8x$ の両辺を x で微分する と，

$$2y\cdot\frac{dy}{dx}=8$$ ◀ $(y^2)'=2y\cdot\dfrac{dy}{dx}$，$(x)'=1$

$\Leftrightarrow$ $\dfrac{dy}{dx}=\dfrac{4}{y}$ が得られるよね。 ◀ $\dfrac{dy}{dx}$ について解いた！

よって，「点 $(8,\ -8)$ における接線の傾き」は

$\dfrac{4}{-8}=-\dfrac{1}{2}$ である から， ◀ $\dfrac{dy}{dx}=\dfrac{4}{y}$ に $(x, y)=(8, -8)$ を代入した！

$y^2=8x$ 上の点 $(8,\ -8)$ における接線は，(＊)より

$$y-(-8)=-\frac{1}{2}(x-8)$$ ◀ (＊)に 傾き $=-\dfrac{1}{2}$ を代入した

$\Leftrightarrow$ $y+8=-\dfrac{x}{2}+4$ ◀ 展開した

$\therefore$ $y=-\dfrac{x}{2}-4$ であることが分かったね。

[解答]

$y^2=8x$ の両辺を x で微分する と，

$$2y\cdot\frac{dy}{dx}=8$$ ◀ $(y^2)'=2y\cdot\dfrac{dy}{dx}$，$(x)'=1$

$\Leftrightarrow$ $\dfrac{dy}{dx}=\dfrac{4}{y}$ が得られる。 ◀ $\dfrac{dy}{dx}$ について解いた！

よって，点 (8，−8) における接線の傾きは $\frac{4}{-8}=-\frac{1}{2}$ である ことを考え，◀ $\frac{dy}{dx}=\frac{4}{y}$ に $(x,y)=(8,-8)$ を代入した！

$y^2=8x$ 上の点 (8，−8) における接線は

$y-(-8)=-\frac{1}{2}(x-8)$ ◀ [考え方] 参照

∴ $y=-\frac{x}{2}-4$ ◀ 展開して整理した

5

[考え方]

(1) まず，接線を求める問題だから ***Point 2.5*** を使えばいいんだけれど，曲線上のどの点における接線か 分からないよね。

そこで，まずは「$\theta=\frac{\pi}{4}$ に対する曲線上の点」を求めてみよう。

$\begin{cases} x=\theta-\sin\theta \\ y=1-\cos\theta \end{cases}$ ……(＊) に $\theta=\frac{\pi}{4}$ を代入すれば，

「$\theta=\frac{\pi}{4}$ に対する曲線上の点」が求められるので，

(＊) に $\theta=\frac{\pi}{4}$ を代入する と，

$\begin{cases} x=\frac{\pi}{4}-\sin\frac{\pi}{4}=\frac{\pi}{4}-\frac{1}{\sqrt{2}} & \text{◀ } \sin\frac{\pi}{4}=\frac{1}{\sqrt{2}} \\ y=1-\cos\frac{\pi}{4}=1-\frac{1}{\sqrt{2}} & \text{◀ } \cos\frac{\pi}{4}=\frac{1}{\sqrt{2}} \end{cases}$

が得られるよね。

よって，「$\left(\frac{\pi}{4}-\frac{1}{\sqrt{2}},\ 1-\frac{1}{\sqrt{2}}\right)$ における接線」を求めればいいことが分かったね。

Point 2.5 より $\left(\frac{\pi}{4}-\frac{1}{\sqrt{2}},\ 1-\frac{1}{\sqrt{2}}\right)$ における接線は

$$y-\left(1-\frac{1}{\sqrt{2}}\right)=\boxed{\text{傾き}}\left\{x-\left(\frac{\pi}{4}-\frac{1}{\sqrt{2}}\right)\right\}\ \cdots\cdots(\bigstar)$$

という形で書けるよね。

あとは「$\left(\frac{\pi}{4}-\frac{1}{\sqrt{2}},\ 1-\frac{1}{\sqrt{2}}\right)$ における接線の傾き」を求めればいいよね。

さて，ここで，接線の傾き $\left(◀\frac{dy}{dx}\right)$ を求めたいんだけれど，

$y=1-\cos\theta$ と $x=\theta-\sin\theta$ は θ の関数なので，

$\frac{dy}{d\theta}$ と $\frac{dx}{d\theta}$ しか求めることができないよね。

そこで，**例題 13** と同様に

$$\boxed{\frac{dy}{dx}=\frac{dy}{d\theta}\cdot\frac{d\theta}{dx}}\ \cdots\cdots(\#)$$ ◀ $\frac{dy}{d\theta}\cdot\frac{d\theta}{dx}=\frac{dy}{dx}$

を使って，$\frac{dy}{dx}$ を求めることにしよう！

$\frac{dy}{d\theta}$ について

$y=1-\cos\theta$ の両辺を θ で微分する と

$$\frac{dy}{d\theta}=\sin\theta\ \cdots\cdots①$$ が得られる。 ◀ $(\theta)'=1$, $(\sin\theta)'=\cos\theta$

$\frac{dx}{d\theta}$ について

$x=\theta-\sin\theta$ の両辺を θ で微分する と

$$\frac{dx}{d\theta}=1-\cos\theta\ \cdots\cdots②$$ が得られる。 ◀ $(1)'=0$, $(\cos\theta)'=-\sin\theta$

よって，①と②より，(♯)を考え

$$\boxed{\frac{dy}{dx}=\frac{dy}{d\theta}\cdot\frac{d\theta}{dx}}\ \cdots\cdots(\sharp)$$

$$=\sin\theta\cdot\frac{1}{1-\cos\theta}$$

◀ $\begin{cases}\frac{dy}{d\theta}=\sin\theta\cdots\cdots① \\ \frac{dx}{d\theta}=1-\cos\theta\cdots\cdots② \to \frac{d\theta}{dx}=\frac{1}{1-\cos\theta}\end{cases}$

$$=\frac{\sin\theta}{1-\cos\theta}\ \cdots\cdots(\sharp)'$$ となるよね。

よって，(♯)′より「$\theta=\frac{\pi}{4}$ における接線の傾き」は

$$\frac{\sin\frac{\pi}{4}}{1-\cos\frac{\pi}{4}}=\frac{\frac{1}{\sqrt{2}}}{1-\frac{1}{\sqrt{2}}}$$

◀ $\frac{dy}{dx}=\frac{\sin\theta}{1-\cos\theta}\cdots\cdots(\sharp)'$ に $\theta=\frac{\pi}{4}$ を代入した！

$$=\frac{1}{\sqrt{2}-1}$$

◀ 分母分子に $\sqrt{2}$ を掛けた

$$=\sqrt{2}+1\ \cdots\cdots(\sharp)''$$

◀ $\frac{1}{\sqrt{2}-1}\cdot\frac{\sqrt{2}+1}{\sqrt{2}+1}=\frac{\sqrt{2}+1}{2-1}=\sqrt{2}+1$

であることが分かったね。

以上より，(★)と(♯)″を考え

「$\left(\frac{\pi}{4}-\frac{1}{\sqrt{2}},\ 1-\frac{1}{\sqrt{2}}\right)$ における接線」は

$$y-\left(1-\frac{1}{\sqrt{2}}\right)=(\sqrt{2}+1)\left\{x-\left(\frac{\pi}{4}-\frac{1}{\sqrt{2}}\right)\right\}$$

◀ (★)に $\boxed{傾き}=\sqrt{2}+1$ を代入した

$$\Leftrightarrow y-\left(1-\frac{1}{\sqrt{2}}\right)=(\sqrt{2}+1)x-(\sqrt{2}+1)\left(\frac{\pi}{4}-\frac{1}{\sqrt{2}}\right)$$

◀ $A(x-B)=Ax-AB$

$$\Leftrightarrow y-1+\frac{1}{\sqrt{2}}=(\sqrt{2}+1)x-\frac{\pi}{4}(\sqrt{2}+1)+1+\frac{1}{\sqrt{2}}$$

◀ $(\sqrt{2}+1)\cdot\frac{\pi}{4}+(\sqrt{2}+1)\cdot\frac{1}{\sqrt{2}}$

∴ $\boldsymbol{y=(\sqrt{2}+1)x-\frac{\pi}{4}(\sqrt{2}+1)+2}$ であることが分かった！

[解答]

(1)　$\theta=\frac{\pi}{4}$ のとき，

$$\begin{cases} x=\frac{\pi}{4}-\frac{1}{\sqrt{2}} \cdots\cdots ① \\ y=1-\frac{1}{\sqrt{2}} \cdots\cdots ② \end{cases}$$

◀ $\sin\frac{\pi}{4}=\frac{1}{\sqrt{2}}$

◀ $\cos\frac{\pi}{4}=\frac{1}{\sqrt{2}}$

となる。

また，

$$\begin{cases} \frac{dx}{d\theta}=1-\cos\theta \\ \frac{dy}{d\theta}=\sin\theta \end{cases}$$ より，

$$\frac{dy}{dx}=\frac{dy}{d\theta}\cdot\frac{d\theta}{dx}$$

◀ $\frac{dy}{d\theta}\cdot\frac{d\theta}{dx}=\frac{dy}{dx}$

$$=\sin\theta\cdot\frac{1}{1-\cos\theta} \cdots\cdots ③$$ が得られるので，

③に $\theta=\frac{\pi}{4}$ を代入すると，

$$\frac{dy}{dx}=\frac{1}{\sqrt{2}}\cdot\frac{1}{1-\frac{1}{\sqrt{2}}}$$

◀ $\sin\frac{\pi}{4}=\frac{1}{\sqrt{2}}$, $\cos\frac{\pi}{4}=\frac{1}{\sqrt{2}}$

$$=\frac{1}{\sqrt{2}-1}$$

◀ $\sqrt{2}\left(1-\frac{1}{\sqrt{2}}\right)=\sqrt{2}-1$

$$=\sqrt{2}+1$$

◀ $\frac{1}{\sqrt{2}-1}\cdot\frac{\sqrt{2}+1}{\sqrt{2}+1}=\frac{\sqrt{2}+1}{2-1}=\sqrt{2}+1$

よって，点 $\left(\frac{\pi}{4}-\frac{1}{\sqrt{2}},\ 1-\frac{1}{\sqrt{2}}\right)$ における接線は，

$$y-\left(1-\frac{1}{\sqrt{2}}\right)=(\sqrt{2}+1)\left(x-\frac{\pi}{4}+\frac{1}{\sqrt{2}}\right)$$

◀ Point 2.5

$$\therefore\quad \boldsymbol{y=(\sqrt{2}+1)x-\frac{\pi}{4}(\sqrt{2}+1)+2}$$ //

[解答]

(2) まず，(1)より，

$$\begin{cases} \dfrac{d\theta}{dx}=\dfrac{1}{1-\cos\theta} \quad \cdots\cdots ①' \\ \dfrac{dy}{d\theta}=\sin\theta \quad \cdots\cdots ②' \\ \dfrac{dy}{dx}=\sin\theta\cdot\dfrac{1}{1-\cos\theta} \quad \cdots\cdots ③ \end{cases}$$ がいえる。

ここで，$\dfrac{dy}{dx}=z$ とおく と， ◀式を見やすくする!

$\dfrac{d^2y}{dx^2}=\dfrac{dz}{dx}$ がいえるので， ◀$\dfrac{dy}{dx}=z$ の両辺を x で1回微分した!

$$\frac{d^2y}{dx^2}=\frac{dz}{dx}$$

$$=\frac{dz}{d\theta}\cdot\frac{d\theta}{dx} \quad \cdots\cdots ④$$ ◀$\dfrac{dz}{d\theta}\cdot\dfrac{d\theta}{dx}=\dfrac{dz}{dx}$

がいえる。

ここで，$\dfrac{dz}{d\theta}$ について考える。

$z=\sin\theta\cdot\dfrac{1}{1-\cos\theta}$ …… ③ を θ で微分する と， ◀$\dfrac{dz}{d\theta}$ を求める!

$$\frac{dz}{d\theta}=\frac{\cos\theta(1-\cos\theta)-\sin\theta\cdot\sin\theta}{(1-\cos\theta)^2}$$ ◀$\left(\dfrac{\sin\theta}{1-\cos\theta}\right)'=\dfrac{(\sin\theta)'(1-\cos\theta)-\sin\theta(1-\cos\theta)'}{(1-\cos\theta)^2}$

$$=\frac{\cos\theta-\cos^2\theta-\sin^2\theta}{(1-\cos\theta)^2}$$ ◀展開した

$$=\frac{\cos\theta-1}{(1-\cos\theta)^2}$$ ◀$\cos\theta-(\cos^2\theta+\sin^2\theta)=\cos\theta-1$

$$=\frac{-(1-\cos\theta)}{(1-\cos\theta)^2}$$ ◀-1でくくった

$$=\frac{-1}{1-\cos\theta} \quad \cdots\cdots ⑤$$ ◀$\dfrac{-A}{A^2}=\dfrac{-1}{A}$

が得られる。

よって， $\frac{d^2y}{dx^2}=\frac{dz}{d\theta}\cdot\frac{d\theta}{dx}$ ……④ に⑤と①′を代入する と，

$$\frac{d^2y}{dx^2}=\frac{dz}{d\theta}\cdot\frac{d\theta}{dx} \quad \cdots\cdots④$$

$$=\frac{-1}{1-\cos\theta}\cdot\frac{1}{1-\cos\theta}$$

◀ $\frac{dz}{d\theta}=\frac{-1}{1-\cos\theta}$ …⑤と $\frac{d\theta}{dx}=\frac{1}{1-\cos\theta}$ …①′を代入した！

$$=\boldsymbol{\frac{-1}{(1-\cos\theta)^2}} \ //$$

◀ $\frac{-1}{A}\cdot\frac{1}{A}=\frac{-1}{A^2}$

Section 3 グラフのかき方

6

[解答]

(1) $\dfrac{x^3+2}{x^2+1}=x$ ◀2式からyを消去した！

$\Leftrightarrow\ x^3+2=x(x^2+1)$ ◀両辺にx^2+1を掛けて分母を払った

$\Leftrightarrow\ x^3+2=x^3+x$ ◀右辺を展開した

$\therefore\ \boldsymbol{x=2}$ //

[考え方と解答]

(2) まず $\dfrac{x^3+2}{x^2+1}$ は （分子の次数）≧（分母の次数） の形 ◀$\dfrac{(3次式)}{(2次式)}$

になっているので，***Point 3.4*** に従って 分子の次数下げをする と，

$$y=\frac{x^3+2}{x^2+1}$$

$$=\boldsymbol{x+\frac{-x+2}{x^2+1}}\ \cdots\cdots ①\ となる。$$

◀
$$\begin{array}{r} x \\ x^2+1\,\big)\,\overline{x^3 +2} \\ x^3 +x \\ \hline -x+2 \end{array}$$

次に，

増減表をかくために $y=x+\dfrac{-x+2}{x^2+1}\ \cdots\cdots ①$ を微分する と，

$$y'=1+\frac{-(x^2+1)-(-x+2)2x}{(x^2+1)^2}$$

◀$\left(\dfrac{-x+2}{x^2+1}\right)'=\dfrac{(-x+2)'(x^2+1)-(-x+2)(x^2+1)'}{(x^2+1)^2}$

$$=1+\frac{x^2-4x-1}{(x^2+1)^2}$$

◀$-x^2-1+2x^2-4x=x^2-4x-1$

$$=\frac{(x^2+1)^2+x^2-4x-1}{(x^2+1)^2}$$

◀分母をそろえた

$$=\frac{x^4+3x^2-4x}{(x^2+1)^2}$$

◀$(x^2+1)^2=x^4+2x^2+1$

$=\dfrac{x(x^3+3x-4)}{(x^2+1)^2}$　◀ xでくくった

$=\dfrac{x(x-1)(x^2+x+4)}{(x^2+1)^2}$ となるよね。　◀ 組立除法

```
1 0 3 -4 |1
  1 1  4
1 1 4  0
```
➡ $x^3+3x-4=(x-1)(x^2+x+4)$

$\begin{cases} x^2+x+4=\left(x+\dfrac{1}{2}\right)^2+\dfrac{15}{4}>0 \\ (x^2+1)^2>0 \end{cases}$ より，

y' の符号は $x(x-1)$ によって決まる　ことが分かるよね。

よって，

$y=x(x-1)$ のグラフを考え，　◀ y'の符号が分かる!

$y=\dfrac{x^3+2}{x^2+1}$ の増減表は **［図 1］** のようになる。

x		0		1	
y'	+	0	−	0	+
y	↗	2	↘	$\frac{3}{2}$	↗

［図 1］

◀ 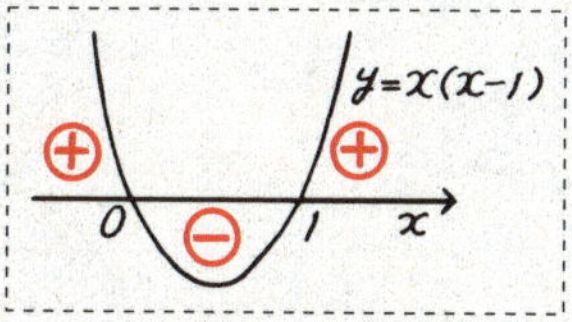

ここで，$\displaystyle\lim_{x\to\pm\infty}\frac{-x+2}{x^2+1}=0$ より，$x\to\pm\infty$ のとき

$y=x+\dfrac{-x+2}{x^2+1}$ ……① は $\boldsymbol{y=x}$ に近づく　ことが分かる。

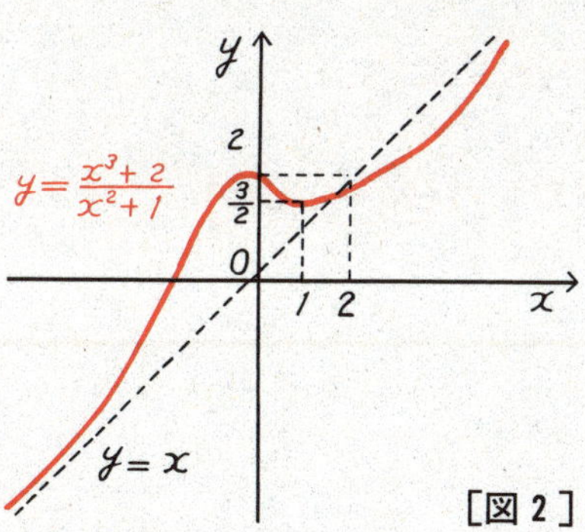

［図 2］

以上より，(1)を考え，$y=\dfrac{x^3+2}{x^2+1}$ のグラフは **［図 2］** のようになることが分かった。

7

[考え方と解答]

まず，$y=\dfrac{(x+2)^2}{x^2-1}$ の分母の x^2-1 は $(x+1)(x-1)$ と書けるので，

$\boldsymbol{x=-1}$ と $\boldsymbol{x=1}$ は漸近線になる ……(★) ◀ Point 3.1

ことが分かるよね。

また，$y=\dfrac{(x+2)^2}{x^2-1}=\dfrac{x^2+4x+4}{x^2-1}$ …… ① は

(分子の次数)≧(分母の次数) の形をしているので， ◀ $\dfrac{(2次式)}{(2次式)}$

Point 3.4 に従って 分子の次数下げをする と，

$$y=\frac{x^2+4x+4}{x^2-1} \quad \cdots\cdots ①$$

$$=\boldsymbol{1+\frac{4x+5}{x^2-1}} \quad \cdots\cdots ①'$$

◀ $x^2-1 \overline{\smash{)}\,x^2+4x+4}$ 商 1，x^2-1 を引いて余り $4x+5$

となるよね。

次に，増減表をかくために $y=1+\dfrac{4x+5}{x^2-1}$ …… ①′ を微分する と，

$$y'=\frac{4(x^2-1)-(4x+5)\cdot 2x}{(x^2-1)^2}$$

◀ $\left(\dfrac{4x+5}{x^2-1}\right)'=\dfrac{(4x+5)'(x^2-1)-(4x+5)(x^2-1)'}{(x^2-1)^2}$

$$=\frac{-4x^2-10x-4}{(x^2-1)^2}$$

◀ $4x^2-4-8x^2-10x=-4x^2-10x-4$

$$=\frac{-2(2x+1)(x+2)}{(x^2-1)^2}$$

◀ $-2(2x^2+5x+2)=-2(2x+1)(x+2)$

となるよね。

さらに，

$(x^2-1)^2 > 0$ より，
y' の符号は
$-2(2x+1)(x+2)$ によって決まる　ことが分かるよね。

◀ 分母は絶対に0にならないので，$(x^2-1)^2 \geqq 0$ ではない！

よって，(★) と $y=-2(2x+1)(x+2)$ のグラフを考え，◀ y'の符号が分かる！

$y=\dfrac{(x+2)^2}{x^2-1}$ の増減表は［図１］のようになる。

x		-2		-1		$-\frac{1}{2}$		1	
y'	$-$	0	$+$		$+$	0	$-$		$-$
y	↘	0	↗		↗	-3	↘		↘

［図１］

◀ 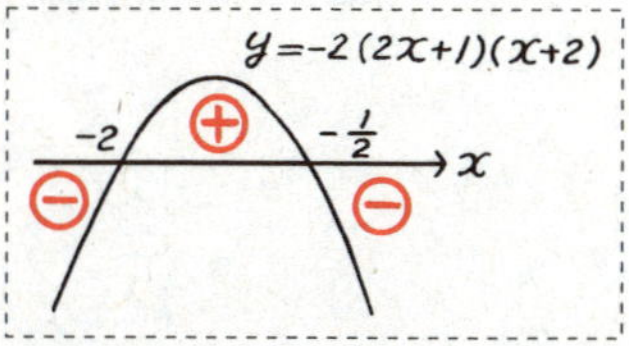

ここで，$\displaystyle\lim_{x\to\pm\infty}\frac{4x+5}{x^2-1}=0$ を考え，

$$\begin{cases}\displaystyle\lim_{x\to\infty}\frac{x^2+4x+4}{x^2-1}=\lim_{x\to\infty}\left(1+\frac{4x+5}{x^2-1}\right)=1 \\ \displaystyle\lim_{x\to-\infty}\frac{x^2+4x+4}{x^2-1}=\lim_{x\to-\infty}\left(1+\frac{4x+5}{x^2-1}\right)=1\end{cases} \quad \cdots\cdots (*)$$

◀ Point 3.3

となる。

また，$x^2+4x+4=(x+2)^2$ を考え，

$$\begin{cases}\displaystyle\lim_{x\to1+0}\frac{(x+2)^2}{(x+1)(x-1)}=\infty & \cdots\cdots ① \\ \displaystyle\lim_{x\to1-0}\frac{(x+2)^2}{(x+1)(x-1)}=-\infty & \cdots\cdots ② \\ \displaystyle\lim_{x\to-1+0}\frac{(x+2)^2}{(x+1)(x-1)}=-\infty & \cdots\cdots ③ \\ \displaystyle\lim_{x\to-1-0}\frac{(x+2)^2}{(x+1)(x-1)}=\infty & \cdots\cdots ④\end{cases}$$

◀ ① $\dfrac{(x+2)^2}{(x+1)(x-1)}$：$(x+2)^2$ 正，$(x+1)$ 正，$(x-1)$ 正

◀ ② $\dfrac{(x+2)^2}{(x+1)(x-1)}$：$(x+2)^2$ 正，$(x+1)$ 正，$(x-1)$ 負

◀ ③ $\dfrac{(x+2)^2}{(x+1)(x-1)}$：$(x+2)^2$ 正，$(x+1)$ 正，$(x-1)$ 負

◀ ④ $\dfrac{(x+2)^2}{(x+1)(x-1)}$：$(x+2)^2$ 正，$(x+1)$ 負，$(x-1)$ 負

となる。

以上より，$y=\dfrac{(x+2)^2}{x^2-1}$ のグラフは［図 2］のようになる。

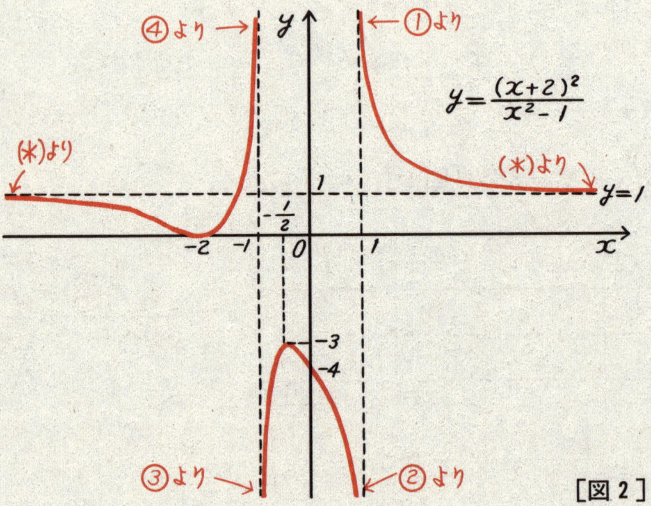

［図 2］

8

[考え方と解答]

まず，増減表をかくために $y=(x^2-3)e^x$ を微分する と，

$y'=2x\cdot e^x+(x^2-3)e^x$　◀ $\{(x^2-3)e^x\}'=(x^2-3)'e^x+(x^2-3)(e^x)'$

$=(x^2+2x-3)e^x$　◀ e^xでくくった

$=(x+3)(x-1)e^x$　◀ $x^2+2x-3=(x+3)(x-1)$

となるよね。

さらに，$e^x>0$ より，y' の符号は $(x+3)(x-1)$ によって決まる ことが分かる。

よって，$y=(x+3)(x-1)$ のグラフを考え，　◀ y'の符号が分かる！

増減表は［図 1］のようになる。

x		-3		1	
y'	$+$	0	$-$	0	$+$
y	↗	$\frac{6}{e^3}$	↘	$-2e$	↗

［図 1］

◀ 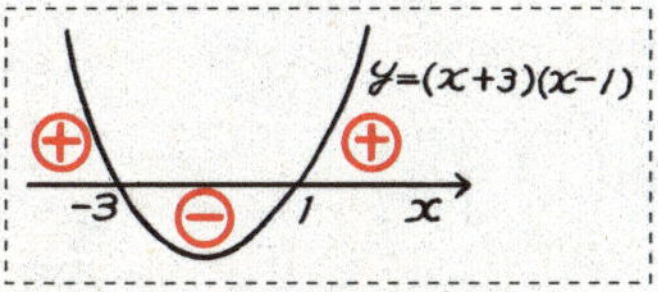

また，　◀ Point3.3 より，$x\to\pm\infty$ のときを考える！

$\lim_{x\to\infty}(x^2-3)e^x=\infty$　◀ $(\infty^2-3)e^\infty=\infty$

$\lim_{x\to-\infty}(x^2-3)e^x=0$　◀ $(\infty^2-3)e^{-\infty}=\frac{\infty^2-3}{e^\infty}=0$

となることが分かる。　◀ 本文P.74の補題(4)参照！

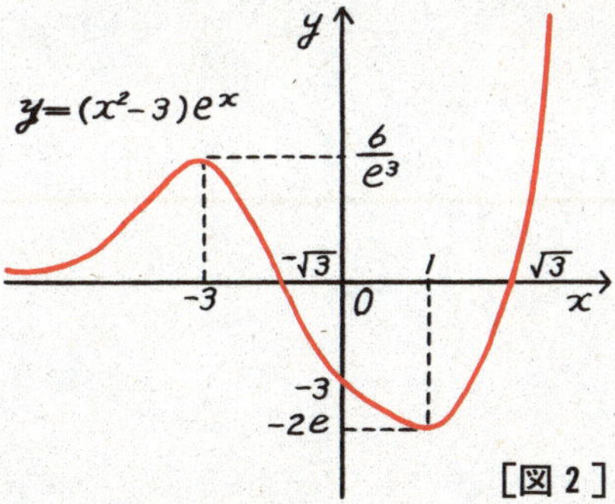

［図 2］

以上より，

$y=(x^2-3)e^x$ のグラフは

［図 2］のようになる。

9

[考え方と解答]

(1) まず，$y=e^{-x}\sin x$ を微分する と，

$y'=-e^{-x}\cdot\sin x+e^{-x}\cdot\cos x$ ◀ $(e^{-x}\sin x)'=(e^{-x})'\sin x+e^{-x}(\sin x)'$

$=e^{-x}(-\sin x+\cos x)$ …… ① ◀ e^{-x}でくくった

となるよね。

$e^{-x}>0$ より，y' の符号は $-\sin x+\cos x$ によって決まる ことが分かるけれど，

$\sin x$ と $\cos x$ の2つの変数があって少し考えにくいよね。

そこで，変数のちらばりを少なくするために，

三角関数の合成をしよう！ ◀ 三角関数の合成については One Point Lesson (P.211) を参照！

$-\sin x+\cos x$

$=\sqrt{2}\sin\left(x+\dfrac{3}{4}\pi\right)$ ◀

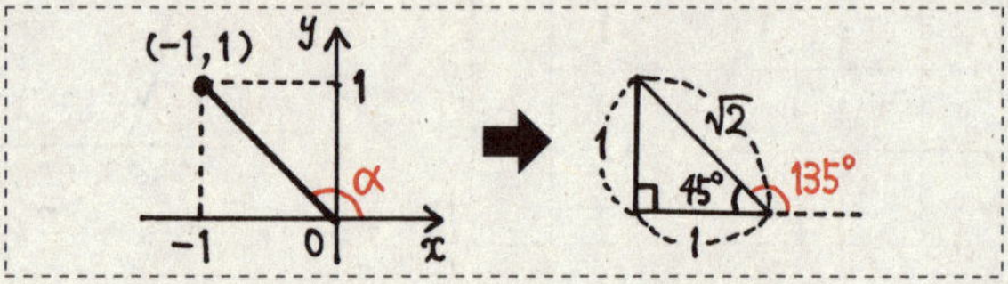

となるので，

$y'=e^{-x}(-\sin x+\cos x)$ …… ①

$=e^{-x}\cdot\sqrt{2}\sin\left(x+\dfrac{3}{4}\pi\right)$ ◀ $-\sin x+\cos x=\sqrt{2}\sin\left(x+\frac{3}{4}\pi\right)$ を代入した

$=\sqrt{2}e^{-x}\sin\left(x+\dfrac{3}{4}\pi\right)$ …… ②

と書けるよね。

よって，$\sqrt{2}e^{-x}>0$ より，y' の符号は $\sin\left(x+\dfrac{3}{4}\pi\right)$ によって決まる ことが分かるよね。

そこで，$y=\sin\left(x+\dfrac{3}{4}\pi\right)$ について考えよう。

まず,「極値となる x の値」(◀ $y'=0$ となる x の値) を求めるために,

$y'=0$ とする と, $x\geqq 0$ を考え　◀ $x\geqq 0$ より $x+\frac{3}{4}\pi>0$

$$\sin\left(x+\frac{3}{4}\pi\right)=0$$ ◀ $y'=\sqrt{2}\,e^{-x}\sin\left(x+\frac{3}{4}\pi\right)$

$\Leftrightarrow\ x+\frac{3}{4}\pi=\pi,\ 2\pi,\ 3\pi,\ \cdots\cdots$ ……(＊)　◀ $\sin\theta=0\ (\theta>0)$ ➡ $\theta=\pi,\ 2\pi,\ 3\pi,\ \cdots\cdots$

$\therefore\ x=\frac{\pi}{4},\ \frac{5}{4}\pi,\ \frac{9}{4}\pi,\ \cdots\cdots$ で極値をとることが分かった！

よって, $y=e^{-x}\sin x$ のグラフは下図のようになることが分かるよね。

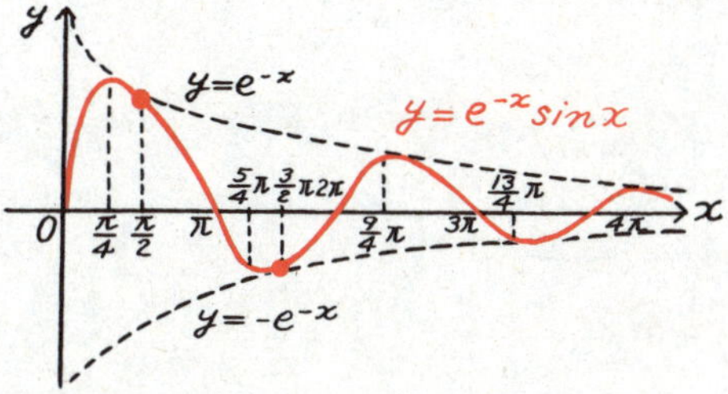

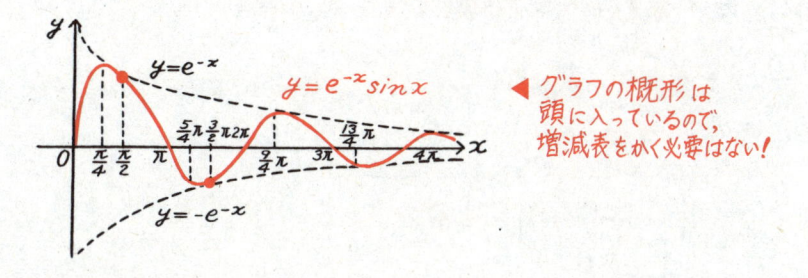

◀ グラフの概形は頭に入っているので，増減表をかく必要はない！

[考え方]

(2)　まず,「極値となる x の値」(◀ $y'=0$ となる x の値) は, (＊) より

$x+\frac{3}{4}\pi=\pi,\ 2\pi,\ 3\pi,\ \cdots\cdots,\ n\pi,\ (n+1)\pi,\ \cdots\cdots$

(左から1番目, 左から2番目, 左から3番目, 左から n 番目, 左から $(n+1)$ 番目)

を満たす ことが分かるよね。

よって, 左から n 番目の極値の x 座標は

$x=n\pi-\frac{3}{4}\pi$ なので,　◀ $x+\frac{3}{4}\pi=n\pi$

左から n 番目の極値は

$$y_n=e^{-\left(n\pi-\frac{3}{4}\pi\right)}\sin\left(n\pi-\frac{3}{4}\pi\right)\ \cdots\cdots ③$$ ◀ $y=e^{-x}\sin x$ に $x=n\pi-\frac{3}{4}\pi$ を代入した

と書けるよね。

ここで，加法定理より，　◀ $\sin(\alpha-\beta)=\sin\alpha\cos\beta-\sin\beta\cos\alpha$

$$\sin\left(n\pi-\frac{3}{4}\pi\right)=\sin n\pi\cos\frac{3}{4}\pi-\sin\frac{3}{4}\pi\cos n\pi$$

$$=-\frac{1}{\sqrt{2}}\cos n\pi$$

◀ $\begin{cases}\sin n\pi=0\\ \sin\frac{3}{4}\pi=\frac{1}{\sqrt{2}}\end{cases}$

がいえるよね。

さらに，$\cos n\pi=(-1)^n$ より，　◀ $\begin{cases}\cos 0=\cos 2\pi=\cos 4\pi=\cdots\cdots=1\\ \cos\pi=\cos 3\pi=\cos 5\pi=\cdots\cdots=-1\end{cases}$

$$\sin\left(n\pi-\frac{3}{4}\pi\right)=-\frac{1}{\sqrt{2}}(-1)^n \quad\cdots\cdots④$$

◀ $\sin\left(n\pi-\frac{3}{4}\pi\right)=-\frac{1}{\sqrt{2}}\cdot\underbrace{\cos n\pi}_{(-1)^n}$

が得られる。　◀ 考えにくい三角関数をなくすことができた！

③，④より，

$$y_n=e^{-\left(n\pi-\frac{3}{4}\pi\right)}\sin\left(n\pi-\frac{3}{4}\pi\right)\quad\cdots\cdots③$$

$$=e^{-\left(n\pi-\frac{3}{4}\pi\right)}\left\{-\frac{1}{\sqrt{2}}\cdot(-1)^n\right\}$$

◀ ④を代入した

$$=-\frac{1}{\sqrt{2}}e^{\frac{3}{4}\pi}\cdot(-1)^n\cdot e^{-n\pi}$$

◀ $e^{-\left(n\pi-\frac{3}{4}\pi\right)}=e^{-n\pi+\frac{3}{4}\pi}=e^{-n\pi}\cdot e^{\frac{3}{4}\pi}$

$$=-\frac{1}{\sqrt{2}}e^{\frac{3}{4}\pi}(-e^{-\pi})^n$$

◀ $(-1)^n\cdot e^{-n\pi}=(-1)^n\cdot(e^{-\pi})^n=(-e^{-\pi})^n$

が得られるよね。

よって，

$$\sum_{n=1}^{\infty}y_n=\sum_{n=1}^{\infty}\left\{-\frac{1}{\sqrt{2}}e^{\frac{3}{4}\pi}(-e^{-\pi})^n\right\}$$

$$=-\frac{1}{\sqrt{2}}e^{\frac{3}{4}\pi}\sum_{n=1}^{\infty}(-e^{-\pi})^n$$

◀ $-\frac{1}{\sqrt{2}}e^{\frac{3}{4}\pi}$（◀定数！）は $\sum_{n=1}^{\infty}$ に関係ないので Σ の外に出した

となるよね。

$-\frac{1}{\sqrt{2}}e^{\frac{3}{4}\pi}$ は定数なので，あとは $\sum_{n=1}^{\infty}(-e^{-\pi})^n$ を求めればいいよね。

$\sum_{n=1}^{\infty}(-e^{-\pi})^n$ を実際に書き出してみると，

$$\sum_{n=1}^{\infty}(-e^{-\pi})^n=\boldsymbol{(-e^{-\pi})^1+(-e^{-\pi})^2+(-e^{-\pi})^3+\cdots\cdots}$$

となり，**「初項 $(-e^{-\pi})$，公比 $(-e^{-\pi})$ の無限等比級数の和」**であることが分かるよね。　◀公比 $(-e^{-\pi})$ は $-1<-e^{-\pi}<1$ に注意！

よって，

$$\sum_{n=1}^{\infty}(-e^{-\pi})^n=\frac{-e^{-\pi}}{1-(-e^{-\pi})}$$

◀ $-1<r<1$ のとき $\sum_{n=1}^{\infty}r^n=\frac{r}{1-r}$

$$=\frac{-e^{-\pi}}{1+e^{-\pi}}$$

$$=-\frac{1}{e^{\pi}+1}$$

◀分母分子に e^{π} を掛けた

であることが分かったね！

[解答]

(2)　左から n 番目の極値の x 座標は，(＊) より

$x=n\pi-\frac{3}{4}\pi$ なので，　◀[考え方]参照

$$y_n=e^{-\left(n\pi-\frac{3}{4}\pi\right)}\sin\left(n\pi-\frac{3}{4}\pi\right)\quad\cdots\cdots③$$

◀ $y=e^{-x}\sin x$ に $x=n\pi-\frac{3}{4}\pi$ を代入した

が得られる。

ここで，

$$\sin\left(n\pi-\frac{3}{4}\pi\right)=\sin n\pi\cos\frac{3}{4}\pi-\sin\frac{3}{4}\pi\cos n\pi$$

◀加法定理！

$$=-\frac{1}{\sqrt{2}}\cos n\pi$$

◀ $\begin{cases}\sin n\pi=0\\ \sin\frac{3}{4}\pi=\frac{1}{\sqrt{2}}\end{cases}$

$$=-\frac{1}{\sqrt{2}}(-1)^n\quad\cdots\cdots④$$ を考え，

◀ $\begin{cases}\cos 0=\cos 2\pi=\cos 4\pi=\cdots=1\\ \cos\pi=\cos 3\pi=\cos 5\pi=\cdots=0\end{cases}$

$$y_n = e^{-\left(n\pi - \frac{3}{4}\pi\right)}\sin\left(n\pi - \frac{3}{4}\pi\right) \cdots\cdots ③$$

$$= e^{-\left(n\pi - \frac{3}{4}\pi\right)}\left\{-\frac{1}{\sqrt{2}}(-1)^n\right\}$$ ◀④を代入した

$$= -\frac{1}{\sqrt{2}}e^{\frac{3}{4}\pi}\cdot(-1)^n\cdot e^{-n\pi}$$ ◀ $e^{-(n\pi-\frac{3}{4}\pi)} = e^{-n\pi+\frac{3}{4}\pi} = e^{-n\pi}\cdot e^{\frac{3}{4}\pi}$

$$= -\frac{1}{\sqrt{2}}e^{\frac{3}{4}\pi}\cdot(-e^{-\pi})^n$$ が得られる。 ◀ $(-1)^n\cdot e^{-n\pi} = (-1)^n\cdot(e^{-\pi})^n = (-e^{-\pi})^n$

よって,

$$\sum_{n=1}^{\infty} y_n = \sum_{n=1}^{\infty}\left\{-\frac{1}{\sqrt{2}}e^{\frac{3}{4}\pi}\cdot(-e^{-\pi})^n\right\}$$

$$= -\frac{1}{\sqrt{2}}e^{\frac{3}{4}\pi}\sum_{n=1}^{\infty}(-e^{-\pi})^n$$ ◀ $-\frac{1}{\sqrt{2}}e^{\frac{3}{4}\pi}$ (◀定数!) は $\sum_{n=1}^{\infty}$ に関係ないので Σ の外に出した

$$= -\frac{1}{\sqrt{2}}e^{\frac{3}{4}\pi}\cdot\frac{-e^{-\pi}}{1-(-e^{-\pi})}$$ ◀ $-1 < r < 1$ のとき $\sum_{n=1}^{\infty} r^n = \frac{r}{1-r}$

$$= -\frac{1}{\sqrt{2}}e^{\frac{3}{4}\pi}\cdot\frac{-e^{-\pi}}{1+e^{-\pi}}$$

$$= -\frac{1}{\sqrt{2}}e^{\frac{3}{4}\pi}\cdot\frac{-1}{e^{\pi}+1}$$ ◀分母分子に e^{π} を掛けた

$$= \frac{e^{\frac{3}{4}\pi}}{\sqrt{2}(e^{\pi}+1)}$$ であることが分かった。

Section 4　極大値と極小値について

10

[考え方と解答]

まず，“極小値”について考えるので，とりあえず微分しよう。

$f(x)=(x^2-px+p)e^{-x}$

$f'(x)=(2x-p)e^{-x}+(x^2-px+p)(-e^{-x})$　◀ $(x^2-px+p)'e^{-x}+(x^2-px+p)(e^{-x})'$

$=-\{-(2x-p)+(x^2-px+p)\}e^{-x}$　◀ $-e^{-x}$でくくった

$=-\{x^2-(p+2)x+2p\}e^{-x}$　◀ xについて整理した

$=-(x-2)(x-p)e^{-x}$　◀ 因数分解した

$e^{-x}>0$ より，$f'(x)$ の符号は $-(x-2)(x-p)$ によって決まるので，
$y=-(x-2)(x-p)$ について考える。

まず，pと2の大小関係が分からないので，

(i) $\boldsymbol{p>2}$ のとき
(ii) $\boldsymbol{p<2}$ のとき

のように場合分けしてみよう。　◀ $p=2$については不要！
[P.29の《注》を見よ]

(i) $p>2$ のとき

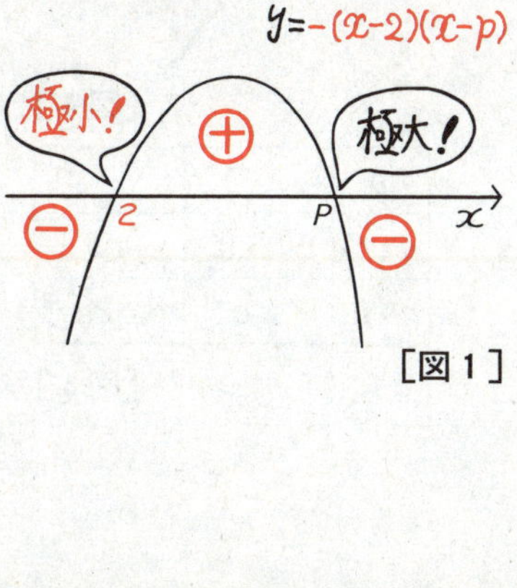

[図１]

$y=-(x-2)(x-p)$ のグラフは[図１]のようになるので，
$f(x)$ は $x=2$ で極小値

$f(2)=(4-2p+p)e^{-2}$
$=\boldsymbol{(-p+4)e^{-2}}$

をとることが分かるよね。

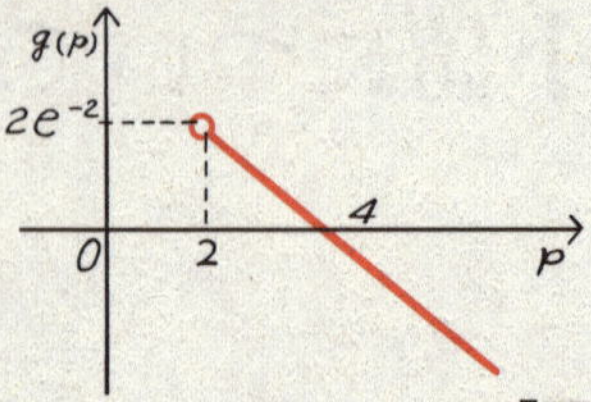

［図２］

よって，$f(x)$ の極小値 $g(p)$ は

$\boldsymbol{g(p)=(-p+4)e^{-2}}$ となるよね。

$g(p)=-e^{-2}p+4e^{-2}$ は傾きが $-e^{-2}$ の直線なので，　◀ $y=ax+b$の形！

$g(p)$ のグラフは［図２］のようになる。

(ii) $\boldsymbol{p<2}$ のとき

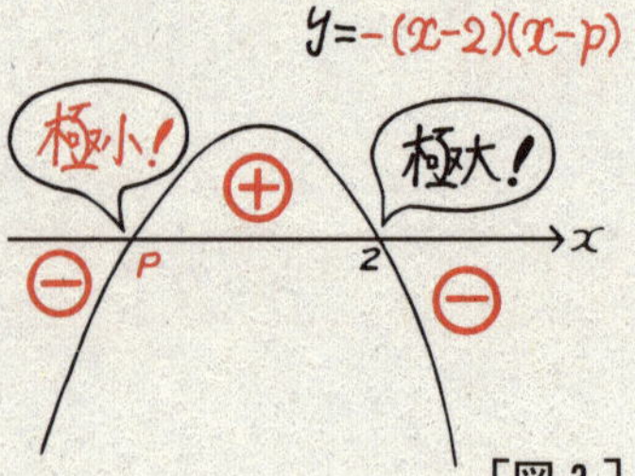

［図３］

$y=-(x-2)(x-p)$ のグラフは

［図３］のようになるので，

$f(x)$ は $x=p$ で 極小値

$f(p)=(p^2-p^2+p)e^{-p}$

$=\boldsymbol{pe^{-p}}$ をとることが分かるよね。

よって，$f(x)$ の極小値 $g(p)$ は

$\boldsymbol{g(p)=pe^{-p}}$ となるよね。

ここで，$g(p)=pe^{-p}$ のグラフについて考えよう。

$g'(p)=e^{-p}+p(-e^{-p})$　◀ $(pe^{-p})'=(p)'e^{-p}+p(e^{-p})'$

$=(1-p)e^{-p}$　◀ e^{-p}でくくった

$e^{-p}>0$ より，$g'(p)$ の符号は $1-p$ によって決まるよね。

よって，

$y=1-p$ のグラフは

［図４］のようになることを考え，

増減表は

［図５］のようになる。

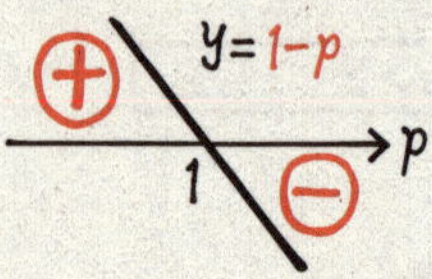

［図４］

p		1		2
$g'(p)$	+	0	−	
$g(p)$	↗	e^{-1}	↘	$2e^{-2}$

［図５］

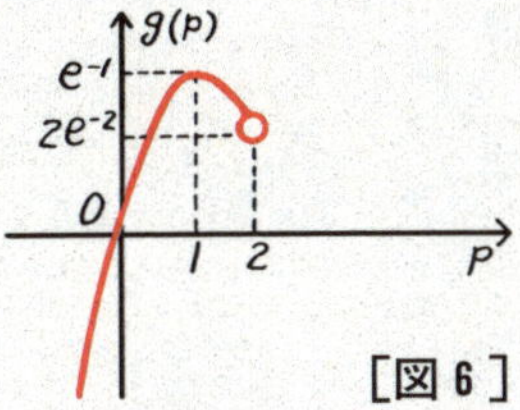

［図 6］

よって，◀ $p \to -\infty$ のときを考える！

$\lim_{p \to -\infty} g(p) = \lim_{p \to -\infty} pe^{-p}$

$= -\infty$ を考え，◀ $-\infty \cdot e^{\infty}$

$g(p)$ のグラフは［図 6］のようになる。

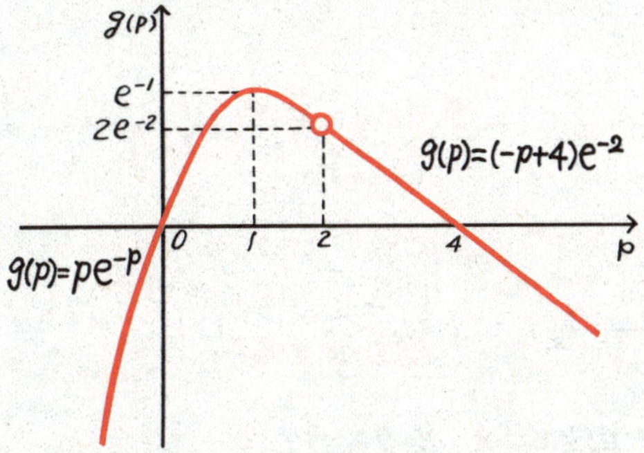

(i)，(ii)より，

［図 2］と［図 6］を考え，

$g(p)$ のグラフは

左図のようになる。

(ただし，白丸は除く。)

《注》

$p=2$ のときは

$f'(x) = -(x-2)^2 e^{-x} \leqq 0$

となり，$x=2$ の付近で

$f'(x)$ の符号変化が起こらない！◀

x		2	
$f'(x)$	−	0	−
$f(x)$	↘		↘

よって，$x=2$ は極値にならないので，

$p=2$ の場合は考えなくてよい！

11

［考え方と解答］

(1) まず，"極大値" に関する問題なので，とりあえず

$f(x) = e^{-ax}\sin 2x$ を微分しよう。

$f'(x) = -ae^{-ax}\sin 2x + 2e^{-ax}\cos 2x$ ◀ $(e^{-ax})'\sin 2x + e^{-ax}(\sin 2x)'$

$= e^{-ax}(-a\sin 2x + 2\cos 2x)$ ◀ e^{-ax} でくくった

$= e^{-ax}\boxed{(\mathbf{2\cos 2x} - a\sin 2x)}$ ◀ $f'(x) = g(x) - h(x)$ の形！

よって，$e^{-ax}>0$ より，$f'(x)$ の符号は
$y=2\cos 2x$ と $y=a\sin 2x$ の大小関係によって決まる
ことが分かるよね。

そこで，

$y=2\cos 2x$ と $y=a\sin 2x$ のグラフをかくと
［図１］のようになる。

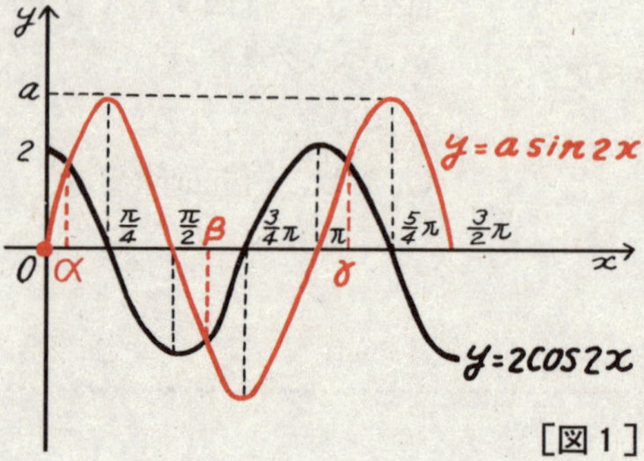

［図１］

◀ $a>0$ に注意！
（a と 2 の大小関係は分からない！）

◀ $y=a\sin 2x$ は
$x=0,\ \frac{\pi}{2},\ \pi,\ \frac{3}{2}\pi$ で
x 軸と交わる！

◀ $y=2\cos 2x$ は
$x=\frac{\pi}{4},\ \frac{3}{4}\pi,\ \frac{5}{4}\pi$ で
x 軸と交わる！

［図１］のように $y=2\cos 2x$ と $y=a\sin 2x$ の交点を
α，β，γ $(\alpha<\beta<\gamma)$ とおくと，α，β，γ については
$0<\alpha<\frac{\pi}{4}$，$\frac{\pi}{2}<\beta<\frac{3}{4}\pi$，$\pi<\gamma<\frac{5}{4}\pi$ がいえるよね。◀［図1］を見よ

以下，$y=2\cos 2x$ と $y=a\sin 2x$ の大小関係を調べ，

$f'(x)=e^{-ax}(2\cos 2x-a\sin 2x)$ の符号を調べよう。

(i)　$0\leqq x<\alpha$ のとき

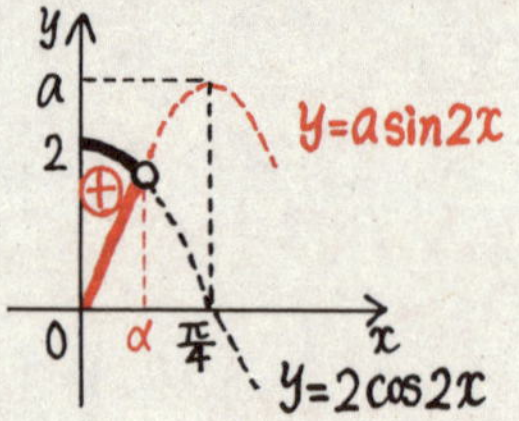

［図２］

［図２］より，
$0\leqq x<\alpha$ では
$2\cos 2x>a\sin 2x$ であるから，
$f'(x)>0$ ◀ $f'(x)=e^{-ax}(2\cos 2x-a\sin 2x)$
（e^{-ax} ← 正，$(2\cos 2x-a\sin 2x)$ ← 正）
がいえるよね。

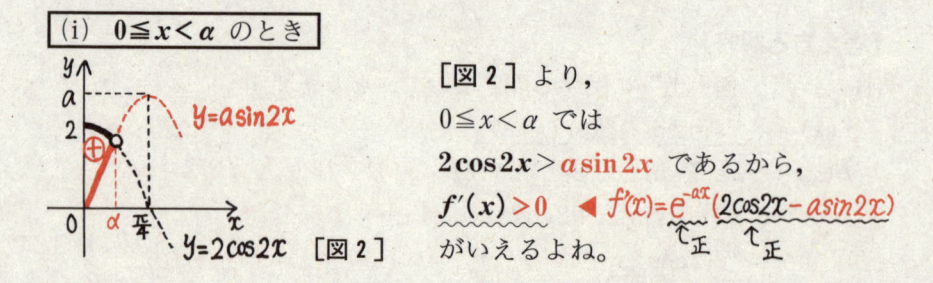

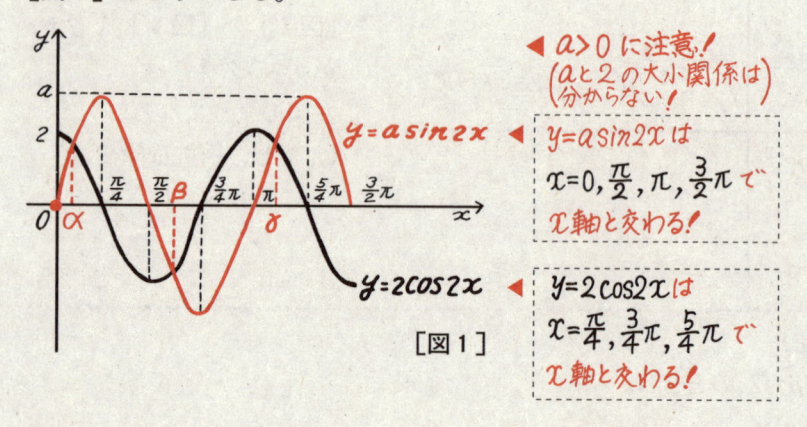

(ii)　$\alpha < x < \beta$ のとき

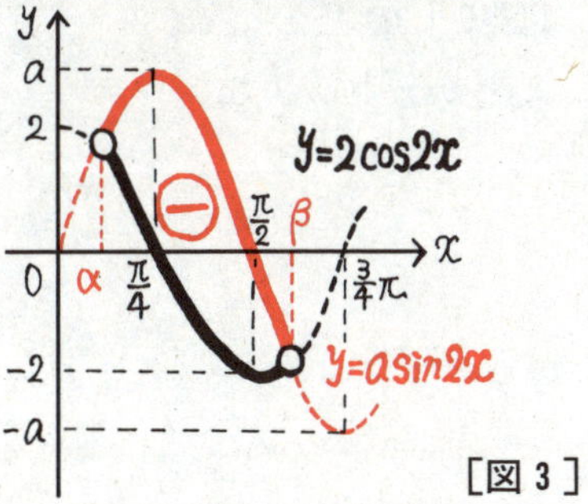

［図 3］

［図 3］より，
$\alpha < x < \beta$ では
$2\cos 2x < a\sin 2x$ であるから，
$f'(x) < 0$　◀ $f'(x) = \underbrace{e^{-ax}}_{\text{正}}\underbrace{(2\cos 2x - a\sin 2x)}_{\text{負}}$
がいえるよね。

(iii)　$\beta < x < \gamma$ のとき

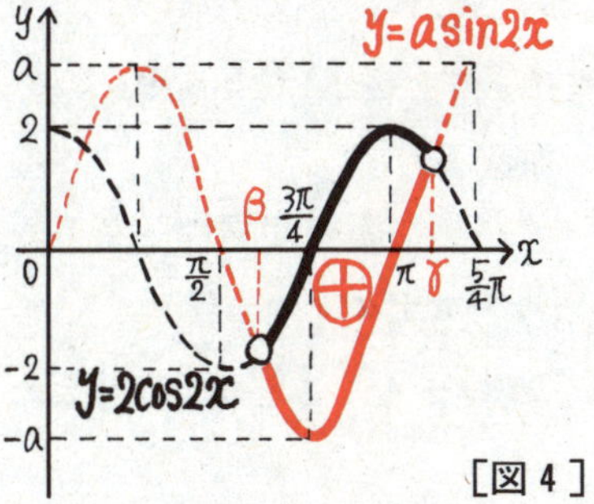

［図 4］

［図 4］より，
$\beta < x < \gamma$ では
$2\cos 2x > a\sin 2x$ であるから，
$f'(x) > 0$　◀ $f'(x) = \underbrace{e^{-ax}}_{\text{正}}\underbrace{(2\cos 2x - a\sin 2x)}_{\text{正}}$
がいえるよね。

(iv)　$\gamma < x \leqq \frac{3}{2}\pi$ のとき

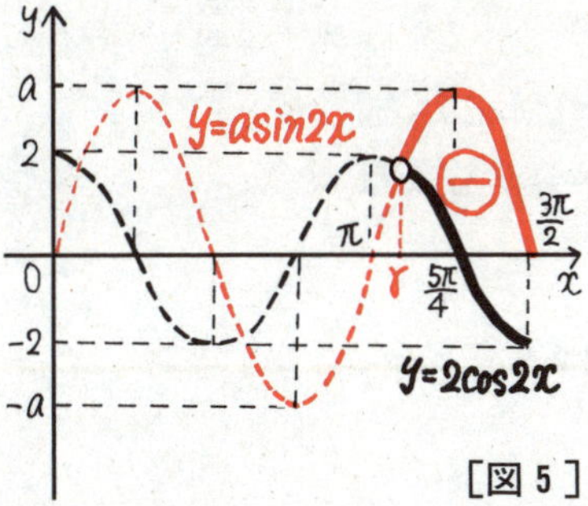

［図 5］

［図 5］より，
$\gamma < x \leqq \frac{3}{2}\pi$ では
$2\cos 2x < a\sin 2x$ であるから，
$f'(x) < 0$　◀ $f'(x) = \underbrace{e^{-ax}}_{\text{正}}\underbrace{(2\cos 2x - a\sin 2x)}_{\text{負}}$
がいえるよね。

x	0		α		β		γ		$\frac{3}{2}\pi$
$f'(x)$		+	0	−	0	+	0	−	
$f(x)$		↗	極大	↘	極小	↗	極大	↘	

［図 6］

以上より，増減表は［図 6］のようになることが分かるよね。

よって，

$x=\alpha$，γ で 2 つの極大値をもつ// ことが分かったね！　(q. e. d.)

［考え方］

(2)

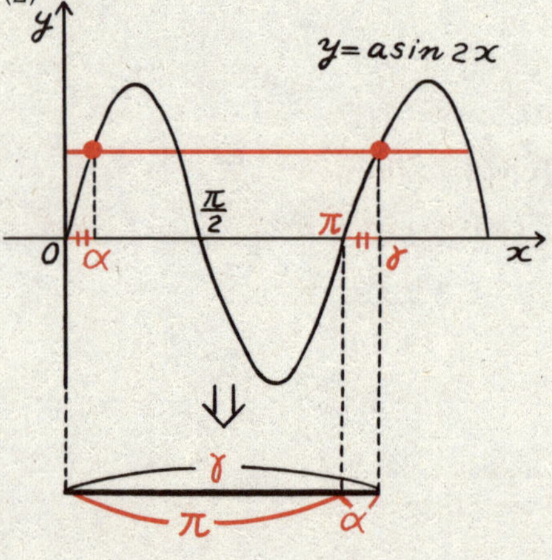

まず，α や γ は僕らが勝手においた文字なので，α と γ について考えよう。

左図より

“グラフの等間隔性”を考え，

$\gamma=\pi+\alpha$ ……①

がいえる ことが分かるよね！

また，(1)より

極大値をとる x の値は **α** と **γ** ($\alpha<\gamma$) であるから，

極大値は **$f(\alpha)$** と **$f(\gamma)$** であることが分かるよね。

そこで，**$f(\alpha)$** と **$f(\gamma)$** を求めよう。

まず，$f(x)=e^{-ax}\sin 2x$ に $x=\alpha$ を代入する と，

$f(\alpha)=e^{-a\alpha}\sin 2\alpha$ ……②

が得られるよね。

次に，$f(x)=e^{-ax}\sin 2x$ に $\gamma=\pi+\alpha$ ……① を代入する と，

$\boldsymbol{f(\gamma)}=e^{-a\gamma}\sin 2\gamma$ ◀ $f(x)=e^{-ax}\sin 2x$ に $x=\gamma\,(=\pi+\alpha\cdots①)$ を代入した

$=e^{-a(\pi+\alpha)}\sin 2(\pi+\alpha)$ ◀ $\gamma=\pi+\alpha$ ……① を代入した

$=e^{-a\pi-a\alpha}\sin(2\pi+2\alpha)$

$=e^{-a\pi}\cdot e^{-a\alpha}\sin 2\alpha$ ◀ $\sin(2\pi+2\alpha)=\underbrace{\sin 2\pi}_{0}\cos 2\alpha+\sin 2\alpha\underbrace{\cos 2\pi}_{1}$

$=\boldsymbol{e^{-a\pi}\cdot f(\alpha)}$ ……③ ◀ $e^{-a\pi}\cdot\underbrace{e^{-a\alpha}\sin 2\alpha}_{f(\alpha)}$

が得られるよね。

よって，③より $e^{-a\pi}=\dfrac{\boldsymbol{1}}{\boldsymbol{e^{a\pi}}}\boldsymbol{<1}$ を考え，

$\boldsymbol{f(\gamma)<f(\alpha)}$ ◀ $f(\gamma)=e^{-a\pi}\cdot f(\alpha)$
1より小さいものを掛けてある！

であることが分かるよね。

よって，問題文のように

「(1)の極大値を q_1，q_2（ただし，$q_1>q_2$）とおく」と，

$\boldsymbol{q_1=f(\alpha)}$，$\boldsymbol{q_2=f(\gamma)}$ である ◀ 極大値は $f(\alpha)$，$f(\gamma)$ で，$f(\alpha)>f(\gamma)$ である！

ことが分かるので，

$\boldsymbol{\dfrac{q_2}{q_1}=\dfrac{f(\gamma)}{f(\alpha)}}$ を求めればいいよね。

よって，③より

$\dfrac{q_2}{q_1}=\dfrac{f(\gamma)}{f(\alpha)}$

$=\dfrac{e^{-a\pi}\cdot f(\alpha)}{f(\alpha)}$ ◀ $f(\gamma)=e^{-a\pi}f(\alpha)$ ……③を代入した

$=\boldsymbol{e^{-a\pi}}$ であることが分かったね！ ◀ 分母分子の $f(\alpha)$ を約分した

[解答]

(2)

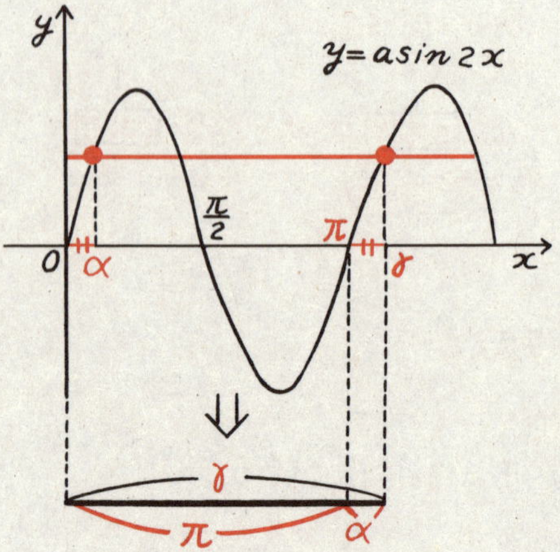

グラフの等間隔性を考え，

$\boldsymbol{\gamma=\pi+\alpha}$ …… ①

がいえる。

ここで，

$f(x)=e^{-ax}\sin 2x$ に $x=\alpha$ を代入する と，

$f(\alpha)=e^{-a\alpha}\sin 2\alpha$ …… ②

が得られる。

また，$f(x)=e^{-ax}\sin 2x$ に $\gamma=\pi+\alpha$ …… ① を代入する と

$f(\gamma)=e^{-a\gamma}\sin 2\gamma$ ◀ $f(x)=e^{-ax}\sin 2x$ に $x=\gamma(=\pi+\alpha$…①$)$ を代入した

$=e^{-a(\pi+\alpha)}\sin 2(\pi+\alpha)$ ◀ $\gamma=\pi+\alpha$……① を代入した

$=e^{-a\pi-a\alpha}\sin(2\pi+2\alpha)$

$=e^{-a\pi}\cdot e^{-a\alpha}\sin 2\alpha$ ◀ $\sin(2\pi+2\alpha)=\underset{0}{\boxed{\sin 2\pi}}\cos 2\alpha+\sin 2\alpha\underset{1}{\boxed{\cos 2\pi}}$

$=e^{-a\pi}\cdot f(\alpha)$ …… ③ ◀ $e^{-a\pi}\cdot \underbrace{e^{-a\alpha}\sin 2\alpha}_{f(\alpha)}$

が得られる。

よって，③より $e^{-a\pi}=\frac{1}{e^{a\pi}}<1$ を考え

$\boldsymbol{f(\alpha)>f(\gamma)}$ がいえる。

$\therefore\ \boldsymbol{\frac{q_2}{q_1}=\frac{f(\gamma)}{f(\alpha)}}$ ◀ $q_1>q_2$ より $\begin{cases} q_2=f(\gamma) \\ q_1=f(\alpha) \end{cases}$

$=\frac{e^{-a\pi}\cdot f(\alpha)}{f(\alpha)}$ ◀ $f(\gamma)=e^{-a\pi}f(\alpha)$……③を代入した

$=\boldsymbol{e^{-a\pi}}$ // が得られた。 ◀ $\frac{1}{e^{a\pi}}$ でもよい

12

[考え方と解答]

まず，極大値に関する問題なので，

$f(x)=\cos 4x-16\sqrt{2}\cos x-16\sqrt{2}\sin x$ を微分する と

$\boldsymbol{f'(x)=-4\sin 4x+16\sqrt{2}\sin x-16\sqrt{2}\cos x}$ ……①

が得られる。

①に $x=\frac{5}{4}\pi$ を代入する と，

$$f'\left(\frac{5}{4}\pi\right)=-4\sin 5\pi+16\sqrt{2}\sin\frac{5}{4}\pi-16\sqrt{2}\cos\frac{5}{4}\pi$$

$$=16\sqrt{2}\left(-\frac{1}{\sqrt{2}}\right)-16\sqrt{2}\left(-\frac{1}{\sqrt{2}}\right)$$

◀ $\sin 5\pi(=\sin\pi)=0$, $\sin\frac{5}{4}\pi=\cos\frac{5}{4}\pi=-\frac{1}{\sqrt{2}}$

$=\mathbf{0}$ ……② となるので，

$f(x)$ が $x=\frac{5}{4}\pi$ で極値をとることが分かるよね。

次に，$x=\frac{5}{4}\pi$ で極大値をとるのかどうかを調べるために，

例題 28 と同様に ①をさらに微分する と

$\boldsymbol{f''(x)=-16\cos 4x+16\sqrt{2}\cos x+16\sqrt{2}\sin x}$ ……③

が得られる。

③に $x=\frac{5}{4}\pi$ を代入する と，

$$f''\left(\frac{5}{4}\pi\right)=-16\cos 5\pi+16\sqrt{2}\cos\frac{5}{4}\pi+16\sqrt{2}\sin\frac{5}{4}\pi$$

$=16-16-16$

$=-16<\mathbf{0}$ ……④ となる。

よって，②と④より ***Point 4.3*** ① を考え，

$f(x)$ は $x=\frac{5}{4}\pi$ で極大値をもつ ことが分かった。　(*q. e. d.*)

Section 5 「定数は分離せよ」について

13

[解答]

$x^2+2x+1=ke^x$

$\Leftrightarrow$ $\boxed{(x^2+2x+1)e^{-x}=k}$ を考え，　◀ k について解いた！

$y=(x^2+2x+1)e^{-x}$ のグラフについて考える。

$y'=(2x+2)e^{-x}-(x^2+2x+1)e^{-x}$

$=-(x^2-1)e^{-x}$　◀ $-e^{-x}$ でくくった

$=-(x+1)(x-1)e^{-x}$　◀ $e^{-x}>0$ より，y' の符号は $-(x+1)(x-1)$ によって決まる！

より，増減表は 次のようになる。

x		-1		1	
y'	$-$	0	$+$	0	$-$
y	↘	0	↗	$4e^{-1}$	↘

◀

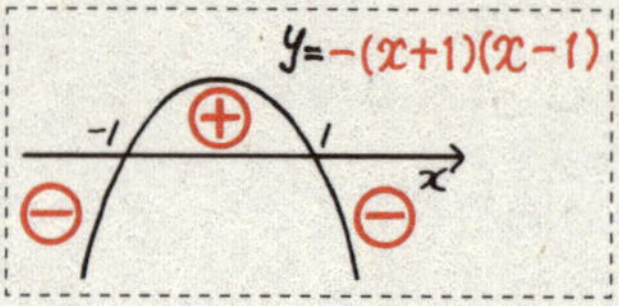

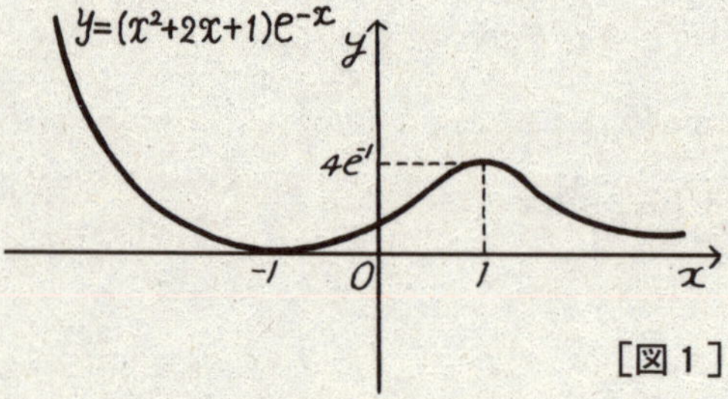

［図 1］

さらに，

$$\begin{cases}\displaystyle\lim_{x\to\infty}(x^2+2x+1)e^{-x}=0\\ \displaystyle\lim_{x\to-\infty}(x^2+2x+1)e^{-x}=\infty\end{cases}$$

を考え，

$y=(x^2+2x+1)e^{-x}$ のグラフは［図 1］のようになる。

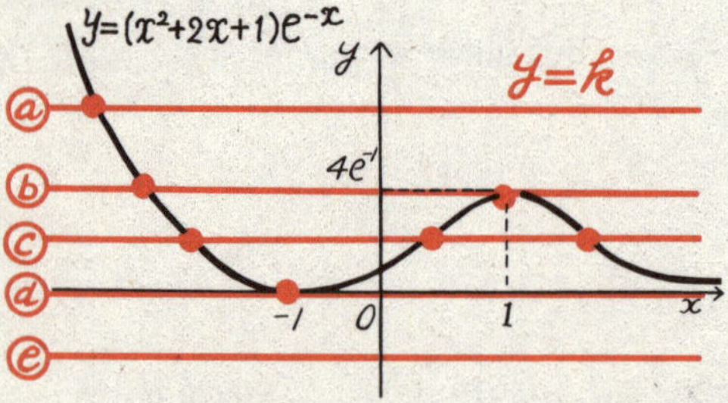

［図 2］

よって，［図 2］より，

ⓐ $k>4e^{-1}$ のとき，　**1 個**

ⓑ $k=4e^{-1}$ のとき，　**2 個**

ⓒ $0<k<4e^{-1}$ のとき，**3 個**

ⓓ $k=0$ のとき，　**1 個**

ⓔ $k<0$ のとき，　**0 個**

Section 6 最大値と最小値の問題

14

[考え方]

まず，$f(x)=(x+1)^2\{(x-1)^2+k\}$ が $x=0$ で最小値をとるので，$\boldsymbol{f(x) \geqq f(0)}$ ……(＊) がいえるよね。

よって，

$f(x) \geqq f(0)$ ……(＊)

$\Leftrightarrow (x+1)^2\{(x-1)^2+k\} \geqq 1+k$ ◀ $f(0)=1\cdot(1+k)=1+k$

$\Leftrightarrow (x+1)^2(x-1)^2+(x+1)^2k \geqq 1+k$ ◀ 左辺を展開した

$\Leftrightarrow x^4-2x^2+1+(x^2+2x+1)k \geqq 1+k$ ◀ $(x+1)^2(x-1)^2=\{(x+1)(x-1)\}^2=(x^2-1)^2=x^4-2x^2+1$

$\Leftrightarrow (x^2+2x)k \geqq -x^4+2x^2$ ◀ kについて整理した

$\Leftrightarrow \boldsymbol{x(x+2)k \geqq x(-x^3+2x)}$ ……(＊)′

が得られる。

だけど，(＊)′ は文字定数 k が入っていて考えにくいよね。
そこで，***Point 5.1*** に従って定数 k について解いてみよう。

まず，$x(x+2)k \geqq x(-x^3+2x)$ ……(＊)′ の両辺を $x(x+2)$ で割るために，

(i) $\boldsymbol{x=0}$ のとき
(ii) $\boldsymbol{x>0}$ のとき

の2通りの場合分けが必要だよね。

◀ 通常は $x(x+2)$ の符号について場合分けをするが，問題文の $x \geqq 0$ より $x+2$ は常に正だから，x の符号についてだけ考えればよい！

◀ 問題文より $x \geqq 0$ がいえるので，$x<0$ の場合は考えなくてよい！

(i) $x=0$ のとき

(＊)′ に $x=0$ を代入すると，

(＊)′ $\Leftrightarrow$ $\boldsymbol{0 \geqq 0}$ となり， ◀ $0(0+2)k \geqq 0(0+0)$

任意の k について成立することが分かるね。

(ii) $x>0$ のとき

(∗)′ の両辺を $x(x+2)$ [>0] で割ると，　◀ k について解く！

$$(*)' \Leftrightarrow k \geqq \frac{x(-x^3+2x)}{x(x+2)}$$ ◀ $x(x+2)k \geqq x(-x^3+2x)$ ……(∗)′

$$\Leftrightarrow \boldsymbol{k \geqq \frac{-x^3+2x}{x+2}}$$ ……(★) が得られるよね。◀ 分母分子の x を約分した

よって，あとは

$\boldsymbol{y=k}$ と $\boldsymbol{g(x)=\dfrac{-x^3+2x}{x+2}}$ の位置関係を考えればいいよね。

ここで，$g(x)=\dfrac{-x^3+2x}{x+2}$ について考えよう。

まず，$g(x)=\dfrac{-x^3+2x}{x+2}$ のグラフをかくために微分すると，

$$g'(x)=\frac{(-3x^2+2)(x+2)-(-x^3+2x)\cdot 1}{(x+2)^2}$$ ◀ $\dfrac{(-x^3+2x)'(x+2)-(-x^3+2x)(x+2)'}{(x+2)^2}$

$$=\frac{-3x^3-6x^2+2x+4+x^3-2x}{(x+2)^2}$$ ◀ 展開した

$$=\frac{-2x^3-6x^2+4}{(x+2)^2}$$ ◀ 整理した

$$=\frac{-2(x^3+3x^2-2)}{(x+2)^2}$$ ◀ -2 でくくった

$$=\frac{-2(x+1)(x^2+2x-2)}{(x+2)^2}$$ ◀ $x^3+3x^2-2=(x+1)(x^2+2x-2)$

$$=\frac{-2(x+1)\{x-(-1-\sqrt{3})\}\{x-(-1+\sqrt{3})\}}{(x+2)^2}$$ ◀ $x^2+2x-2=0$ の解は $x=-1\pm\sqrt{3}$

となるよね。

よって，$\dfrac{2}{(x+2)^2}>0$ より，$g'(x)$ の符号は

$-(x+1)\{x-(-1-\sqrt{3})\}\{x-(-1+\sqrt{3})\}$ によって決まる よね。

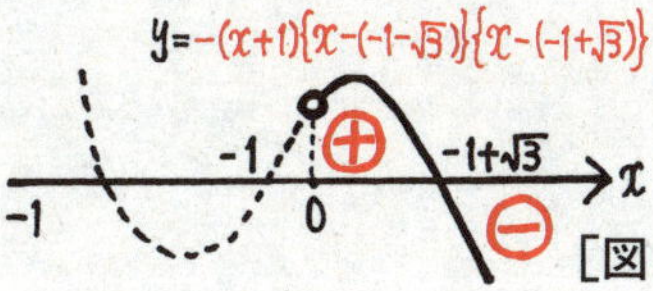

［図１］

x	0		$-1+\sqrt{3}$	
$g'(x)$		+	0	−
$g(x)$		↗	$\mathbf{6\sqrt{3}-10}$	↘

［図２］

$y=-(x+1)\{(x-(-1-\sqrt{3})\}\{x-(-1+\sqrt{3})\}$ のグラフは［図１］のようになるので，増減表は［図２］のようになることが分かる。

増減表より，$g(x)$ の最大値は $\mathbf{6\sqrt{3}-10}$ であることが分かるので，$\mathbf{6\sqrt{3}-10 \geqq g(x)}$ がいえる！

よって，
すべての x (≧0) に対して

$k \geqq \dfrac{-x^3+2x}{x+2}$ ……(★) ◀ Point 6.1 より，常に $k \geqq g(x)$ であるためには $k \geqq (g(x)$の最大値$)$ であればよい！

であるためには，
$\mathbf{k \geqq 6\sqrt{3}-10}$ であればよい ◀
ことが分かったね！

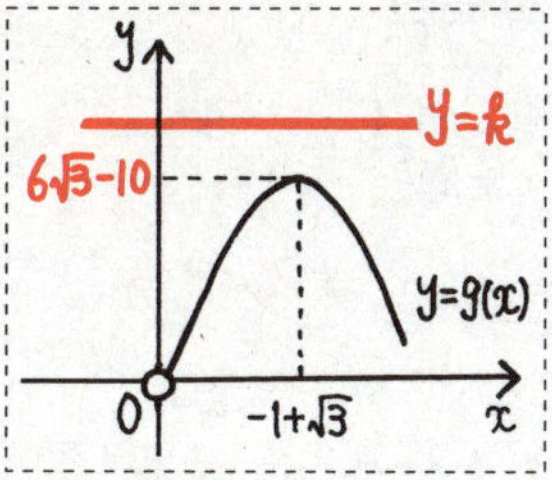

［解答］

$f(x)=(x+1)^2\{(x-1)^2+k\}$ が $x=0$ で最小値をとるので，
$\mathbf{f(x) \geqq f(0)}$ ……(＊) がいえる。

∴ $(x+1)^2\{(x-1)^2+k\} \geqq 1+k$ ◀ $f(0)=1\cdot(1+k)=1+k$

⇔ $x^4-2x^2+1+(x^2+2x+1)k \geqq 1+k$ ◀ $(x+1)^2(x-1)^2=\{(x+1)(x-1)\}^2 = (x^2-1)^2 = x^4-2x^2+1$

⇔ $(x^2+2x)k \geqq -x^4+2x^2$ ◀ kについて整理した

⇔ $x(x+2)k \geqq x(-x^3+2x)$ ……(＊)′

が得られる。

(i) $x=0$ のとき

$(*)' \Leftrightarrow 0 \geqq 0$ となり

任意の k について成立する。

(ii) $x>0$ のとき

$(*)'$ の両辺を $x(x+2)$ [>0] で割ると， ◀ k について解く!

$(*)' \Leftrightarrow k \geqq \dfrac{x(-x^3+2x)}{x(x+2)}$ ◀ $x(x+2)k \geqq x(-x^3+2x) \cdots\cdots (*)'$

$\Leftrightarrow k \geqq \dfrac{-x^3+2x}{x+2}$ ……(★) が得られる。 ◀ 分母分子の x を約分した

ここで，$g(x)=\dfrac{-x^3+2x}{x+2}$ について考える。

$$g'(x)=\frac{(-3x^2+2)(x+2)-(-x^3+2x)}{(x+2)^2}$$

◀ $\dfrac{(-x^3+2x)'(x+2)-(-x^3+2x)(x+2)'}{(x+2)^2}$

$$=\frac{-3x^3-6x^2+2x+4+x^3-2x}{(x+2)^2}$$

◀ 展開した

$$=\frac{-2(x^3+3x^2-2)}{(x+2)^2}$$

◀ 整理した

$$=\frac{-2(x+1)(x^2+2x-2)}{(x+2)^2}$$

◀ $x^3+3x^2-2=(x+1)(x^2+2x-2)$

$$=\frac{-2(x+1)\{x-(-1-\sqrt{3})\}\{x-(-1+\sqrt{3})\}}{(x+2)^2}$$

◀ $x^2+2x-2=0$ の解は $x=-1\pm\sqrt{3}$

より，増減表は次のようになる。

◀ $\dfrac{2}{(x+2)^2}>0$ より，$g'(x)$ の符号は $-(x+1)\{x-(-1-\sqrt{3})\}\{x-(-1+\sqrt{3})\}$ によって決まる!

x	0		$-1+\sqrt{3}$	
$g'(x)$		$+$	0	$-$
$g(x)$		↗	$\mathbf{6\sqrt{3}-10}$	↘

◀ 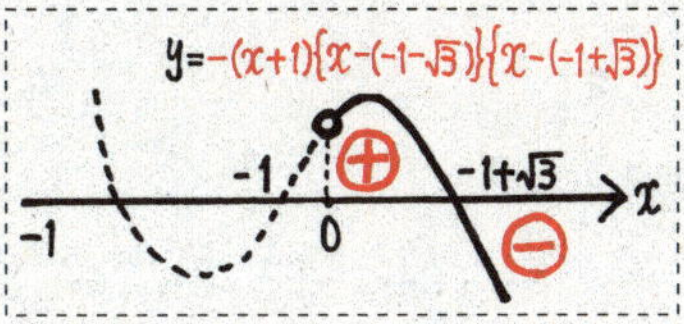

増減表より，

$\boldsymbol{6\sqrt{3}-10 \geqq g(x)}$ がいえる。

よって，

すべての x（$\geqq 0$）に対して

$k \geqq \dfrac{-x^3+2x}{x+2}$ ……（★） ◀ Point 6.1 より，常に $k \geqq g(x)$ であるためには $k \geqq (g(x)$ の最大値$)$ であればよい！

であるためには，

$\boldsymbol{k \geqq 6\sqrt{3}-10}$ であればよい。 ◀ 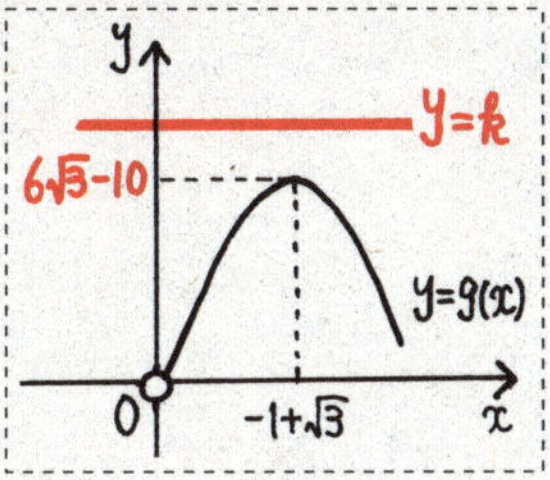

15

[考え方と解答]

(1) $x=\ell$ の形の漸近線は明らかに存在しないので，
$y=Ax+B$ の形について考える。

$$A=\lim_{x\to\infty}\frac{f(x)}{x}$$

$$=\lim_{x\to\infty}\left(\frac{\sqrt{x^2+2ax+a^2+b}-\frac{x}{2}}{x}\right)$$ ◀ $f(x)=\sqrt{(x+a)^2+b}-\frac{x}{2}$

$$=\lim_{x\to\infty}\left(\sqrt{1+\frac{2a}{x}+\frac{a^2+b}{x^2}}-\frac{1}{2}\right)$$ ◀ $x=\sqrt{x^2}$ ($x\to\infty$ より $x>0$)

$$=1-\frac{1}{2}$$ ◀ $\lim_{x\to\infty}\frac{1}{x}=0$, $\lim_{x\to\infty}\frac{1}{x^2}=0$

$$=\frac{1}{2}$$

$$B=\lim_{x\to\infty}\left(f(x)-\frac{1}{2}x\right)$$ ◀ $B=\lim_{x\to\infty}\{f(x)-Ax\}$

$$=\lim_{x\to\infty}(\sqrt{(x+a)^2+b}-x)$$ ◀ $f(x)=\sqrt{(x+a)^2+b}-\frac{x}{2}$

$$=\lim_{x\to\infty}(\sqrt{(x+a)^2+b}-x)\cdot\frac{\sqrt{(x+a)^2+b}+x}{\sqrt{(x+a)^2+b}+x}$$ ◀ “有理化”する!

$$=\lim_{x\to\infty}\frac{(x+a)^2+b-x^2}{\sqrt{(x+a)^2+b}+x}$$ ◀ $(\sqrt{A}-x)(\sqrt{A}+x)=A-x^2$

$$=\lim_{x\to\infty}\frac{2ax+a^2+b}{\sqrt{x^2+2ax+a^2+b}+x}$$ ◀ $(x^2+2ax+a^2)+b-x^2$

$$=\lim_{x\to\infty}\frac{2a+\frac{a^2+b}{x}}{\sqrt{1+\frac{2a}{x}+\frac{a^2+b}{x^2}}+1}$$ ◀ 分母分子を x で割った!

$=\dfrac{2a}{1+1}$ ◀ $\lim_{x\to\infty}\dfrac{1}{x}=0$, $\lim_{x\to\infty}\dfrac{1}{x^2}=0$

$=\boldsymbol{a}$

よって，$\boldsymbol{x\to\infty}$ のとき $\boldsymbol{y=\dfrac{x}{2}+a}$ が漸近線になる。……①

また，

$A=\lim_{x\to-\infty}\dfrac{f(x)}{x}$

$=\lim_{x\to-\infty}\left(\dfrac{\sqrt{x^2+2ax+a^2+b}-\dfrac{x}{2}}{x}\right)$ ◀ $f(x)=\sqrt{(x+a)^2+b}-\dfrac{x}{2}$

$x=-t$ とおく と，◀『極限が本当によくわかる本』の Point 1.8 (P.30) を見よ!

$A=\lim_{t\to\infty}\left(\dfrac{\sqrt{t^2-2at+a^2+b}+\dfrac{t}{2}}{-t}\right)$ ◀ $x\to-\infty$ のとき $t\to\infty$

$=\lim_{t\to\infty}\left(-\sqrt{1-\dfrac{2a}{t}+\dfrac{a^2+b}{t^2}}-\dfrac{1}{2}\right)$ ◀ $t=\sqrt{t^2}$ ($t\to\infty$ より $t>0$)

$=-1-\dfrac{1}{2}$ ◀ $\lim_{t\to\infty}\dfrac{1}{t}=0$, $\lim_{t\to\infty}\dfrac{1}{t^2}=0$

$=\boldsymbol{-\dfrac{3}{2}}$

$B=\lim_{x\to-\infty}\left(f(x)+\dfrac{3}{2}x\right)$ ◀ $B=\lim_{x\to-\infty}\{f(x)-Ax\}$

$=\lim_{x\to-\infty}(\sqrt{(x+a)^2+b}+x)$ ◀ $f(x)=\sqrt{(x+a)^2+b}-\dfrac{x}{2}$

$x=-t$ とおく と，

$B=\lim_{t\to\infty}(\sqrt{(-t+a)^2+b}-t)$ ◀ $x\to-\infty$ のとき $t\to\infty$

$=\lim_{t\to\infty}(\sqrt{(-t+a)^2+b}-t)\cdot\dfrac{\sqrt{(-t+a)^2+b}+t}{\sqrt{(-t+a)^2+b}+t}$ ◀ “有理化”する!

$$=\lim_{t\to\infty}\frac{(-t+a)^2+b-t^2}{\sqrt{(-t+a)^2+b}+t}$$ ◀ $(\sqrt{A}-t)(\sqrt{A}+t)=A-t^2$

$$=\lim_{t\to\infty}\frac{-2at+a^2+b}{\sqrt{t^2-2at+a^2+b}+t}$$ ◀ $(t^2-2at+a^2)+b-t^2$

$$=\lim_{t\to\infty}\frac{-2a+\frac{a^2+b}{t}}{\sqrt{1-\frac{2a}{t}+\frac{a^2+b}{t^2}}+1}$$ ◀ 分母分子を t で割った!

$$=\frac{-2a}{1+1}$$ ◀ $\lim_{t\to\infty}\frac{1}{t}=0$, $\lim_{t\to\infty}\frac{1}{t^2}=0$

$$=\boldsymbol{-a}$$

よって，$\boldsymbol{x\to-\infty}$ のとき $\boldsymbol{y=-\frac{3}{2}x-a}$ が漸近線になる。…… ②

①，②より，求める漸近線は

$\boldsymbol{y=\frac{x}{2}+a}$，$\boldsymbol{y=-\frac{3}{2}x-a}$ //

(2)　$f(x)=\sqrt{(x+a)^2+b}-\frac{x}{2}$ より，

$$f'(x)=\frac{1}{2}\cdot 2(x+a)\cdot\frac{1}{\sqrt{(x+a)^2+b}}-\frac{1}{2}$$ ◀ $\left(\sqrt{(x+a)^2+b}\right)'$
$=\left(\{(x+a)^2+b\}^{\frac{1}{2}}\right)'$
$=\frac{1}{2}\{(x+a)^2+b\}'\{(x+a)^2+b\}^{-\frac{1}{2}}$

$$=\frac{x+a-\frac{1}{2}\sqrt{(x+a)^2+b}}{\sqrt{(x+a)^2+b}}$$ ◀ 分母をそろえた

(I)　$x+a\leqq 0$ のとき ◀ 例題37(2)の[考え方]参照!

$$f'(x)=\frac{x+a-\frac{1}{2}\sqrt{(x+a)^2+b}}{\sqrt{(x+a)^2+b}}$$ より，$\boldsymbol{f'(x)<0}$ である。

（$x+a$：0以下，$\frac{1}{2}\sqrt{(x+a)^2+b}$：正，$\sqrt{(x+a)^2+b}$：正）

(II)　$x+a>0$ のとき

$$f'(x)=\frac{x+a-\frac{1}{2}\sqrt{(x+a)^2+b}}{\sqrt{(x+a)^2+b}}\cdot\frac{x+a+\frac{1}{2}\sqrt{(x+a)^2+b}}{x+a+\frac{1}{2}\sqrt{(x+a)^2+b}}$$ ◀"有理化"する!

$$=\frac{(x+a)^2-\frac{1}{4}\{(x+a)^2+b\}}{\sqrt{(x+a)^2+b}\left(x+a+\frac{1}{2}\sqrt{(x+a)^2+b}\right)}$$ ◀ $(A-\frac{1}{2}\sqrt{B})(A+\frac{1}{2}\sqrt{B})=A^2-\frac{1}{4}B$

$$=\frac{3}{4}\cdot\frac{(x+a)^2-\frac{b}{3}}{\sqrt{(x+a)^2+b}\left(x+a+\frac{1}{2}\sqrt{(x+a)^2+b}\right)}$$ ◀ $(x+a)^2-\frac{1}{4}(x+a)^2-\frac{b}{4}$

$$=\frac{3}{4}\cdot\frac{\left\{(x+a)-\sqrt{\frac{b}{3}}\right\}\left\{(x+a)+\sqrt{\frac{b}{3}}\right\}}{\sqrt{(x+a)^2+b}\left(x+a+\frac{1}{2}\sqrt{(x+a)^2+b}\right)}$$ ◀ $A^2-B=(A-\sqrt{B})(A+\sqrt{B})$

$x+a>0$ のとき $(x+a)+\sqrt{\frac{b}{3}}>0$ なので，(分母)>0 を考え

$f'(x)$ の符号は $(x+a)-\sqrt{\frac{b}{3}}$ によって決まる!

よって，

(i) $-a<x<-a+\sqrt{\frac{b}{3}}$ のとき，$f'(x)<0$

(ii) $-a+\sqrt{\frac{b}{3}}<x$ のとき，$f'(x)>0$

◀ 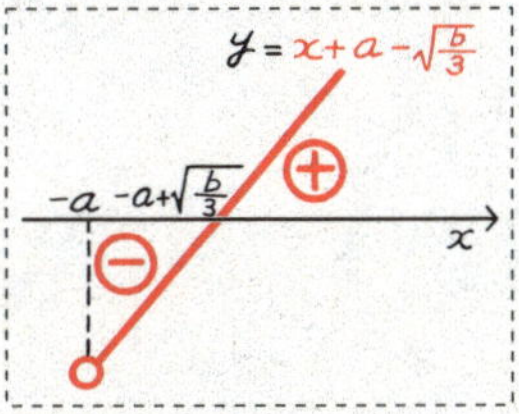

以上より，増減表は次のようになる。

x		$-a$		$-a+\sqrt{\frac{b}{3}}$	
$f'(x)$	−		−	0	+
$f(x)$	↘		↘	最小!	↗

(I)より　(i)より　(ii)より

よって，$x=-a+\sqrt{\frac{b}{3}}$ のとき $f(x)$ は最小値をとる。

$$\therefore\ f\left(-a+\sqrt{\frac{b}{3}}\right)=\sqrt{\left(\sqrt{\frac{b}{3}}\right)^2+b}-\frac{1}{2}\left(-a+\sqrt{\frac{b}{3}}\right)$$ ◀ $f(x)=\sqrt{(x+a)^2+b}-\frac{x}{2}$

$$=\sqrt{\frac{4}{3}b}+\frac{a}{2}-\frac{1}{2}\sqrt{\frac{b}{3}}$$ ◀ $\sqrt{\left(\sqrt{\frac{b}{3}}\right)^2+b}=\sqrt{\frac{b}{3}+b}=\sqrt{\frac{4}{3}b}$

$$=2\sqrt{\frac{b}{3}}+\frac{a}{2}-\frac{1}{2}\sqrt{\frac{b}{3}}$$ ◀ $\sqrt{\frac{4}{3}b}=\sqrt{4}\sqrt{\frac{b}{3}}=2\sqrt{\frac{b}{3}}$

$$=\frac{a}{2}+\frac{3}{2}\sqrt{\frac{b}{3}}$$

$$=\boldsymbol{\frac{a+\sqrt{3b}}{2}}$$ //

◀ $\frac{3}{2}\sqrt{\frac{b}{3}}=\frac{3}{2}\cdot\frac{\sqrt{b}}{\sqrt{3}}=\frac{3}{2}\cdot\frac{\sqrt{3}}{\sqrt{3}}\cdot\frac{\sqrt{b}}{\sqrt{3}}=\frac{3}{2}\cdot\frac{\sqrt{3b}}{3}=\frac{\sqrt{3b}}{2}$

Section 7　三角関数の最大・最小問題

16

[考え方と解答]

まず，$f(x)=\dfrac{1}{\sin x}+\dfrac{1}{\cos x}$ ……(＊) は

$\sin x$ と $\cos x$ に関する対称式なので，***Point 7.2*** を考え

$\boldsymbol{\sin x+\cos x}$ と $\boldsymbol{\sin x\cos x}$ だけの形になるはずだよね。

実際に(＊)を変形してみると，

$$f(x)=\frac{1}{\sin x}+\frac{1}{\cos x} \quad \cdots\cdots (*)$$

$$=\frac{\boldsymbol{\sin x+\cos x}}{\boldsymbol{\sin x\cos x}} \quad \cdots\cdots (*)'$$ ◀分母をそろえた

となるので，***Point 7.2*** が使えるね！

そこで，$\sin x+\cos x=t$ ……① とおく と，

◀ $(\sin x+\cos x)^2=t^2$
$\Leftrightarrow 1+2\sin x\cos x=t^2$
$\therefore \sin x\cos x=\dfrac{t^2-1}{2}$

$\sin x\cos x=\dfrac{t^2-1}{2}$ ……②

が得られる。

ここで，t の範囲について考える。 ◀置き換えをしたときには必ず範囲を考えること！

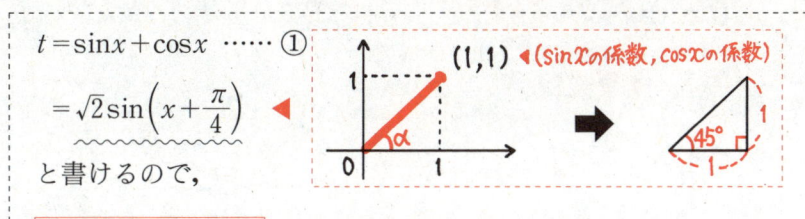

$t=\sin x+\cos x$ ……①

$=\sqrt{2}\sin\left(x+\dfrac{\pi}{4}\right)$ ◀

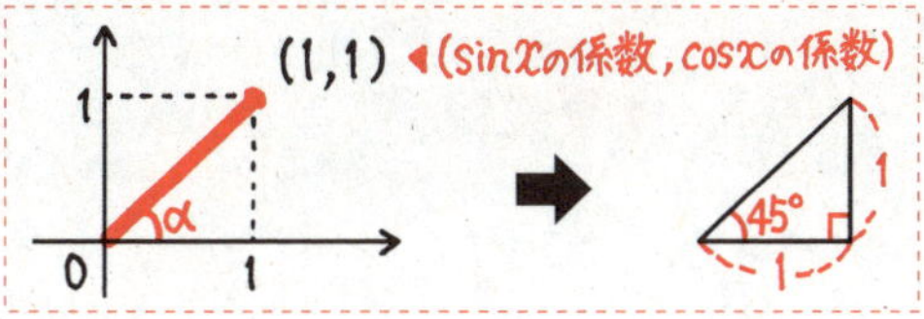

と書けるので，

$x+\dfrac{\pi}{4}=\theta$ とおく と， ◀式を見やすくする！

$\boldsymbol{0<x<\dfrac{\pi}{2}}$ のときの $\boldsymbol{t=\sqrt{2}\sin\theta}$ の範囲を求めればいいことが分かるよね。

$0<x<\frac{\pi}{2}$

$\Leftrightarrow \frac{\pi}{4}<\theta<\frac{3}{4}\pi$ ◀ $\frac{\pi}{4}<\boxed{x+\frac{\pi}{4}}<\frac{\pi}{2}+\frac{\pi}{4}$（$\theta$）

$\Leftrightarrow \frac{1}{\sqrt{2}}<\sin\theta\leqq 1$ ◀

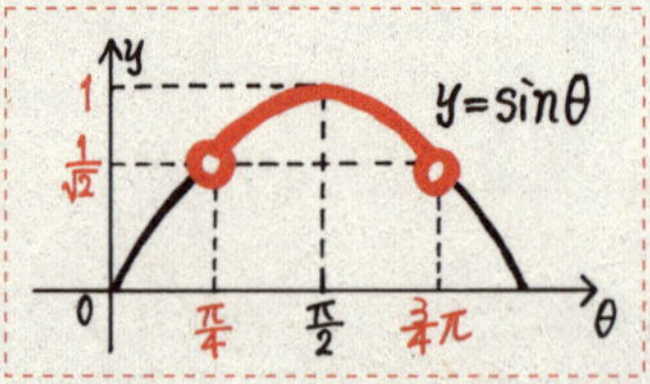

$\Leftrightarrow 1<\sqrt{2}\sin\theta\leqq\sqrt{2}$

となるので,

$t=\sqrt{2}\sin\theta$ より, $\mathbf{1<t\leqq\sqrt{2}}$ …… ③ が分かった！

$f(x)=\dfrac{\sin x+\cos x}{\sin x\cos x}$ ……(＊)′ に

$\begin{cases}\sin x+\cos x=t & \cdots\cdots ①\\ \sin x\cos x=\dfrac{t^2-1}{2} & \cdots\cdots ②\end{cases}$ を代入する と,

$$f(t)=\frac{t}{\frac{t^2-1}{2}}$$

$=\dfrac{2t}{t^2-1}$ となるので, ◀ 分母分子に2を掛けた

$f'(t)=\dfrac{2(t^2-1)-2t(2t)}{(t^2-1)^2}$ ◀ $\left(\dfrac{2t}{t^2-1}\right)'=\dfrac{(2t)'(t^2-1)-2t(t^2-1)'}{(t^2-1)^2}$

$=\dfrac{-2t^2-2}{(t^2-1)^2}$ ◀ 整理した

$=\dfrac{-2(t^2+1)}{(t^2-1)^2}<0$ ◀ $\dfrac{t^2+1}{(t^2-1)^2}>0$ より, $-2\cdot\dfrac{t^2+1}{(t^2-1)^2}<0$

よって, $f(t)$ は**減少関数**である。……(＊)

よって,

$1<t\leqq\sqrt{2}$ …… ③ を考え, (＊) より,

$\mathbf{t=\sqrt{2}}$ のとき $f(t)$ は最小値をとるので, ◀

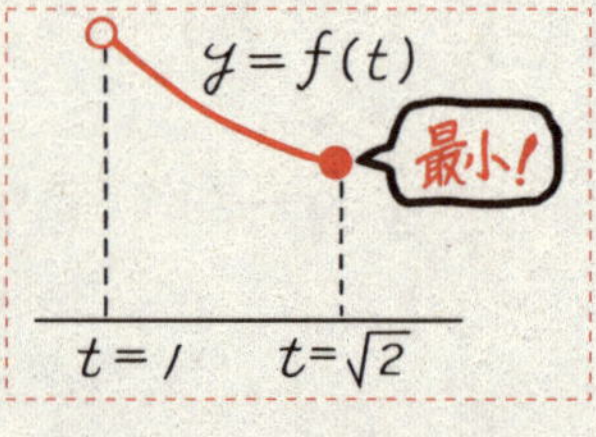

$f(\sqrt{2})=\frac{2\sqrt{2}}{2-1}$　◀ $f(t)=\frac{2t}{t^2-1}$

$=\mathbf{2\sqrt{2}}$ が分かった。

17

[考え方と解答]

$f(x)=\sin x-\cos x+\frac{1}{2}\sin 2x$

$=\sin x-\cos x+\sin x\cos x$ ……(＊)　◀ $\sin 2x=2\sin x\cos x$

$\sin x-\cos x=t$ とおく と，　◀ Point 7.3

$\sin x\cos x=\frac{1-t^2}{2}$　◀ $(\sin x-\cos x)^2=t^2 \Leftrightarrow 1-2\sin x\cos x=t^2$

$\therefore \sin x\cos x=\frac{1-t^2}{2}$

が得られる。

また，

$t=\sin x-\cos x$

$=\sqrt{2}\sin\left(x-\frac{\pi}{4}\right)$ より，　◀ 三角関数の合成！

$0\leqq x\leqq\frac{\pi}{2}$ を考え，

$\mathbf{-1\leqq t\leqq 1}$ …… ① が得られる。　◀ 《注》を見よ

$f(x)=\mathbf{\sin x-\cos x+\sin x\cos x}$ ……(＊) に

$\begin{cases}\mathbf{\sin x-\cos x}=t\\ \mathbf{\sin x\cos x}=\frac{1-t^2}{2}\end{cases}$ を代入する と，

$f(t)=t+\frac{1-t^2}{2}$

$=-\frac{t^2}{2}+t+\frac{1}{2}$　◀ tの2次関数！

$=-\frac{1}{2}(t^2-2t)+\frac{1}{2}$

$$=-\frac{1}{2}(t-1)^2+1$$ ◀平方完成した

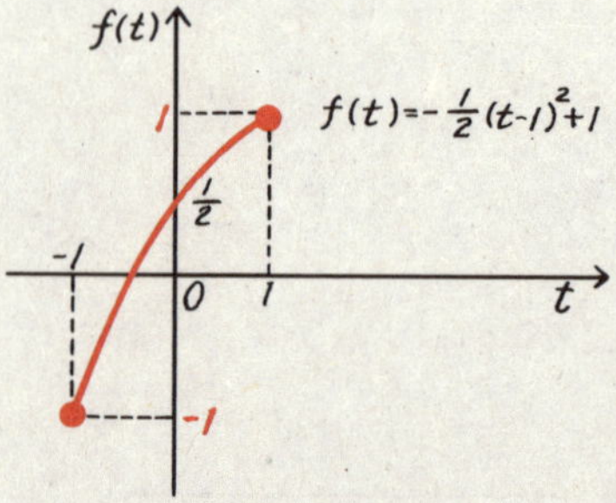

よって，

$-1\leqq t\leqq 1$ …… ① を考え，

グラフより，

最大値 1，最小値 −1// である

ことが分かった。

《注》 t の範囲の求め方について

三角関数の合成より

$t=\sin x-\cos x$

$=\sqrt{2}\sin\left(x-\frac{\pi}{4}\right)$ ◀

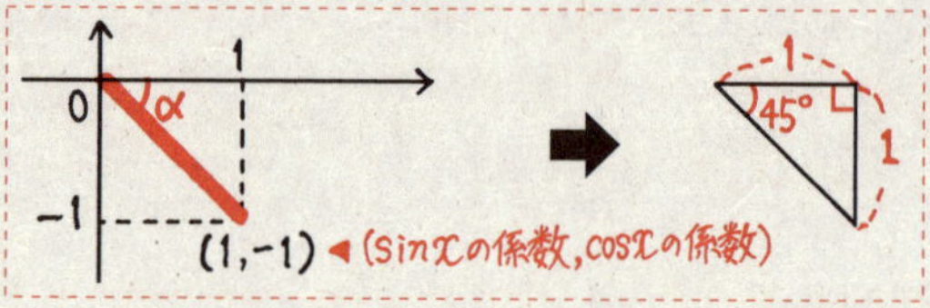

と書けるので，

$x-\frac{\pi}{4}=\theta$ とおく と， ◀式を見やすくする！

$\mathbf{0\leqq x\leqq\frac{\pi}{2}}$ のときの $\mathbf{t=\sqrt{2}\sin\theta}$ の範囲を求めればいいことが分かるよね。

$0\leqq x\leqq\frac{\pi}{2}$

$\Leftrightarrow\ -\frac{\pi}{4}\leqq\theta\leqq\frac{\pi}{4}$ ◀ $-\frac{\pi}{4}\leqq \underbrace{x-\frac{\pi}{4}}_{\theta}\leqq\frac{\pi}{2}-\frac{\pi}{4}$

$\Leftrightarrow\ -\frac{1}{\sqrt{2}}\leqq\sin\theta\leqq\frac{1}{\sqrt{2}}$ ◀

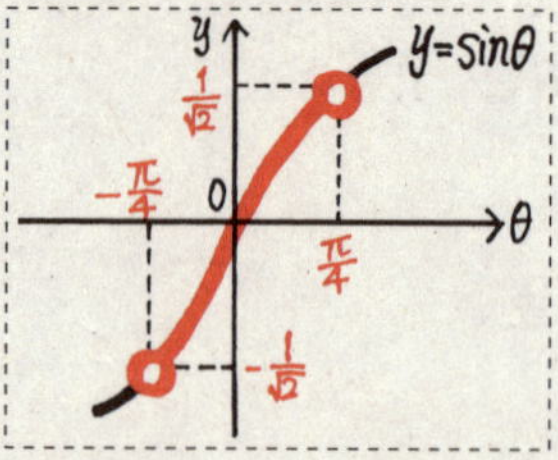

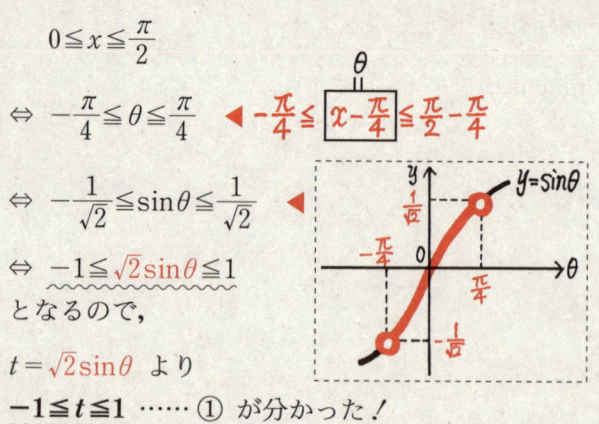

$\Leftrightarrow\ -1\leqq\sqrt{2}\sin\theta\leqq 1$

となるので，

$t=\sqrt{2}\sin\theta$ より

$\mathbf{-1\leqq t\leqq 1}$ …… ① が分かった！

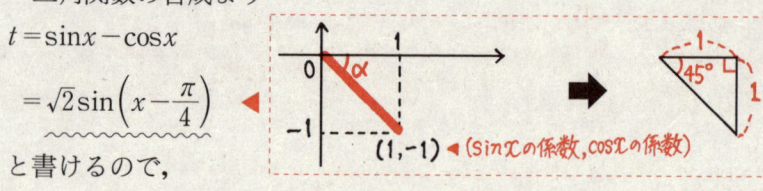

Section 8　不等式の証明

18

[考え方]

$f(x)=\sin x-x+\frac{x^3}{6}$ とおく。

Point 8.1 に従って，今から $f(x)>0$ を示そう。

とりあえず $f(x)=\sin x-x+\frac{x^3}{6}$ を微分してみる と，

$\boldsymbol{f'(x)=\cos x-1+\frac{x^2}{2}}$ となるよね。

だけど， $\cos x-1+\frac{x^2}{2}$ の符号はよく分からないので さらに微分する と，

$\boldsymbol{f''(x)=-\sin x+x}$

となるよね。

だけど， $-\sin x+x$ の符号もよく分からないので さらに微分する と，

$\boldsymbol{f'''(x)=-\cos x+1}$

となるよね。

一般に $\cos x$ については $-1\leqq\cos x\leqq1$ がいえるので， $-\cos x+1\geqq0$ だと分かるね。

よって， $\boldsymbol{f'''(x)\geqq0}$ がいえる！

$f'''(x)\geqq0$ より， $f''(x)$ は**増加関数**だといえる ……① よね。

また，

$f''(0)=0$ より，◀ $f''(x)=-\sin x+x$

① と $x>0$ を考え

$\boldsymbol{f''(x)>0}$ がいえる！◀ $f''(x)>f''(0)$ ◀

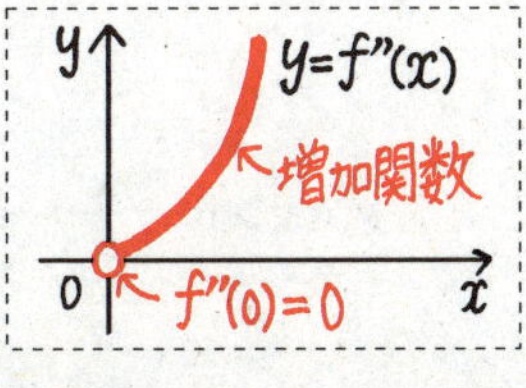

$f''(x)>0$ より，$f'(x)$ は**増加関数**だといえる ……② よね。

また，

$f'(x)=0$ より，◀ $f'(x)=\cos x-1+\frac{x^2}{2}$

② と $x>0$ を考え

$f'(x)>0$ がいえる！◀ $f'(x)>f'(0)$ ◀

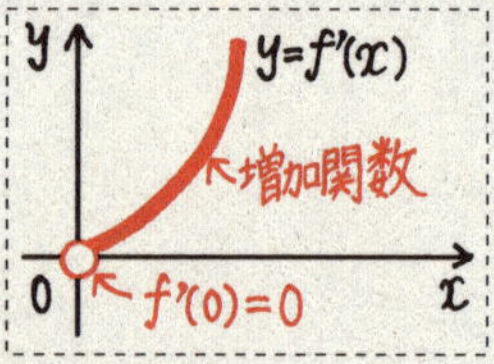

$f'(x)>0$ より，$f(x)$ は**増加関数**だといえる ……③ よね。

また，

$f(0)=0$ より，◀ $f(x)=\sin x-x+\frac{x^3}{6}$

③ と $x>0$ を考え

$f(x)>0$ がいえる！◀ $f(x)>f(0)$ ◀

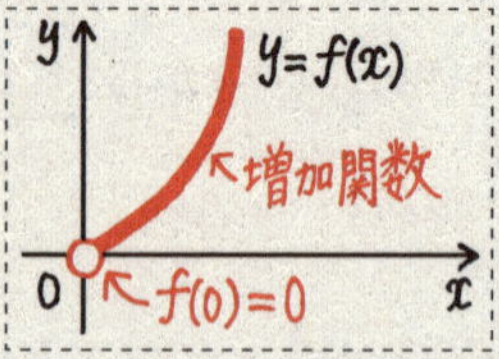

よって，

$f(x)>0$ が示せたので，$\boldsymbol{\sin x>x-\frac{x^3}{6}}$ がいえるよね。

[解答]

$f(x)=\sin x-x+\frac{x^3}{6}$ とおく。

$f'(x)=\cos x-1+\frac{x^2}{2}$

$f''(x)=-\sin x+x$

$f'''(x)=-\cos x+1\geqq 0$

よって，$f''(x)$ は**増加関数**である。……①

$f''(0)=0$ より，① と $x>0$ を考え，$f''(x)>0$

よって，$f'(x)$ は**増加関数**である。……②

$f'(0)=0$ より，② と $x>0$ を考え，$f'(x)>0$

よって，$f(x)$ は**増加関数**である。……③

$f(0)=0$ より，③ と $x>0$ を考え，$f(x)>0$

以上より，

$x>0$ のとき，$\boldsymbol{\sin x>x-\frac{x^3}{6}}$ がいえた。　　(*q. e. d.*)

19

[考え方]

$f(x)=\cos x+ax^2-1$ とおく。

Point 8.1 に従って，今から $f(x)\geqq 0$ を示そう。

とりあえず $f(x)=\cos x+ax^2-1$ を微分する と，

$\boldsymbol{f'(x)=-\sin x+2ax}$ となるよね。

だけど，$-\sin x+2ax$ の符号はよく分からないので さらに微分する と，

$\boldsymbol{f''(x)=-\cos x+2a}$

となるよね。

ここで，問題文の $a\geqq\dfrac{1}{2}$ より，

$\boldsymbol{2a\geqq 1}$ がいえるよね。

よって，

$f''(x)=-\cos x+2a$

$\quad\geqq-\cos x+1$　◀ $2a\geqq1$

がいえるので，

$-1\leqq\cos x\leqq 1$ を考え

$f''(x)\geqq-\cos x+1\geqq 0$ が得られるよね。

よって，

$\boldsymbol{f''(x)\geqq 0}$ がいえるので　◀ $f''(x)\geqq-\cos x+1\geqq 0$

$f'(x)$ は**増加関数**　……(＊)だよね。

また，

$\boldsymbol{f'(0)=0}$ より　◀ $f'(x)=-\sin x+2ax$

$f'(x)$ のグラフは，(＊)を考え

[図 1] のようになるよね。

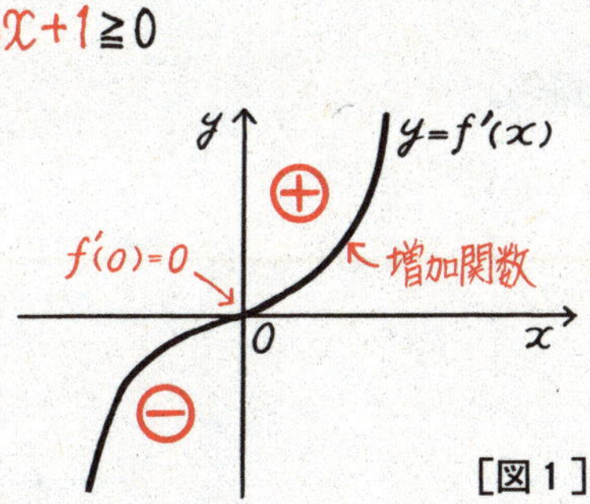

[図 1]

よって，増減表は
［図２］のようになる！
増減表より，
$f(x)=\cos x+ax^2-1$ の最小値は **0** だよね。

x		0	
$f'(x)$	−	0	+
$f(x)$	↘	0	↗

［図２］
最小値!!

よって，$\boldsymbol{f(x)\geqq 0}$ がいえる！

［解答］

$f(x)=\cos x+ax^2-1$ とおく。

$f'(x)=-\sin x+2ax$

$f''(x)=-\cos x+2a$ ◀ $(\sin x)'=\cos x$
$\geqq-\cos x+1$ ◀ $a\geqq\frac{1}{2}$ より！
$\geqq 0$ ◀ $-1\leqq\cos x\leqq 1$ より！

よって，$f'(x)$ が**増加関数**である ことがいえるので，
$f'(0)=0$ を考え，増減表は 次のようになる。 ◀［考え方］参照

x		0	
$f'(x)$	−	0	+
$f(x)$	↘	0	↗

増減表より，
$f(x)$ の最小値は 0 なので，
$\boldsymbol{f(x)\geqq 0}$ がいえる。
よって，$\boldsymbol{1-ax^2\leqq\cos x}$ // がいえた。 $(q.\ e.\ d.)$

20

［解答］

(1) $x>\log(1+x)>x-\dfrac{x^2}{2}$

$$\Leftrightarrow\begin{cases}x>\log(1+x) & \cdots\cdots ① \\ \log(1+x)>x-\dfrac{x^2}{2} & \cdots\cdots ②\end{cases}$$

◀ $A>B>C\Leftrightarrow\begin{cases}A>B\\B>C\end{cases}$

まず，$x>\log(1+x)$ …… ① を示す。

$f(x)=x-\log(1+x)$ とおく。

$f'(x)=1-\dfrac{1}{1+x}$　◀ $\{\log f(x)\}'=\dfrac{f'(x)}{f(x)}$

$=\dfrac{1+x-1}{1+x}$　◀ 分母をそろえた

$=\dfrac{x}{1+x}>0$　◀ $x>0$ より！

よって，$f(x)$ は**増加関数**である。

さらに，

$f(0)=0$ より，◀ $f(x)=x-\log(1+x)$

$x>0$ のとき

$\boldsymbol{f(x)>0}$ がいえる。◀ ①が示せた！ ◀

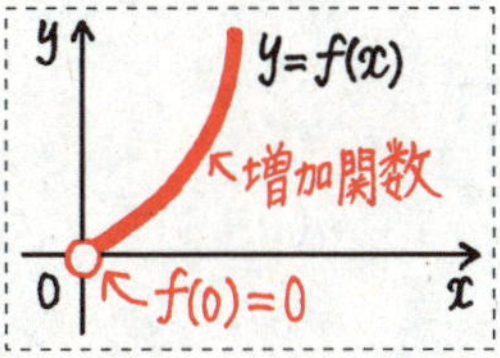

次に，$\log(1+x)>x-\dfrac{x^2}{2}$ … ② を示す。

$g(x)=\log(1+x)-x+\dfrac{x^2}{2}$ とおく。

$g'(x)=\dfrac{1}{1+x}-1+x$

$=\dfrac{1-(1+x)+x(1+x)}{1+x}$　◀ 分母をそろえた

$=\dfrac{x^2}{1+x}>0$　◀ $x>0$ より！

よって，$g(x)$ は**増加関数**である。

さらに，

$g(0)=0$ より，◀ $g(x)=\log(1+x)-x+\dfrac{x^2}{2}$

$x>0$ のとき

$\boldsymbol{g(x)>0}$ がいえる。◀ ②が示せた！ ◀

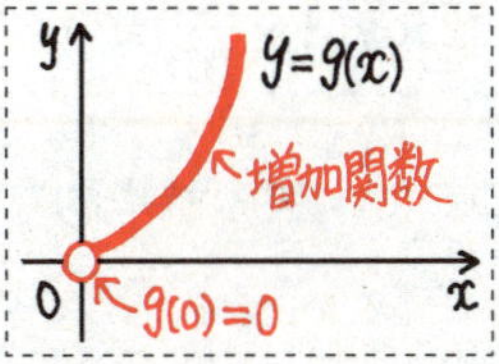

以上より，①と②が示せた。　(*q. e. d.*)

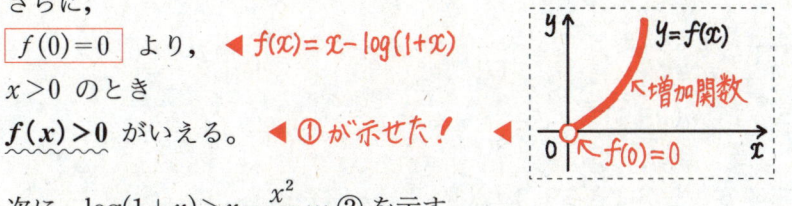

[考え方]

(2) まず，$a_n=\left(1+\frac{1}{n^2}\right)\left(1+\frac{2}{n^2}\right)\left(1+\frac{3}{n^2}\right)\cdots\cdots\left(1+\frac{n}{n^2}\right)$ については
見慣れない形なので，どう考えていいのか よく分からないよね。
だけど，もしも a_n が

$a_n=\left(1+\frac{1}{n^2}\right)+\left(1+\frac{2}{n^2}\right)+\left(1+\frac{3}{n^2}\right)+\cdots\cdots+\left(1+\frac{n}{n^2}\right)$ の形だったら，

$a_n=\sum_{k=1}^{n}\left(1+\frac{k}{n^2}\right)$ と書けるので，

$$a_n=\sum_{k=1}^{n}1+\sum_{k=1}^{n}\frac{k}{n^2}$$ ◀ $\sum_{k=1}^{n}(A_k+B_k)=\sum_{k=1}^{n}A_k+\sum_{k=1}^{n}B_k$

$$=\sum_{k=1}^{n}1+\frac{1}{n^2}\sum_{k=1}^{n}k$$ ◀ $\frac{1}{n^2}$ は $\sum_{k=1}^{n}$ に関係がないから $\sum_{k=1}^{n}$ の外に出す！

$$=n+\frac{1}{n^2}\cdot\frac{n(n+1)}{2}$$ のように ◀ $\sum_{k=1}^{n}1=n,\ \sum_{k=1}^{n}k=\frac{n(n+1)}{2}$

a_n を求めることができる よね。

つまり，この問題の a_n については
積でなく和の形だったら考えやすいんだよ。
そこで，a_n の両辺に log をとってみよう。
えっ，なぜかって？
だって，$\log a_n$ の形だったら，$\log AB=\log A+\log B$ を考え，

$$\log a_n=\log\left(1+\frac{1}{n^2}\right)\left(1+\frac{2}{n^2}\right)\left(1+\frac{3}{n^2}\right)\cdots\cdots\left(1+\frac{n}{n^2}\right)$$

$$=\log\left(1+\frac{1}{n^2}\right)+\log\left(1+\frac{2}{n^2}\right)+\log\left(1+\frac{3}{n^2}\right)+\cdots\cdots+\log\left(1+\frac{n}{n^2}\right)$$

$$=\sum_{k=1}^{n}\log\left(1+\frac{k}{n^2}\right)\ \cdots\cdots①$$ のように簡単に計算ができるでしょ！

さて，ここで，次の基本的なことを確認しておくよ。

重要事項〈入試問題(誘導問題)の考え方〉

入試問題で(1), (2), …… のような形で出題されていれば，
ほぼ確実に **前問の結果は 次の問題のヒントになっている!**

実は このことを踏まえると，
(2)で $\log a_n$ を考えるのは とても自然なことだと分かるんだよ。
えっ，なぜかって？
だって，(1)で $x-\frac{x^2}{2}<\log(1+x)<x$ のような“log が入っている式”を
証明したでしょ! だから，(2)で log の入った式が出てこないと
[(2)のヒントになっている](1)が無意味になってしまうんだよ。

そこで，実際に(1)の $x-\frac{x^2}{2}<\log(1+x)<x$ を使ってみよう!

まず，x に $\frac{k}{n^2}$ を代入する と， ◀①の $\log\left(1+\frac{k}{n^2}\right)$ をつくる!

$$\frac{k}{n^2}-\frac{1}{2}\cdot\left(\frac{k}{n^2}\right)^2<\log\left(1+\frac{k}{n^2}\right)<\frac{k}{n^2}$$

$$\Leftrightarrow \frac{k}{n^2}-\frac{k^2}{2n^4}<\log\left(1+\frac{k}{n^2}\right)<\frac{k}{n^2}$$

が得られるよね。

さらに，それぞれに $\sum_{k=1}^{n}$ をとる と， ◀$\sum_{k=1}^{n}\log\left(1+\frac{k}{n^2}\right)$ ……① をつくる!

$$\sum_{k=1}^{n}\left(\frac{k}{n^2}-\frac{k^2}{2n^4}\right)<\sum_{k=1}^{n}\log\left(1+\frac{k}{n^2}\right)<\sum_{k=1}^{n}\frac{k}{n^2} \quad \cdots\cdots ②$$

が得られるよね。

よって，

$\sum_{k=1}^{n}\log\left(1+\frac{k}{n^2}\right)=\log a_n$ ……① を考え，②は

$$\sum_{k=1}^{n}\left(\frac{k}{n^2}-\frac{k^2}{2n^4}\right)<\log a_n<\sum_{k=1}^{n}\frac{k}{n^2}$$

$$\Leftrightarrow \frac{1}{n^2}\sum_{k=1}^{n}k-\frac{1}{2n^4}\sum_{k=1}^{n}k^2<\log a_n<\frac{1}{n^2}\sum_{k=1}^{n}k \quad \cdots\cdots ②'$$

◀ a_nに関する式をつくり出すことができた！

と書けるよね。

さらに，

$\displaystyle\sum_{k=1}^{n}k=\frac{n(n+1)}{2}$，$\displaystyle\sum_{k=1}^{n}k^2=\frac{n(n+1)(2n+1)}{6}$ より，

$$\frac{1}{n^2}\sum_{k=1}^{n}k-\frac{1}{2n^4}\sum_{k=1}^{n}k^2<\log a_n<\frac{1}{n^2}\sum_{k=1}^{n}k \quad \cdots\cdots ②'$$

$$\Leftrightarrow \frac{1}{n^2}\cdot\frac{n(n+1)}{2}-\frac{1}{2n^4}\cdot\frac{n(n+1)(2n+1)}{6}<\log a_n<\frac{1}{n^2}\cdot\frac{n(n+1)}{2}$$

$$\Leftrightarrow \frac{1}{2}\cdot\frac{n+1}{n}-\frac{1}{12}\cdot\frac{(n+1)(2n+1)}{n^3}<\log a_n<\frac{1}{2}\cdot\frac{n+1}{n}$$

◀ 分母分子のnを約分した

$$\Leftrightarrow \frac{1}{2}\cdot\left(1+\frac{1}{n}\right)-\frac{1}{12}\cdot\frac{1}{n}\cdot\frac{n+1}{n}\cdot\frac{2n+1}{n}<\log a_n<\frac{1}{2}\cdot\left(1+\frac{1}{n}\right)$$

◀ $\frac{n+1}{n}=\frac{n}{n}+\frac{1}{n}=1+\frac{1}{n}$

$$\Leftrightarrow \frac{1}{2}\cdot\left(1+\frac{1}{n}\right)-\frac{1}{12}\cdot\frac{1}{n}\cdot\left(1+\frac{1}{n}\right)\cdot\left(2+\frac{1}{n}\right)<\log a_n<\frac{1}{2}\cdot\left(1+\frac{1}{n}\right)$$

と書けるよね。

よって，$n\to\infty$ のとき $\frac{1}{n}\to 0$ を考え，

$$\frac{1}{2}(1+0)-\frac{1}{12}\cdot 0\cdot(1+0)(2+0)<\lim_{n\to\infty}\log a_n<\frac{1}{2}(1+0)$$

$$\Leftrightarrow \frac{1}{2}<\lim_{n\to\infty}\log a_n<\frac{1}{2}$$

が得られるので，はさみうちの定理を考え，

$\displaystyle\lim_{n\to\infty}\log a_n=\frac{1}{2}$ がいえるよね。

さらに，$\log_a b=c \Leftrightarrow b=a^c$ を考え，

$$\lim_{n\to\infty}\log_e a_n=\frac{1}{2}$$
$$\Leftrightarrow \lim_{n\to\infty} a_n=e^{\frac{1}{2}}$$

◀ log f(x) の底が省略されているときは e が省略されている！

$=\sqrt{e}$ が分かったね！

[解答]

(2) $a_n=\left(1+\frac{1}{n^2}\right)\left(1+\frac{2}{n^2}\right)\left(1+\frac{3}{n^2}\right)\cdots\cdots\left(1+\frac{n}{n^2}\right)$ の両辺に log をとる と，

$$\log a_n=\log\left(1+\frac{1}{n^2}\right)\left(1+\frac{2}{n^2}\right)\left(1+\frac{3}{n^2}\right)\cdots\cdots\left(1+\frac{n}{n^2}\right)$$
$$=\log\left(1+\frac{1}{n^2}\right)+\log\left(1+\frac{2}{n^2}\right)+\cdots\cdots+\log\left(1+\frac{n}{n^2}\right)$$

◀ logAB = logA + logB

$$=\sum_{k=1}^{n}\log\left(1+\frac{k}{n^2}\right)\cdots\cdots①$$

ここで，(1)の不等式より，　◀ 前の問題の結果を使う！

$\sum_{k=1}^{n}\left(\frac{k}{n^2}-\frac{k^2}{2n^4}\right)<\sum_{k=1}^{n}\log\left(1+\frac{k}{n^2}\right)<\sum_{k=1}^{n}\frac{k}{n^2}$ がいえるので，◀ [考え方] 参照

$\log a_n=\sum_{k=1}^{n}\log\left(1+\frac{k}{n^2}\right)\cdots\cdots①$ を考え，

$\sum_{k=1}^{n}\left(\frac{k}{n^2}-\frac{k^2}{2n^4}\right)<\log a_n<\sum_{k=1}^{n}\frac{k}{n^2}$ がいえる。　◀ [考え方] 参照

よって，

$$\begin{cases}\lim_{n\to\infty}\sum_{k=1}^{n}\left(\frac{k}{n^2}-\frac{k^2}{2n^4}\right)=\lim_{n\to\infty}\left\{\frac{1}{2}\left(1+\frac{1}{n}\right)-\frac{1}{12}\cdot\frac{1}{n}\cdot\left(1+\frac{1}{n}\right)\left(2+\frac{1}{n}\right)\right\}=\frac{1}{2}\\ \lim_{n\to\infty}\sum_{k=1}^{n}\frac{k}{n^2}=\lim_{n\to\infty}\frac{1}{2}\left(1+\frac{1}{n}\right)=\frac{1}{2}\end{cases}$$

より，　◀ [考え方] 参照

はさみうちの定理を考え，$\lim_{n\to\infty}\log a_n=\frac{1}{2}$ がいえる。

よって，

$$\lim_{n\to\infty}a_n=e^{\frac{1}{2}}$$

◀ $\log_a b=c \Leftrightarrow b=a^c$

$$=\sqrt{e}$$

21

[考え方]

とりあえず，指数が入っていると考えにくいので，**例題 46** と同様に log をとって考えよう！ ◀ Point 8.3

$1+\frac{8}{10}x<(1+x)^{\frac{9}{10}}<1+\frac{9}{10}x$ のそれぞれに log をとる と，

$$\log\left(1+\frac{8}{10}x\right)<\log\left(1+x\right)^{\frac{9}{10}}<\log\left(1+\frac{9}{10}x\right)$$ ◀ Point 8.3

$$\Leftrightarrow \log\left(1+\frac{8}{10}x\right)<\frac{9}{10}\log(1+x)<\log\left(1+\frac{9}{10}x\right)$$ ◀ $\log a^x = x\log a$

$$\Leftrightarrow \begin{cases}\log\left(1+\frac{9}{10}x\right)>\frac{9}{10}\log(1+x) & \cdots\cdots ①\\ \frac{9}{10}\log(1+x)>\log\left(1+\frac{8}{10}x\right) & \cdots\cdots ②\end{cases}$$ ◀ $A<B<C \Leftrightarrow \begin{cases}C>B\\B>A\end{cases}$

よって，①と②を示せば 与式が示せるよね！

[解答]

$$1+\frac{8}{10}x<(1+x)^{\frac{9}{10}}<1+\frac{9}{10}x$$

$$\Leftrightarrow \begin{cases}\log\left(1+\frac{9}{10}x\right)>\frac{9}{10}\log(1+x) & \cdots\cdots ①\\ \frac{9}{10}\log(1+x)>\log\left(1+\frac{8}{10}x\right) & \cdots\cdots ②\end{cases}$$ ◀ [考え方]参照

を考え，

$$\begin{cases}f(x)=\log\left(1+\frac{9}{10}x\right)-\frac{9}{10}\log(1+x)\\ g(x)=\frac{9}{10}\log(1+x)-\log\left(1+\frac{8}{10}x\right)\end{cases}$$ とおく。

まず，$\boldsymbol{f(x)>0}$ を示す。

$$f'(x)=\frac{\frac{9}{10}}{1+\frac{9}{10}x}-\frac{9}{10}\cdot\frac{1}{1+x}$$ ◀ $f(x)=\log\left(1+\frac{9}{10}x\right)-\frac{9}{10}\log(1+x)$

$$=\frac{9}{10}\left(\frac{1}{1+\frac{9}{10}x}-\frac{1}{1+x}\right)$$ ◀ $\frac{9}{10}$ でくくった

$$=\frac{9}{10}\left(\frac{10}{9x+10}-\frac{1}{x+1}\right)$$ ◀ $\frac{1}{1+\frac{9}{10}x}=\frac{10}{10+9x}$ (分母分子に10を掛けた)

$$=\frac{9}{10}\cdot\frac{10(x+1)-(9x+10)}{(9x+10)(x+1)}$$ ◀ 分母をそろえた

$$=\frac{9}{10}\cdot\frac{x}{(9x+10)(x+1)}>0$$ ◀ $0<x\leqq1$ より！

よって，**$f(x)$ は増加関数** である。……（＊）

$$f(0)=\log1-\frac{9}{10}\log1$$ ◀ $f(x)=\log\left(1+\frac{9}{10}x\right)-\frac{9}{10}\log(1+x)$

$=0$ より， ◀ $\log1=0$

（＊）を考え，

$0<x\leqq1$ のとき $\boldsymbol{f(x)>0}$ ◀ $f(x)>f(0)=0$ ◀

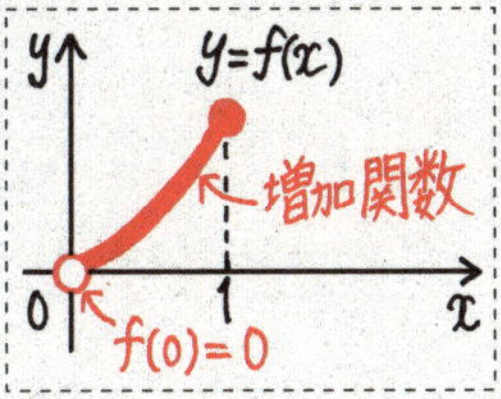

次に，$\boldsymbol{g(x)>0}$ を示す。

$$g'(x)=\frac{9}{10}\cdot\frac{1}{1+x}-\frac{\frac{8}{10}}{1+\frac{8}{10}x}$$ ◀ $g(x)=\frac{9}{10}\log(1+x)-\log\left(1+\frac{8}{10}x\right)$

$$=\frac{9}{10x+10}-\frac{8}{8x+10}$$ ◀ $\frac{\frac{8}{10}}{1+\frac{8}{10}x}=\frac{8}{10+8x}$ (分母分子に10を掛けた)

$$=\frac{9(8x+10)-8(10x+10)}{(10x+10)(8x+10)}$$ ◀ 分母をそろえた

$$=\frac{-8x+10}{(10x+10)(8x+10)}\geqq0$$ ◀ $0<x\leqq1$ のとき $-8x+10\geqq0$

よって，$g(x)$ は**増加関数** である。……（＊＊）

$g(0)=\frac{9}{10}\log 1-\log 1$ ◀ $g(x)=\frac{9}{10}\log(1+x)-\log\left(1+\frac{8}{10}x\right)$

$=0$ より， ◀ $\log 1=0$

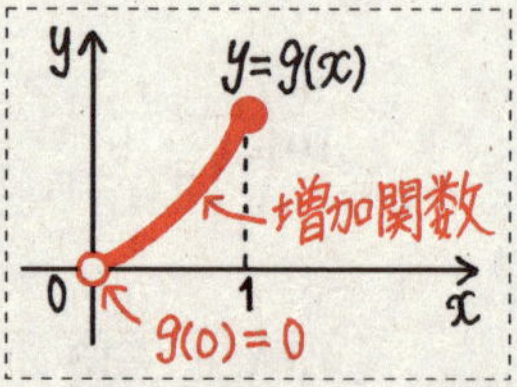

（＊＊）を考え，

$0<x\leqq 1$ のとき $\boldsymbol{g(x)>0}$ ◀ $g(x)>g(0)=0$ ◀

以上より，①と②が示せたので，

$0<x\leqq 1$ のとき，

$\boldsymbol{1+\frac{8}{10}x<(1+x)^{\frac{9}{10}}<1+\frac{9}{10}x}$ が成立する。 (*q. e. d.*)

22

[解答]

(1) $1+x=e^{x+f(x)}$ の両辺に log をとる と， ◀ Point 8.3

$\log(1+x)=\log e^{x+f(x)}$

$\Leftrightarrow \log(1+x)=x+f(x)$ ◀ $\log e^{x+f(x)}=\{x+f(x)\}\log e$

$\Leftrightarrow \boldsymbol{f(x)=\log(1+x)-x}$ $=x+f(x)$

まず，$\boldsymbol{f(x)\leqq 0}$ を示す。

$f'(x)=\frac{1}{1+x}-1$ ◀ $\{\log(1+x)\}'=\frac{1}{1+x}$

$=\frac{1-(1+x)}{1+x}$ ◀ 分母をそろえた

$=\frac{-x}{1+x}\leqq 0$ より， ◀ $x\geqq 0$ より！

$f(x)$ は**減少関数** である。……①

さらに，$f(0)=0$ より， ◀ $f(x)=\log(1+x)-x$

①を考え，$x\geqq 0$ のとき

$\boldsymbol{f(x)\leqq 0}$ ……（＊）がいえる。 ◀ $f(x)\leqq f(0)=0$ ◀

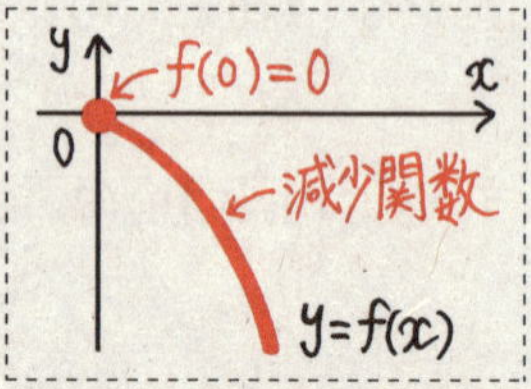

次に，$-x^2 \leqq f(x)$ を示す。

$g(x)=f(x)+x^2$ とおく。　◀ $g(x) \geqq 0$ を示せばよい！

$g(x)=\log(1+x)-x+x^2$　◀ $f(x)=\log(1+x)-x$

$$g'(x)=\frac{1}{1+x}-1+2x$$

$$=\frac{1-(1+x)+2x(1+x)}{1+x}$$　◀ 分母をそろえた

$$=\frac{x(2x+1)}{1+x} \geqq 0$$ より，　◀ $x \geqq 0$ より！

$g(x)$ は**増加関数** である。……②

さらに，$g(0)=0$ より，　◀ $g(x)=f(x)+x^2$

②を考え，$x \geqq 0$ のとき

$\boldsymbol{g(x) \geqq 0}$ ……（＊＊）がいえる。　◀ $g(x) \geqq g(0)=0$ ◀

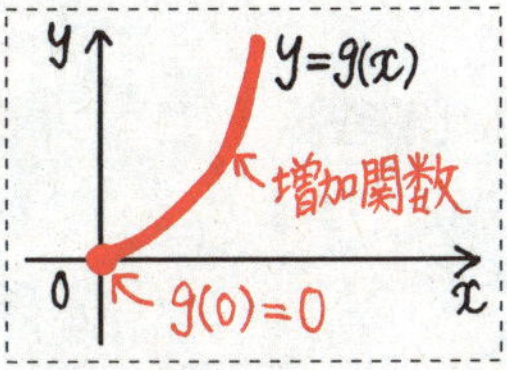

以上より，（＊）と（＊＊）を合わせると，

$\boldsymbol{-x^2 \leqq f(x) \leqq 0}$ が得られる。　(q. e. d.)

[考え方]

(2)　(1)の $-x^2 \leqq f(x) \leqq 0$ から，

$-a_n{}^2 \leqq f(a_n) \leqq 0$ がいえるよね。　◀ x に a_n を代入した！

よって，

$\boldsymbol{-na_n{}^2 \leqq nf(a_n) \leqq 0}$ が得られるので，　◀ n を掛けて $nf(a_n)$ をつくった！

$\lim_{n\to\infty} nf(a_n)=0$ を示すためには，はさみうちの定理を考え，

$\lim_{n\to\infty}(-na_n{}^2)=0$ を示せばいい　よね。　◀ $\lim_{n\to\infty}(-na_n{}^2) \leqq \lim_{n\to\infty} nf(a_n) \leqq \lim_{n\to\infty} 0$

だけど，$-na_n{}^2$ の形のままだと

問題文の「na_nが収束する」という条件が使えないよね。

そこで，

na_n が収束するとき

$(na_n)^2$ も収束する　ことを考え，　◀ $\lim_{n\to\infty} na_n=b \Rightarrow \lim_{n\to\infty}(na_n)^2=b^2$

$-na_n^2$ から $(na_n)^2$ をつくりだすと，

$$\lim_{n\to\infty}(-na_n^2)=-\lim_{n\to\infty}\frac{n^2a_n^2}{n}$$ ◀ $(na_n)^2$ をつくるために $\frac{n}{n}(=1)$ を掛けた！

$$=-\lim_{n\to\infty}\frac{(na_n)^2}{n}$$ ◀ $(na_n)^2$ がつくれた！

が得られるよね。

よって，$\lim_{n\to\infty}(na_n)^2=A$（一定）とおく と，◀ $\lim_{n\to\infty}(na_n)^2$ は収束するから！

$$-\lim_{n\to\infty}\frac{(na_n)^2}{n}=-\lim_{n\to\infty}(na_n)^2\cdot\frac{1}{n}$$

$$=-A\cdot 0$$ ◀ $\lim_{n\to\infty}(na_n)^2=A$，$\lim_{n\to\infty}\frac{1}{n}=0$

$$=\mathbf{0}$$ // が示せた！

[解答]

(2) (1)より，

$$-a_n^2\leqq f(a_n)\leqq 0$$

$\Leftrightarrow$ $-na_n^2\leqq nf(a_n)\leqq 0$ が得られる。◀ n を掛けて $nf(a_n)$ をつくった！

na_n が収束するとき $(na_n)^2$ も収束する ので，

$$\lim_{n\to\infty}(-na_n^2)=-\lim_{n\to\infty}\frac{(na_n)^2}{n}$$ ◀ $(na_n)^2$ をつくった！

$=0$ より，◀ $\lim_{n\to\infty}(na_n)^2$ は収束するから！

はさみうちの定理を考え，

$\boldsymbol{\lim_{n\to\infty} nf(a_n)=0}$ // を示すことができた。 (q. e. d.)

[解答]

(3) $1+x=e^{x+f(x)}$ より，

$$1+a_n=e^{a_n+f(a_n)}$$ ◀ x に a_n を代入した！

$\Leftrightarrow$ $(1+a_n)^n=e^{n\{a_n+f(a_n)\}}$ ◀ 両辺を n 乗して $(1+a_n)^n$ をつくった！

よって，

$$\lim_{n\to\infty}(1+a_n)^n=\lim_{n\to\infty}e^{na_n+nf(a_n)}$$

$$=e^{b+0}$$ ◀ $\lim_{n\to\infty}na_n=b$（◀問題文より！），$\lim_{n\to\infty}nf(a_n)=0$（◀(2)より！）

$$=\boldsymbol{e^b}$$ //

23

[考え方]

まず，$a\log(a^2+b^2)<(2a\log a)+b$ ……(＊) は

a と b の 2 つの文字があって よく分からないよね。

そこで，まずは

$a\log(a^2+b^2)<(2a\log a)+b$ ……(＊) という式には

log という特殊なものが入っていることに着目して 式変形してみよう。

$$a\log(a^2+b^2)<2a\log a+b \quad \cdots\cdots(*)$$

$\Leftrightarrow a\log(a^2+b^2)-2a\log a<b$　◀左辺を log だけの式にした!

$\Leftrightarrow a\{\log(a^2+b^2)-2\log a\}<b$　◀$\log A-\log B=\log\frac{A}{B}$ が使えるように，a でくくった

$\Leftrightarrow a\{\log(a^2+b^2)-\log a^2\}<b$　◀ $x\log a=\log a^x$

$\Leftrightarrow a\log\left(\dfrac{a^2+b^2}{a^2}\right)<b$　◀ $\log A-\log B=\log\dfrac{A}{B}$

$\Leftrightarrow a\log\left\{1+\left(\dfrac{b}{a}\right)^2\right\}<b$　◀$\dfrac{a^2+b^2}{a^2}=\dfrac{a^2}{a^2}+\dfrac{b^2}{a^2}=1+\left(\dfrac{b}{a}\right)^2$

$\Leftrightarrow \boldsymbol{\log\left\{1+\left(\dfrac{b}{a}\right)^2\right\}<\dfrac{b}{a}}$ ……(＊)′　◀両辺を a で割った

ここで $\dfrac{b}{a}=t$ とおく と，

(＊)′ $\Leftrightarrow$ $\boldsymbol{\log(1+t^2)<t}$ となり，

t だけ（◀1変数!）の考えやすい式になったね!

[解答]

$a\log(a^2+b^2)<(2a\log a)+b$

$\Leftrightarrow \log\left\{1+\left(\dfrac{b}{a}\right)^2\right\}<\dfrac{b}{a}$　◀[考え方]参照

$\dfrac{b}{a}=t$ (>0) とおく と，　◀$a,b>0$ より，$t=\dfrac{b}{a}>0$

$\log\left\{1+\left(\dfrac{b}{a}\right)^2\right\}<\dfrac{b}{a} \Leftrightarrow \log(1+t^2)<t$

が得られる。

ここで,

$f(t)=t-\log(1+t^2)$ とおく と,

$f'(t)=1-\dfrac{2t}{t^2+1}$ ◀ $\{\log(1+t^2)\}'=\dfrac{(1+t^2)'}{1+t^2}$

$=\dfrac{t^2-2t+1}{t^2+1}$ ◀ 分母をそろえた

$=\dfrac{(t-1)^2}{t^2+1}\geqq 0$ ◀ $\begin{cases}(t-1)^2\geqq 0\\ t^2+1>0\end{cases}$

よって, $f(t)$ は**増加関数** である。

さらに,

$f(0)=0$ より, ◀ $f(t)=t-\log(1+t^2)$

$t>0$ のとき $\boldsymbol{f(t)>0}$ がいえる。 ◀

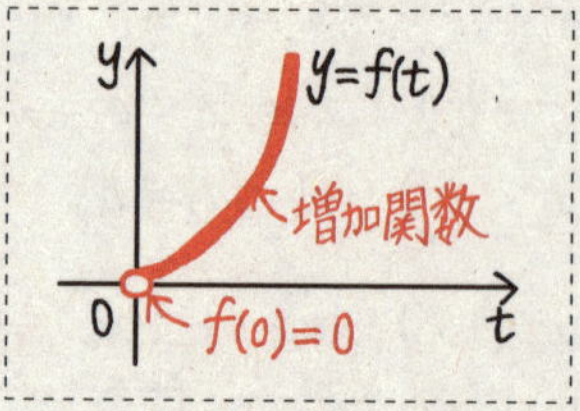

以上より, a, $b>0$ のとき

$\boldsymbol{a\log(a^2+b^2)<(2a\log a)+b}$ // がいえた。 $(q.e.d.)$

24

[考え方]

まず, ***Point 8.1*** に従って

$(x^2-2ax+1)e^{-x}<1$ ……(＊)

$\Leftrightarrow$ $1-(x^2-2ax+1)e^{-x}>0$ ……(＊)′ を示せばいいんだけど,

(＊)′ は a と x の 2 つの文字があって 考えにくいよね。

そこで, ***Point 8.4*** に従って,

(i) $\boldsymbol{x}$ **を固定して** $\boldsymbol{a}$ **を動かす**とき ◀ xを定数とみなして, aの関数とみなす!

(ii) $\boldsymbol{a}$ **を固定して** $\boldsymbol{x}$ **を動かす**とき ◀ aを定数とみなして, xの関数とみなす!

の場合について考えてみよう。

Pattern 1

x を固定して a を動かすとき　◀(i)の場合

$1-(x^2-2ax+1)e^{-x}$ を a の関数とみなすと,

$f(a)=1-(x^2-2ax+1)e^{-x}$

$=2xe^{-x}a+1-(x^2+1)e^{-x}$ のように　◀ a について整理した

1次式になって考えやすそうだよね。

Pattern 2

a を固定して x を動かすとき　◀(ii)の場合

$1-(x^2-2ax+1)e^{-x}$ を x の関数とみなすと,

$f(x)=1-(x^2-2ax+1)e^{-x}$ のようになり，大変そうだよね。

そこで，**Pattern 1** の

$f(a)=2xe^{-x}a+1-(x^2+1)e^{-x}$ について考えよう。

$f'(a)=2xe^{-x}>0$　◀ $x>0$ より!

よって，$f(a)$ は**増加関数**　だよね。……①

さらに，$f(0)=1-(x^2+1)e^{-x}$ より，　◀ $f(a)=2xe^{-x}a+1-(x^2+1)e^{-x}$

①を考え，$a>0$ では

$\boldsymbol{f(a)>1-(x^2+1)e^{-x}}$ ……②　◀ $f(a)>f(0)$　◀

がいえるよね。

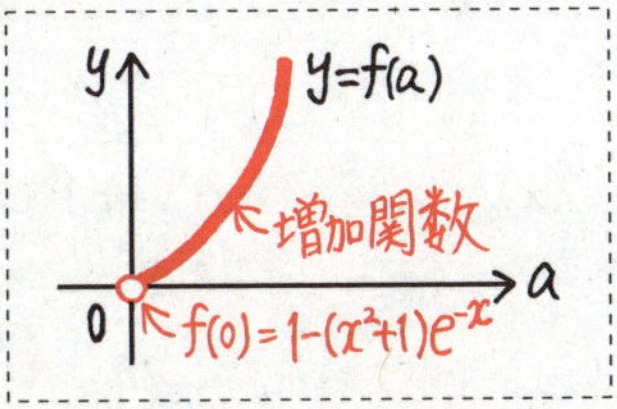

よって,

$f(a)>0$ を示すためには，②より
$1-(x^2+1)e^{-x}>0$ を示せばいい　よね。　◀ $f(a)>1-(x^2+1)e^{-x}>0$

そこで,

$g(x)=1-(x^2+1)e^{-x}$ とおいて，$g(x)>0$ を示そう。

$g'(x)=-2xe^{-x}+(x^2+1)e^{-x}$　◀ $\{(x^2+1)e^{-x}\}'=(x^2+1)'e^{-x}+(x^2+1)(e^{-x})'$

$=(x^2-2x+1)e^{-x}$　◀ e^{-x} でくくった

$=(x-1)^2e^{-x}\geqq 0$　◀ $(x-1)^2\geqq 0$, $e^{-x}>0$

よって，$g(x)$ は**増加関数**　だね。……③

さらに,

$g(0)=1-e^0$ ◀ $g(x)=1-(x^2+1)e^{-x}$

$=0$ より, ◀ $e^0=1$

③を考え, $x>0$ のとき

$\boldsymbol{g(x)>0}$ …… ④

がいえるよね。◀ $g(x)>g(0)$ ◀

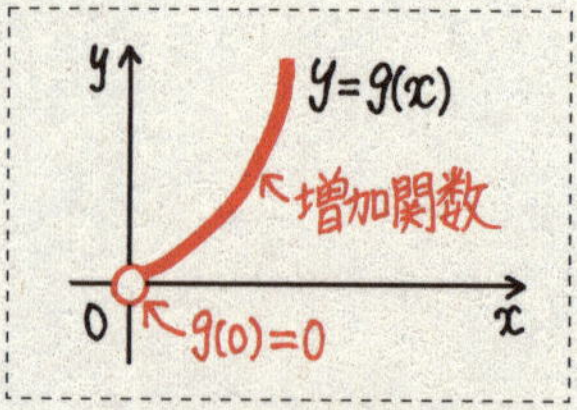

②, ④より,

$f(a)>g(x)>0$ がいえるので, ◀ $f(a)>1-(x^2+1)e^{-x}$ ……② $g(x)>0$ ……④

$\boldsymbol{f(a)>0}$ が示せたね!

[解答]

$f(a)=1-(x^2-2ax+1)e^{-x}$ とおく と, ◀ aの1次式!

$f'(a)=2xe^{-x}>0$ ◀ $x>0$ より!

よって, $f(a)$ は**増加関数** である。…… ①

さらに, $f(0)=1-(x^2+1)e^{-x}$ より,

①を考え, $a>0$ では

$\boldsymbol{f(a)>1-(x^2+1)e^{-x}}$ …… ② がいえる。◀ $f(a)>f(0)=1-(x^2+1)e^{-x}$

ここで, $g(x)=1-(x^2+1)e^{-x}$とおく と,

$g'(x)=-2xe^{-x}+(x^2+1)e^{-x}$

$=(x^2-2x+1)e^{-x}$ ◀ e^{-x}でくくった

$=(x-1)^2e^{-x}\geqq 0$ ◀ $(x-1)^2\geqq 0$, $e^{-x}>0$

よって, $g(x)$ は**増加関数** である。…… ③

さらに, $g(0)=0$ より, ③を考え,

$x>0$ では $\boldsymbol{g(x)>0}$ …… ④ がいえる。◀ $g(x)>g(0)=0$

②, ④より, ◀ $f(a)>g(x)>0$

$\boldsymbol{f(a)>0}$ がいえるので,

$\boldsymbol{(x^2-2ax+1)e^{-x}<1}$ が成立する。 (*q. e. d.*)

<メモ>

<メモ>

［著者紹介］
細野真宏（ほその　まさひろ）

細野先生は、大学在学中から予備校で多くの受験生に教える傍ら、大学３年のとき『細野数学シリーズ』を執筆し、受験生から圧倒的な支持を得て、これまでに累計250万部を超える大ベストセラーになっています。

また、大学在学中から報道番組のブレーンや、ラジオのパーソナリティを務めるなどし、1999年に出版された『細野経済シリーズ』の第１弾『日本経済編』は経済書では日本初のミリオンセラーを記録し、続編の『世界経済編』などもベストセラー１位を記録し続けるなど、あらゆる世代から「カリスマ」的な人気を博しています。

数学が昔から得意だったか、というとそうではなく、高３のはじめの模試での成績は、なんと200点中わずか８点（！）で偏差値30台という生徒でした。しかし独自の学習法を編み出した後はグングン成績を伸ばし、大手予備校の模試において、全国で総合成績２番、数学は１番を獲得し、偏差値100を超える生徒に変身しました。

細野先生自身、もともと数学が苦手だったので、苦手な人の思考過程を痛いほど熟知しています。その経験をいかして、本書では、高度な内容を数学初心者でもわかるように講義しています。

「一体全体、成績の驚異的アップの秘密はドコにあるの？」と本書を手にとった皆さん、知りたい答のすべてが、このシリーズの講義の中に示されています！

細野真宏の微分が本当によくわかる本

2005年６月10日　初版第１刷発行
2021年11月６日　　　第７刷発行

著　者　細野真宏
発行者　野村敦司
発行所　株式会社　小学館
〒101-8001
東京都千代田区一ツ橋2-3-1
電話　編集／03(3230)5632
　　　販売／03(5281)3555
http://www.shogakukan.co.jp

印刷所・製本所　図書印刷株式会社

装幀／竹歳明弘（パイン）　編集協力／小学館クリエイティブ
制作担当／山﨑万葉　販売担当／斎藤穂乃香　編集担当／藤田健彦

ISBN 4-09-837409-9　Shogakukan,Inc.